# Illustrator 2022
# 实用教程

何品 编著

人民邮电出版社

北 京

图书在版编目（CIP）数据

Illustrator 2022实用教程 / 何品编著. -- 北京：
人民邮电出版社，2024.1
ISBN 978-7-115-62866-4

Ⅰ. ①I… Ⅱ. ①何… Ⅲ. ①图形软件—教材 Ⅳ.
①TP391.412

中国国家版本馆CIP数据核字(2023)第192844号

## 内 容 提 要

　　本书针对零基础读者开发，是指导初学者快速掌握 Illustrator 的参考书。全书以各种实用技术为主线，系统地阐述了图像和色彩的基础知识、Illustrator 2022 的工作界面和首选项设置、Illustrator 的基本操作、基本图形的绘制、对象的管理与编辑、复杂图形的绘制、对象外观的变化、对象形状的变化、文本的排列与编辑、效果的应用等内容。针对常用知识，本书还安排了课堂案例，以便读者能够快速上手，学会各种类型图形设计的基本技巧和制作思路。第 10 章到第 12 章分别讲解了平面设计、UI 设计和商业插画领域的8 个商业实战案例，帮助读者提高实际应用的能力。另外，从第 2 章开始，每章的最后都安排了课后习题，读者可以尝试独立练习或结合视频进行学习。

　　随书附赠书中所有课堂案例、课堂练习、课后习题及商业实战案例的素材文件、实例文件、在线教学视频，以及教师可直接使用的配套 PPT 教学课件。

　　本书非常适合作为院校和培训机构艺术专业课程的教材，也适合作为初学者学习 Illustrator 2022 的自学用书。

　　◆ 编　著　何　品
　　　责任编辑　杨　璐
　　　责任印制　马振武

　　◆ 人民邮电出版社出版发行　　北京市丰台区成寿寺路 11 号
　　　邮编　100164　电子邮件　315@ptpress.com.cn
　　　网址　https://www.ptpress.com.cn
　　　三河市兴达印务有限公司印刷

　　◆ 开本：775×1092　1/16　　　彩插：2
　　　印张：17　　　　　　　　　2024 年 1 月第 1 版
　　　字数：502 千字　　　　　　2024 年 1 月河北第 1 次印刷

定价：59.90 元

读者服务热线：(010)81055410　印装质量热线：(010)81055316
反盗版热线：(010)81055315
广告经营许可证：京东市监广登字 20170147 号

近年来由于互联网技术的高速发展，用于互联网传播的各种图形日益增加，而要设计这些图形便离不开Illustrator这一图形设计软件。Illustrator是Adobe公司旗下的矢量图形处理软件，从1987年诞生至今历经逾30年的迭代，在矢量图形处理领域逐渐确立了不可动摇的地位，其用途涵盖了字体设计、品牌标志设计、海报设计、包装设计、UI设计、商业插画设计等多个领域，使用场景广泛，同时操作简单，深受平面设计师、UI设计师、插画师甚至三维设计师的青睐。鉴于这样的需求，我们精心编写了本书。

本书按照"功能介绍→重要参数讲解→课堂案例→课堂练习→本章小结→课后习题→商业实战案例"这一思路进行编排，力求通过功能介绍和重要参数讲解使读者快速掌握软件功能；通过课堂案例和课堂练习使读者快速上手并具备一定的动手能力；通过课后习题拓展读者的实际操作能力，达到巩固和提升的目的；通过商业实战案例，提高读者的设计实战水平。这样，通过理论知识和实际操作的配合，能够帮助读者建立系统的知识体系，使读者在运用软件时能够有针对性地选择相关工具和命令高效地完成设计。

本书的学习资源包含了书中所有课堂案例、课堂练习、课后习题和商业实战案例的素材文件和实例文件。同时，为了方便读者的学习，本书还配备了所有案例的教学视频和重要知识的讲解视频，这些视频均由编者精心录制。另外，为了方便教师教学，本书还配备了PPT课件等丰富的教学资源，任课老师可直接使用。

---

技巧与提示：对软件的实用技巧及制作过程中的难点进行分析和讲解。　　课堂案例：包含案例操作步骤，有助于读者深入掌握Illustrator的基础知识及各种工具的使用方法。　　课后习题：帮助读者强化刚学完的重要知识。

知识点：讲解大量的技术性知识，有助于读者深入掌握软件各项功能。　　课堂练习：课堂案例的拓展延伸，供读者活学活用，巩固前面学习的软件知识。　　本章小结：总结了每一章的学习重点和核心技术。

# 前言 PREFACE

本书参考学时为64，其中讲授环节为30学时，实训环节为34学时，各章的参考学时如下表所示。

| 章节 | 课程内容 | 学时分配 | |
|---|---|---|---|
| | | 讲授 | 实训 |
| 第1章 | 初识Illustrator | 2 | – |
| 第2章 | Illustrator的基本操作 | 2 | 2 |
| 第3章 | 基本图形的绘制 | 2 | 2 |
| 第4章 | 对象的管理与编辑 | 2 | 2 |
| 第5章 | 复杂图形的绘制 | 4 | 4 |
| 第6章 | 对象外观的变化 | 4 | 4 |
| 第7章 | 对象形状的变化 | 2 | 4 |
| 第8章 | 文本的排列与编辑 | 4 | 4 |
| 第9章 | 效果的应用 | 2 | 4 |
| 第10章 | 平面设计 | 2 | 4 |
| 第11章 | UI设计 | 2 | 2 |
| 第12章 | 商业插画 | 2 | 2 |
| 学时总计 | | 30 | 34 |

编者水平有限，书中如有疏漏和不妥之处，恳请广大读者批评指正。

编者

2023年9月

本书由"数艺设"出品，"数艺设"社区平台（www.shuyishe.com）为您提供后续服务。

◇ **配套资源**

- 素材文件、实例文件（课堂案例/课堂练习/课后习题/商业实战案例）
- 教学视频
- 知识讲解视频（视频云课堂）
- PPT教学课件
- 《Illustrator 2022实用教程》教学大纲

资源获取请扫码

（提示：微信扫描二维码关注公众号后，输入51页左下角的5位数字，获得资源获取帮助。）

## "数艺设"社区平台，为艺术设计从业者提供专业的教育产品。

◇ **与我们联系**

我们的联系邮箱是 szys@ptpress.com.cn。如果您对本书有任何疑问或建议，请您发邮件给我们，并请在邮件标题中注明本书书名及ISBN，以便我们更高效地做出反馈。

如果您有兴趣出版图书、录制教学课程，或者参与技术审校等工作，可以发邮件给我们。如果学校、培训机构或企业想批量购买本书或"数艺设"出版的其他图书，也可以发邮件联系我们。

◇ **关于"数艺设"**

人民邮电出版社有限公司旗下品牌"数艺设"，专注于专业艺术设计类图书出版，为艺术设计从业者提供专业的图书、视频电子书、课程等教育产品。出版领域涉及平面、三维、影视、摄影与后期等数字艺术门类，字体设计、品牌设计、色彩设计等设计理论与应用门类，UI设计、电商设计、新媒体设计、游戏设计、交互设计、原型设计等互联网设计门类，环艺设计手绘、插画设计手绘、工业设计手绘等设计手绘门类。更多服务请访问"数艺设"社区平台www.shuyishe.com。我们将提供及时、准确、专业的学习服务。

# 目录 CONTENTS

## 第1章 初识Illustrator .......11

### 1.1 图像和色彩的基础知识 .............12
1.1.1 图像的类型............................ 12
知识点：位图和矢量图之间的转换 ......... 12
1.1.2 图像的基本属性..................... 12
1.1.3 颜色模式.............................. 13
知识点：加色混合和减色混合 ................. 13
知识点：互补色............................ 13

### 1.2 Illustrator 2022的工作界面.....14
1.2.1 菜单栏................................ 15
1.2.2 控制栏................................ 15
知识点：快速执行菜单命令的方法 ........... 15
1.2.3 工具栏................................ 16
1.2.4 状态栏................................ 18
1.2.5 面板.................................. 19
知识点：自定义工作界面.................... 20

### 1.3 首选项设置 .........................20
1.3.1 常规.................................. 20
1.3.2 选择和锚点显示..................... 20
1.3.3 文字.................................. 21
1.3.4 单位.................................. 21
1.3.5 参考线和网格........................ 21
1.3.6 增效工具和暂存盘.................... 22
1.3.7 用户界面............................. 22

### 1.4 本章小结 ...........................22

## 第2章 Illustrator的基本操作... 23

### 2.1 文件操作 ...........................24
2.1.1 新建文档............................. 24
知识点：屏幕分辨率....................... 25
2.1.2 打开文件............................. 25
课堂案例：同时打开多个文件.................. 26
知识点：更改多文件窗口排列方式 ........... 27

2.1.3 置入文件............................. 27
2.1.4 保存文件............................. 29
2.1.5 导出文件............................. 30
课堂练习：通过置入图片制作海报 ........... 31

### 2.2 创建和使用画板 .....................33
2.2.1 创建画板............................. 33
2.2.2 使用画板............................. 34

### 2.3 查看图稿...........................35
2.3.1 局部查看............................. 35
2.3.2 全局查看............................. 37

### 2.4 辅助工具...........................38
2.4.1 使用标尺............................. 39
2.4.2 使用参考线........................... 40
知识点：使用智能参考线................... 40
2.4.3 使用网格............................. 41
课堂案例：制作明信片封面 ..................... 41

### 2.5 本章小结...........................42

### 2.6 课后习题...........................42
2.6.1 制作App开屏页面..................... 42
2.6.2 制作照片卡........................... 42

## 第3章 基本图形的绘制........ 43

### 3.1 使用选择工具 .......................44
3.1.1 选择工具............................. 44
知识点：加选与减选....................... 44
3.1.2 直接选择工具......................... 45
知识点：隔离模式......................... 45

### 3.2 使用线条工具 .......................46
3.2.1 直线段工具........................... 46
课堂案例：使用"直线段工具"绘制线性图标...46
3.2.2 弧形工具............................. 47
3.2.3 螺旋线工具........................... 47

3.2.4 矩形网格工具 ........................ 48
3.2.5 极坐标网格工具 .................... 48
🖥 课堂案例：使用线条工具绘制Wi-Fi信号格 ... 49

## 3.3 使用形状工具 ........................50
3.3.1 矩形工具 ............................. 50
知识点：以鼠标指针所在位置为中心绘制图形... 50
🖥 课堂案例：使用"矩形工具"制作登录页面.... 50
知识点：设置填色和描边 ............... 51
3.3.2 圆角矩形工具 .................... 52
知识点：圆角的变换 ................... 52
3.3.3 椭圆工具 ......................... 52
🖥 课堂案例：使用"椭圆工具"制作按钮 .... 53
3.3.4 多边形工具 ...................... 53
3.3.5 星形工具 ......................... 54
3.3.6 Shaper工具 ...................... 54
🖥 课堂案例：使用"Shaper工具"制作首页图标...55
3.3.7 光晕工具 ......................... 56
💻 课堂练习：绘制多彩线面相机图标 .......... 57
💻 课堂练习：使用形状工具绘制面性图标 .... 57

## 3.4 本章小结 ........................58

## 3.5 课后习题 ........................58
3.5.1 制作删除图标 .................... 58
3.5.2 制作相册图案 .................... 58

# 第4章 对象的管理与编辑 ..... 59

## 4.1 对象的选择 ........................60
4.1.1 使用工具选择对象 ................. 60
4.1.2 使用菜单命令选择对象 .......... 61

## 4.2 图层或对象的管理 .................63
4.2.1 "图层"面板 ...................... 63
4.2.2 新建图层 ......................... 65
4.2.3 复制图层或对象 ................. 65
4.2.4 隐藏与显示图层或对象 ......... 67
4.2.5 锁定与解锁图层或对象 ......... 69
4.2.6 编组与解组对象 ................. 69
知识点：选中编组中的对象 .......... 70
知识点：扩展对象 ................... 70
4.2.7 合并图层 ........................ 70

4.2.8 图层或对象堆叠顺序的调整 ........... 71
知识点：将图层或对象移动到其他图层 .... 72
4.2.9 删除图层或对象 .................... 72
🖥 课堂案例：制作文化沙龙海报................ 72

## 4.3 对象的对齐与分布 ..................74
4.3.1 对齐对象 ......................... 74
4.3.2 分布对象 ......................... 74
🖥 课堂案例：Tab Bar图标设计 ..................... 75

## 4.4 对象的变换 ........................76
4.4.1 "变换"面板 ...................... 77
4.4.2 圆角变换 ......................... 77
4.4.3 缩放对象 ......................... 78
🖥 课堂案例：通过变换对象设计字体 ..... 78
4.4.4 旋转对象 ......................... 79
4.4.5 倾斜对象 ......................... 79
🖥 课堂案例：通过旋转制作图案................... 80
知识点：再次变换和分别变换 ......... 81
4.4.6 镜像对象 ......................... 82
🖥 课堂案例：制作一个简单的Logo ............. 82
💻 课堂练习：使用基础图形制作海报 ......... 83

## 4.5 本章小结 ........................84

## 4.6 课后习题 ........................84
4.6.1 制作"西西里"文字 ............ 84
4.6.2 制作标志辅助图形..................... 84

# 第5章 复杂图形的绘制........ 85

## 5.1 绘图基础知识 .........................86
5.1.1 对象的基本外观属性 ............... 86
5.1.2 绘图模式 ......................... 87
知识点：剪切蒙版 .................... 88

## 5.2 绘制路径 ........................88
5.2.1 钢笔工具 ......................... 88
5.2.2 曲率工具 ......................... 89
5.2.3 画笔工具 ......................... 89
🖥 课堂案例：使用画笔描边制作连续纹样 ... 93
5.2.4 铅笔工具 ......................... 94
🖥 课堂案例：使用"铅笔工具"制作音乐节海报...94
5.2.5 斑点画笔工具 ................... 97

## 5.3 编辑路径.........................98

5.3.1 添加和删除锚点 .........98

5.3.2 转换锚点类型 .........98

5.3.3 简化与平滑路径 .........99

知识点：清理路径.........................100

5.3.4 连接路径 .........100

5.3.5 擦除与分割路径 .........100

课堂案例：通过编辑路径绘制球鞋.........101

课堂练习：绘制卡通头像 .........104

## 5.4 合并路径......................... 107

5.4.1 形状生成器工具 .........107

知识点：通过"斑点画笔工具"合并路径 ...108

课堂案例：使用"形状生成器工具"
绘制滑板车.........108

5.4.2 "路径查找器"面板 .........110

知识点：复合路径.........110

课堂案例：使用"路径查找器"面板
制作广告灯箱标志.........112

## 5.5 图像描摹......................... 113

5.5.1 编辑原稿 .........114

知识点：剪裁置入的图像.........114

5.5.2 描摹图像 .........115

课堂案例：使用图像描摹制作名片纹路....116

## 5.6 本章小结......................... 117

## 5.7 课后习题......................... 117

5.7.1 制作粉色衣服 .........118

5.7.2 工作室标志设计 .........118

# 第6章 对象外观的变化.......119

## 6.1 对象的外观属性 .................. 120

6.1.1 "外观"面板 .........120

知识点：在对象之间复制外观属性.........120

6.1.2 编辑颜色 .........121

课堂案例：使用合适的色板库填充颜色....126

6.1.3 渐变 .........127

知识点：使用"渐变批注者"编辑渐变....127

知识点：任意形状渐变的创建和编辑 .........128

课堂案例：使用线性渐变制作海报.........130

6.1.4 图案 .........132

课堂案例：使用图案填充制作食品
包装袋背景.........134

6.1.5 不透明度与混合模式 .........135

课堂案例：使用不透明度制作煎蛋.........136

课堂练习：制作有质感的渐变Logo.........138

## 6.2 实时上色组的应用 .................. 139

6.2.1 使用"实时上色工具" .........139

6.2.2 编辑实时上色组 .........139

课堂案例：应用实时上色制作个性名字....140

课堂练习：品牌标志设计 .........141

## 6.3 网格的应用......................... 144

6.3.1 创建网格对象 .........144

6.3.2 编辑网格对象 .........145

课堂案例：使用"网格工具"制作系列配图....145

课堂练习：制作渐变流体海报 .........148

## 6.4 本章小结......................... 150

## 6.5 课后习题......................... 150

6.5.1 制作胶带图案 .........150

6.5.2 制作H5界面背景 .........150

# 第7章 对象形状的变化.......151

## 7.1 扭曲对象......................... 152

7.1.1 自由扭曲和透视扭曲 .........152

7.1.2 液化 .........152

课堂案例："熊出没"字体设计 .........154

7.1.3 操控变形 .........157

7.1.4 封套扭曲 .........157

课堂案例：使用封套扭曲绘制"橙子".........159

课堂练习：使用封套扭曲设计
"BANANA"字体.........160

## 7.2 重复对象......................... 162

7.2.1 创建重复对象 .........162

7.2.2 编辑重复对象 .........162

## 7.3 混合对象......................... 164

7.3.1 创建混合对象 .........164

7.3.2 编辑混合对象...................165
课堂案例：使用"混合工具"制作立体字......166
课堂练习：使用"混合工具"制作"2022"立体字...168

7.4 符号........................ 170
7.4.1 "符号"面板....................170
知识点：全局编辑...................171
7.4.2 使用符号工具.................172
课堂案例：应用符号制作礼盒包装纸图案...174

7.5 本章小结.................... 175

7.6 课后习题.................... 175
7.6.1 制作海报背景纹理.............176
7.6.2 制作艺术字体.................176

第8章 文本的排列与编辑.....177

8.1 创建文本.................... 178
8.1.1 点文字........................178
8.1.2 区域文字......................179
8.1.3 路径文字......................180
知识点：使用"修饰文字工具".........180
课堂案例：制作变形文字.............180
课堂练习：制作电商Banner...........182

8.2 设置文本格式................ 184
8.2.1 设置字符格式.................184
8.2.2 设置段落格式.................186
8.2.3 字符样式与段落样式...........188
课堂案例：制作时尚杂志封面.........189
课堂练习：制作工作牌...............190

8.3 编辑文本.................... 194
8.3.1 创建文字轮廓.................194
知识点：创建文字轮廓的应用.........195
课堂案例：通过创建文字轮廓制作变形字...195
8.3.2 转换文本类型.................196
知识点：快速适合到文本区域.........197
8.3.3 转换文字方向.................197
知识点：插入特殊字符...............197
8.3.4 串接文本.....................197
8.3.5 文本绕排.....................199
课堂案例：制作杂志版式.............200

8.3.6 查找和替换文本...............203
知识点：清理空文字.................203

8.4 本章小结.................... 204

8.5 课后习题.................... 204
8.5.1 制作"爆炸"字体...............204
8.5.2 工作牌设计...................204

第9章 效果的应用.......... 205

9.1 效果的添加与调整............ 206
9.1.1 添加效果.....................206
知识点：图形样式...................206
9.1.2 修改和删除效果...............207
9.1.3 栅格化矢量对象...............208

9.2 3D对象和材质................ 208
9.2.1 3D对象的创建和渲染...........208
9.2.2 "3D（经典）"效果.............212
课堂案例：使用"凸出和斜角（经典）"
效果制作2.5D字体.................213
课堂案例：使用"绕转"效果制作文本特效...216
课堂练习：制作"VOLANT"品牌标志.....217
课堂练习：制作Low Poly风格插画.........219

9.3 扭曲与变换.................. 226
9.3.1 变换.........................226
课堂案例：使用"变换"效果制作炫酷五角星...226
9.3.2 扭拧.........................227
9.3.3 扭转.........................228
9.3.4 收缩和膨胀...................228
9.3.5 波纹效果.....................228
9.3.6 粗糙化.......................229
9.3.7 自由扭曲.....................229
课堂练习：制作多彩Logo.............229

9.4 风格化...................... 231
9.4.1 内发光.......................231
9.4.2 外发光.......................231
9.4.3 投影.........................231
课堂案例：使用"投影"效果制作App图标...232
9.4.4 涂抹.........................233
9.4.5 羽化.........................233

9.5  本章小结...........................234

9.6  课后习题...........................234
    9.6.1 "ALPHA"文本特效.....................234
    9.6.2 制作海岛瀑布.......................234

# 第10章  平面设计 ...........235

10.1  字体设计:"毕业季"字体设计...236
    10.1.1 "毕业季"字样设计.....................236
    10.1.2 装饰物设计.......................238

10.2  品牌标志设计:"红猪"标志设计...239
    10.2.1 "红猪"标志图案设计.....................239
    10.2.2 "红猪"标志品牌名称设计...........242

10.3  海报设计:博物馆展览宣传单...244
    10.3.1 置入素材.......................244
    10.3.2 编排文字.......................245

10.4  包装设计:橙汁包装设计......247
    10.4.1 处理素材.......................247
    10.4.2 放置产品内容.......................248

10.5  本章小结...........................250

10.6  课后习题...........................250
    10.6.1 "BEAR"字体设计.....................250
    10.6.2 瓷器展宣传海报.......................250

# 第11章  UI设计 ...........251

11.1  社交App"闪信"图标设计...252
    11.1.1 准备大样.......................252

    11.1.2 切割轮廓.......................253
    11.1.3 点缀细节.......................253

11.2 "红猪"宠物商城App界面设计...254
    11.2.1 绘制标签栏图标.....................254
    11.2.2 界面布局.......................257
    11.2.3 放置内容.......................260

11.3  本章小结...........................262

11.4  课后习题...........................262
    11.4.1 资讯App "Speed" 图标...............262
    11.4.2 外卖Banner.......................262

# 第12章  商业插画 ...........263

12.1  写实插画...........................264
    12.1.1 线稿的绘制.......................264
    12.1.2 上色及修饰.......................265

12.2  2.5D插画...........................266
    12.2.1 绘制网格线.......................266
    12.2.2 绘制地面.......................267
    12.2.3 绘制公路.......................268
    12.2.4 绘制树木.......................268
    12.2.5 绘制商店.......................269
    12.2.6 绘制自动售货机...........270

12.3  本章小结...........................271

12.4  课后习题...........................271
    12.4.1 绘制图书.......................271
    12.4.2 建筑插画.......................271

# 附录  快捷键速查 ...........272

# 1

# 初识Illustrator

从本章开始你将进入 Illustrator 的世界，先了解图像和色彩的基础知识，再认识 Illustrator 2022 的工作界面并了解首选项设置，从而为后面内容的学习奠定基础。

## 课堂学习目标

◇ 了解图像和色彩的基础知识

◇ 认识 Illustrator 2022 的工作界面

◇ 了解首选项设置

# 1.1 图像和色彩的基础知识

　　无论是平面设计软件还是三维设计软件，在使用它们进行设计的过程中或多或少都需要掌握一些理论知识，如图像的类型、分辨率和位深度等图像知识，以及RGB、CMYK和HSB等色彩知识，这样才不至于带着困惑处理图像。

## 1.1.1 图像的类型

　　图像分为位图（Bitmap）和矢量图（Vector Graphic）两种类型。谈及这两种图像类型，我们就需要将Illustrator和Photoshop这两款软件进行对比，它们都是用于处理图像的软件，但是Illustrator主要用于处理矢量图，而Photoshop主要用于处理位图。

### 1.位图

　　位图是由许多点组成的图像。组成位图的每一个点都是一个像素（Pixel，缩写为px），因此位图也被称作点阵图。它的优点是能够表现丰富的色彩，但是其质量与分辨率有关，即放大会失真，因此其文件数据量相对较大，会耗费较多的存储空间。一般情况下，Photoshop是处理位图图像的不二之选。如图1-1所示，位图放大到一定程度后图像边缘变得模糊。

图1-1

### 2.矢量图

　　矢量图是由基于数学公式定义的直线和曲线构成的图形，这些直线和曲线称为路径。它的优点是图像的质量与分辨率无关，即放大不会失真，因此占用的存储空间相对较小，常被用于字体设计、标志设计和版式设计。不过，矢量图在色彩的表现上相对不是那么丰富。常用的矢量图处理软件有Illustrator、CorelDRAW。如图1-2所示，矢量图即使无限放大，边缘依旧清晰。

图1-2

**知识点：位图和矢量图之间的转换**

　　将位图转换为矢量图的过程称为矢量化，实现难度较大，Illustrator中提供了相应的控件用于将位图转换为矢量图；将矢量图转换为位图的过程称为栅格化，实现难度较小，这样的操作在Photoshop中较为常见。

## 1.1.2 图像的基本属性

　　图像主要有分辨率、位深度、真伪彩色等基本属性。鉴于学习的需要，本小节将着重介绍图像的分辨率和位深度这两种基本属性。

### 1.分辨率

　　分辨率是指位图单位长度上像素的数量，又可称之为像素密度，其单位为像素/英寸（Pixel per Inch，PPI）。它是衡量位图质量的一个重要指标。分辨率越高，位图单位长度内包含的像素数量就越多，位图也就越清晰。对于同样尺寸的位图，其像素总数越多，分辨率就越高，如在手机或计算机等设备上分别查看538px×360px、1614px×1080px的位图，并将它们缩放到同等尺寸，我们能够明显地看到像素总数为1614×1080的位图更加清晰，如图1-3所示；对于同一张位图，用于全屏显示它的设备屏幕越小，就越清晰，例如，像素总数为1920×1080的同一张图像，在手机上查看相较于在计算机上查看会更加清晰。

图1-3

### 2.位深度

　　位深度是指存储每个像素所用的位数（bit），它用于指定位图中的每个像素可以使用的颜色信息数量。位深度越高，位图所能表现的颜色就越多，同时位图占用的存储空间也就越多。

## 1.1.3 颜色模式

在现实生活中大家肯定有过这样的生活经验：在日落时分观看晚霞，会感觉它的颜色十分鲜艳，随着时间的推移，待夜幕降临之时，天空中的颜色逐渐变暗，直至变成黑暗的世界。在这个过程中我们是通过眼睛感知到颜色变化的，那么为什么黑夜之后眼睛便不能看到物体的颜色了呢？人之所以能够看到颜色，是因为有光。如果没有光，那么世界将是一片黑暗。

除此之外，不同物体的颜色一般也是有差异的，为什么会出现这样的差异？首先，日光等光在照射到物体上后会被吸收掉一部分色光，而通过物体反射到眼睛的颜色才是该物体的颜色；其次，由于不同物体吸收的色光是不同的，因此眼睛看到不同物体的颜色也会有差异。人类的眼睛具有分辨数百万种颜色的能力，可见人类对于颜色的感知是十分敏锐的。

既然人类能够分辨出那么多种颜色，那么我们应该怎样去描述一种颜色呢？这就引出了将要介绍的颜色模式。常见的颜色模式有RGB、CMYK、HSB、Lab和YUV等，下面将着重介绍前3种颜色模式。

### 1.RGB

RGB是基于加色原理通过红色（Red）、绿色（Green）和蓝色（Blue）3个颜色通道的相互叠加得到各种颜色的颜色模式，常被用在显示器、电视机等显示设备上。

### 2.CMYK

CMYK是基于减色原理通过青色（Cyan）、品红色（Magenta）、黄色（Yellow）和黑色（Black）4种颜色混合得到各种颜色的颜色模式，主要应用于印刷领域，因此这4种颜色也被称为"印刷四色"。

> **技巧与提示**
>
> 从理论上来看，只需要通过青色、品红色和黄色3种颜色混合就能得到各种颜色，那为什么还需要单独在CMYK颜色模式中加入黑色呢？这是因为将青色、品红色和黄色混合得到黑色的方式存在两个缺点。一是由于技术的限制，工业生产过程中往往得不到纯度

很高的青色、品红色和黄色这3种颜色的油墨，混合得到的黑色并不理想；二是就算能够混合出黑色，其成本往往也很高。因此，加入黑色不仅方便，还能节约印刷成本。

### 🔲 知识点：加色混合和减色混合

加色混合即由红色、绿色和蓝色三原色按不同比例混合得到任意一种颜色。通过加色方式混合，颜色越深，混合色越亮，如图1-4所示。

减色混合即由青色、品红色和黄色三原色按不同比例混合得到任意一种颜色。通过减色方式混合，颜色越深，混合色越暗，如图1-5所示。

图1-4　　　　　　　　　　　图1-5

### 🔲 知识点：互补色

两种颜色以适当的比例混合得到无彩色，则这两种颜色互补，对应到色相上，就是相距180°的两种颜色是一对互补色，如红色和青色是一对互补色，绿色和品红色是一对互补色，蓝色和黄色是一对互补色，如图1-6所示。互补色的对比十分强烈，在设计时为了突出主体，可将主体的颜色和背景的颜色设置成互补色，使它们形成对比。

图1-6

## 3.HSB

HSB颜色模式用色相（Hue）、饱和度（Saturation）和明度（Brightness）来描述色彩，我们可以在任何一款图像编辑软件的"拾色器"对话框中看到它们之间的关系，Illustrator 2022的"拾色器"对话框如图1-7所示。

颜色分为有彩色和无彩色，有彩色即红色、黄色、绿色和蓝色等颜色，无彩色即黑色、灰色和白色，我们可以简单地认为色相用于区分有彩色的种类，无彩色是不存在色相的；饱和度即颜色的鲜艳程度，也可以理解为颜色的纯度，饱和度越高颜色越鲜艳，饱和度越低颜色越暗淡；明度就是颜色的明亮程度。

图1-7

# 1.2 Illustrator 2022的工作界面

Illustrator 2022的工作界面主要由菜单栏、控制栏、工具栏、状态栏、面板和文档窗口等部分组成，如图1-8所示。Illustrator 2022默认提供了Web、上色、传统基本功能和基本功能等多种工作界面，也支持自定义工作界面，我们可以根据自己的使用习惯来布置自己的专属工作界面。

图1-8

## 1.2.1 菜单栏

视频云课堂：01 菜单栏

菜单栏中包含了Illustrator中大部分的命令，这些命令被归类并放置在不同的菜单中。Illustrator 2022的菜单栏中包含了文件、编辑、对象、文字、选择、效果、视图、窗口和帮助等菜单，如图1-9所示。我们在学习的过程中要特别留意各个菜单中的命令，这样才能够根据自己的需求找到相应的命令，从而实现想要的效果。

Ai 🏠 文件(F) 编辑(E) 对象(O) 文字(T) 选择(S) 效果(C) 视图(V) 窗口(W) 帮助(H)

图1-9

**重要菜单介绍**

◇ **文件**：包含了处理文件的命令，如文件的新建、存储和导出等命令。

◇ **编辑**：包含了编辑图稿的常规命令，如复制、粘贴和还原等命令。

◇ **对象**：包含了处理对象的多个命令，如变换、排列和图像描摹等命令。

◇ **文字**：包含对文本进行编辑的命令。

◇ **选择**：包含选择对象的命令，如全部、反向和相同等命令。

◇ **效果**：包含了使图稿呈现特殊效果的命令，如SVG滤镜、变形和像素化等多种效果。

◇ **视图**：控制图稿的显示形式，以及标尺、参考线和网格等辅助工具的显示或隐藏等。

◇ **窗口**：控制面板的显示或隐藏，同时也能够在该菜单下对工作界面进行选择和自定义。

### ■ 知识点：快速执行菜单命令的方法

有的命令后方带有 ▶ 符号，表示该命令带有子菜单，如图1-10所示；有的命令后方带有按键，表示该命令的快捷键，如图1-11所示。

图1-10     图1-11

菜单中的命令一部分有快捷键，一部分没有快捷键。如果想快速执行没有快捷键的菜单命令，可以按住Alt键并按菜单栏中对应菜单名称后面括号内的字母键调出该菜单，再按菜单中相应命令后面括号内的字母键执行该命令。例如，想要执行"扩展"命令，只需选择对象后使用快捷键Alt+O打开"对象"菜单命令，再按X键即可，如图1-12所示。

图1-12

## 1.2.2 控制栏

视频云课堂：02 控制栏

控制栏位于文档窗口的上方，用于显示当前所选对象的属性。控制栏默认情况下没有显示，可以执行"窗口>控制"菜单命令将其显示出来。不同的对象具有不同的可调选项，如图1-13所示。

未选择对象

已选择对象

图1-13

单击控制栏中的名称带虚线下划线的选项，如"描边"，可在弹出的下拉面板中进行详细的参数设置，如图1-14所示。此操作可在绘图过程中快捷地对一些常用属性进行调节。关于面板的用法，将在后面进行讲解。

图1-14

## 1.2.3 工具栏

📹 视频云课堂: 03 工具栏

工具栏默认情况下位于Illustrator工作界面的左侧,包含了绘制和编辑图稿的各种工具,不同工具通过图标来表示。有的图标的右下角显示 ◢,表示这是个工具组,其中包含了多个工具。除少部分工具是单个工具外,大多数工具是以工具组的形式放置在工具栏中的,如图1-15所示。

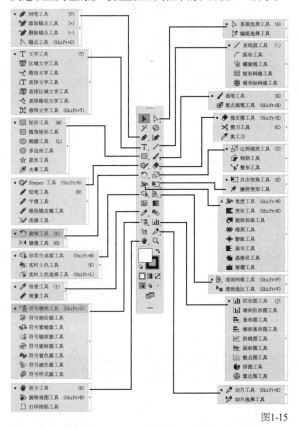

图1-15

### 技巧与提示

单击工具栏顶部的 ▶▶ 按钮可将工具栏展开为双栏显示,单击 ◀◀ 按钮则可折叠成单栏模式,如图1-16所示。

图1-16

### 1.切换工具栏类型 ·····················

Illustrator 2022具有基本和高级两种类型的工具栏,如图1-17所示。基本工具栏只显示少部分常用工具,为默认显示界面;高级工具栏中会显示更多常用工具。切换工具栏类型的方式主要有两种,一种是执行"窗口 > 工具栏 > 基本/高级"菜单命令进行切换,如图1-18所示;另一种是单击工具栏下方的"编辑工具栏"按钮 ⋯,在下拉面板中单击右上方的 ≡ 按钮,随后在下拉菜单中选择相应的工具栏类型进行切换,如图1-19所示。

高级
工具栏

基本
工具栏

图1-17

图1-18

图1-19

## 2.工具的选择

工具的选择主要有两种方式。如果想选择单个工具，那么只需在工具栏中单击目标工具即可。如果想选择工具组中的工具，那么有两种方法可以实现：第1种方法是长按带有 ◢ 的工具图标或在该图标上右击，在展开的工具组中选择目标工具；第2种方法是按住Alt键不断单击工具组图标，这时工具组中的工具会依次进行切换，当切换到目标工具后停止单击。

例如，想要使用"选择工具" ▶，仅需单击"选择工具"图标 ▶，如图1-20所示；要选择"椭圆工具" ○，则需长按"矩形工具"图标 ▢，再在展开的工具组中单击"椭圆工具"图标 ○，如图1-21所示。当然，我们也可以通过按住Alt键并单击"矩形工具"图标 ▢两次进行选择。

图1-20　　　　图1-21

## 3.设置工具选项

工具选项能够对工具的一些属性进行调整，但是并非每一个工具都有工具选项。如果想设置工具选项，那么可以在工具栏中双击工具，在弹出的对话框中详细设置该工具的参数。例如，想要设置形状生成器工具的选项，可以在工具栏中双击"形状生成器工具"图标 ◕，在弹出的"形状生成器工具选项"对话框中设置工具选项，如图1-22所示。

图1-22

图1-23

## 4.自定义工具栏

我们可以根据工作习惯自定义工具栏，例如仅在工具栏中显示常用的工具，以减少在使用过程中寻找工具的时间。自定义工具栏有两种方法：一种是单击当前工具栏下方的"编辑工具栏"按钮 ⋯，此时会显示出"所有工具"面板，在工具栏和"所有工具"面板之间拖动相应工具，即可添加或删除当前工具栏中的工具，自定义专属的工具栏，如图1-24所示；另一种是执行"窗口 > 工具栏 > 新建工具栏"菜单命令，在弹出的"新建工具栏"对话框中输入自定义工具栏的名称，单击"确定"按钮，接着单击新建工具栏下方的"编辑工具栏"按钮 ⋯，此时同样会显示"所有工具"面板，将常用的工具从"所有工具"面板中拖动到新建工具栏中即可完成工具栏的自定义，如图1-25所示。

图1-24

17

图1-25

### 技巧与提示

在自定义工具栏时，如果想建立工具组，可以单击当前工具栏下方的"编辑工具栏"按钮 **...** ，在弹出的"所有工具"面板中按住Ctrl键或Shift键选择多个工具后一并拖动到当前工具栏中，在当前工具栏中新建一个工具组；相反，如果想删除当前工具栏中的工具组，只需要按住Shift键并将当前工具栏中的工具组拖动到"所有工具"面板中即可完成删除，如图1-26所示。

图1-26

此外，如果想显示或隐藏填充描边、着色、绘图模式、屏幕模式等控件，在"所有工具"面板的下方单击相应控件的图标即可，如图1-27所示。这些控件的作用，在后续内容中会进行详细的介绍。

图1-27

### 5.管理工具栏

当新建了多个工具栏时，如果需要对其进行调整，可以执行"窗口>工具栏>管理工具栏"菜单命令，在弹出的"管理工具栏"对话框中对工具栏进行新建、重命名或删除操作，如图1-28所示。

图1-28

## 1.2.4 状态栏

状态栏位于工作界面的左下角，显示了当前文档的缩放比例、旋转视图、画板导航和画板名称等信息。另外，单击状态栏右端的 ▶ 按钮可对显示的信息进行更改，可显示画板名称、当前工具、日期和时间、还原次数等信息，如图1-29所示。

图1-29

# 1.2.5 面板

视频云课堂：04 面板

面板是工作区的重要组成部分，对于某些操作，如图层管理、颜色设置等，通过面板来操作会更加便捷，因此在学习Illustrator时，掌握面板的使用方法是非常必要的。

## 1.认识面板

面板的主要作用在于它能够简化编辑对象的操作。和Adobe系列的其他软件一样，Illustrator提供了多种面板。如果想显示或隐藏某个面板，可以执行"窗口"菜单中的相应命令。对于某些面板，也可以通过快捷键来控制其显示或隐藏，如按F7键来控制"图层"面板的显示或隐藏。"图层"面板如图1-30所示。

图1-30

## 2.面板组

在默认情况下，面板堆栈位于工作界面的右侧。面板既可以单独存在，又可以组成面板组，还可以浮动在面板堆栈的外部，如图1-31所示；当面板组被折叠时，单击 ►► 按钮可将其展开，再单击面板名称可切换到对应的面板，如图1-32所示。

图1-31

图1-32

### 重要参数介绍

◇ 折叠 ◄◄：折叠面板或面板组。

◇ 展开 ►►：展开面板或面板组。

◇ 面板菜单 ▤：设置面板的附加选项。若面板中的参数未显示完全，通过执行面板菜单中的"显示选项"命令，即可完全显示该面板中的所有参数。除此之外，还有一些比较详细的操作命令也通常在面板菜单中。

我们可以根据自己的喜好决定面板的放置位置。将鼠标指针移动到面板名称上，按住鼠标左键后向外拖动，可将该面板与面板组或面板堆栈分离，如图1-33所示；拖动折叠状态下的面板或面板组上边缘的手柄区

域 ⁞⁞⁞⁞⁞⁞⁞，可控制其停靠或取消停靠；按住手柄区域，将分离的面板拖动到面板组或面板堆栈中，当出现蓝色条时松开鼠标左键，可将其重新加入面板组或面板堆栈，如图1-34所示。

图1-33　　　图1-34

将浮动的面板或面板组拖动到面板堆栈的边缘，当出现蓝色条时松开鼠标左键，可将面板或面板组停靠于此处，如图1-35所示。

移动前　　　　　　移动后

图1-35

### 技巧与提示

如果想快速显示或隐藏所有面板，可以使用快捷键Shift+Tab，图1-36所示是隐藏所有面板的效果。如果想快速显示或隐藏工具栏和所有面板，可以按Tab键，图1-37所示是同时隐藏工具栏和所有面板的效果。

图1-36

图1-37

■ **知识点：自定义工作界面**

在使用Illustrator时，我们可以根据自己的工作流程及偏好自定义工作界面。对于工作流程中一些必需的面板可以将其停靠在工作界面中，而对于那些不常用的面板则可以将其隐藏，这样便能够节省工作界面的空间，从而高效地完成工作项目。

下面简单地自定义一个工作界面。执行"窗口"菜单中的命令显示出需要停靠在工作界面中的面板（如一些使用频繁的面板），然后将显示的面板展开并停靠在工作界面的右侧，如"图层"和"外观"面板等，再将"颜色""颜色参考""变换""对齐"等使用频率不高的面板组成面板组并将其折叠，最后停靠在"图层"和"外观"面板的左侧，完成工作界面自定义，如图1-38所示。

图1-38

完成工作界面自定义后，可以执行"窗口>工作区>管理工作区"菜单命令，在弹出的对话框中对自定义工作界面进行新建、重命名或删除等操作，如图1-39所示。

随着工作的推进，难免会存在一些打开的不再需要的面板或面板比较杂乱地排列在工作界面中。此时，如果一个一个地重新拖动调整，势必会耗费大量时间和精力，我们可以执行"窗口>工作区>重置基本功能"菜单命令，从而快速将凌乱的工作界面恢复到默认状态。

图1-39

# 1.3 首选项设置

在使用Illustrator设计图像之前，我们通常需要根据自己的偏好设置首选项。科学合理地设置首选项能够在一定程度上提高工作效率。Illustrator 2022的首选项设置包含常规、选择和锚点显示、文字、单位、参考线和网格、增效工具和暂存盘、用户界面等多个类别，只需执行"编辑>首选项"菜单命令（快捷键为Ctrl+K）即可对其进行设置。

## 1.3.1 常规

🖥 视频云课堂：05 首选项设置

"常规"首选项主要包含键盘增量、约束角度和圆角半径等属性的设置，如图1-40所示。

图1-40

**重要参数介绍**

◇ **键盘增量：** 控制使用方向键移动对象的幅度。

◇ **约束角度：** 控制矩形等对象的初始角度。

◇ **圆角半径：** 控制圆角矩形的初始圆角半径。

📝 **技巧与提示**

根据自己的需求决定是否勾选"常规"首选项中的其他选项，如取消勾选"显示工具提示"选项，将鼠标指针放置在工具栏中的工具上，将不再显示工具名称等提示信息。

## 1.3.2 选择和锚点显示

"选择和锚点显示"首选项包含了选择和锚点显示效果的控制选项，如图1-41所示。对于"选择"选项组来说，"容差"控制的是在选择对象时允许存在的误差，同时还可以根据偏好勾选其他选项；"锚点、手柄和定界框显示"选项组的设置主要取决于个人偏好。

图1-41

### 1.3.3 文字

"文字"首选项主要用于控制关于文本的各项操作，如初始文本的"行距""字距调整"等属性，如图1-42所示。

图1-42

---

**技巧与提示**

如果想快速使用最近使用过的字体，可以将"文字"首选项中的"最近使用的字体数目"设置为一个合适的值，这样最近使用过的相应数目的字体会显示在字体列表的最上方，方便快速更换字体。

---

### 1.3.4 单位

"单位"首选项主要用于控制Illustrator中各类对象的单位，可以在各下拉列表中对默认的单位（像素、点、派卡、英寸、毫米和厘米等）进行设置，如图1-43所示。

图1-43

**重要参数介绍**

◇ **常规**：控制矩形、椭圆和多边形等形状的尺寸单位。

◇ **描边**：控制各个对象描边的尺寸单位。

◇ **文字**：控制文本对象的尺寸单位。一般情况下，如果没有特殊的尺寸要求，只需要保持默认的单位即可。

### 1.3.5 参考线和网格

"参考线和网格"首选项用于控制参考线和网格的颜色、样式等属性，如图1-44所示。如果觉得参考线或网格默认的颜色不是非常突出，可以将其设置为自己想要的颜色。对于"网格"选项而言，还可以根据实际工作的需要调整网格线间隔和次分隔线等。

图1-44

### 1.3.6 增效工具和暂存盘

　　"增效工具和暂存盘"首选项主要用于设置Illustrator中缓存文件的暂存盘，如图1-45所示。在通常情况下，为了使Illustrator的缓存文件不占用启动盘的存储空间，可以将暂存盘更改为除启动盘之外的其他任意磁盘分区。

图1-45

### 1.3.7 用户界面

　　"用户界面"首选项主要用于设置用户界面的颜色，如图1-46所示。在某些情况下，操作系统的界面缩放比例并不是100%，可以在"UI缩放"滑块上调整，通过缩小或放大来适应操作系统的界面。

> **技巧与提示**
>
> 　　Illustrator仅支持100%、150%和200%的用户界面的缩放，因此需要结合操作系统自身的缩放比例来决定是通过缩小还是放大来适应操作系统的界面。

图1-46

## 1.4 本章小结

　　本章主要介绍了图像和色彩的基础知识、Illustrator 2022的工作界面组成和首选项设置。掌握了这些知识后，我们便能正式开始对Illustrator的学习了。

　　在介绍图像和色彩的基础知识时，讲解了图像的种类和基本属性，还讲解了颜色模式等知识。我们需要掌握的是位图和矢量图各自的特点，以及RGB、CMYK和HSB颜色模式在描述色彩时的差异，因为这些知识将始终贯穿在Illustrator的使用过程中。

　　在介绍Illustrator 2022的工作界面时，分别讲解了组成工作界面的菜单栏、控制栏和工具栏等部分。其中值得我们特别注意的是自定义工作界面的操作，合理地自定义工作界面往往能够有效提高我们的工作效率。

　　在介绍Illustrator 2022的首选项设置时，主要讲解了一些我们可能会用到的首选项设置，如更改用户界面的亮度等。不过在一般情况下，如果没有特殊要求，保持默认设置即可。

# 2

第　章

# Illustrator的基本操作

　　无论是使用图像处理软件还是使用办公软件，在进入正式工作之前，我们都需要掌握文件的新建、打开和保存等一系列基本的文件操作。同时，在使用 Illustrator 进行创作之前，因为关乎图稿最终的输出，我们还需要掌握画板的用法，并了解图稿的查看方法和辅助工具的用法。这些将会是我们在创作过程中频繁用到的操作，只有熟练地掌握，才能确保绘图工作的正常进行。

## 课堂学习目标

◇ 掌握文件的操作
◇ 掌握画板的用法
◇ 掌握图稿的查看方法
◇ 掌握辅助工具的用法

# 2.1 文件操作

在使用Illustrator之前，我们可能还使用过其他一些软件，如Word、PowerPoint等，Illustrator的文件操作与这些软件大致相同。文件的管理一般通过"文件"菜单执行，该菜单中包含多项处理文件的命令，可以完成文件的新建、打开、置入、保存和导出等操作。

## 2.1.1 新建文档

视频云课堂：06 新建文档

我们在使用Word创作文本等内容时，首先需要建立一个空白文档，待创作完成后这些内容会被保存在文档中。同样，使用Illustrator绘制矢量图时，也需要建立一个文档来承载矢量图。因此可以说，新建文档是使用Illustrator的一个基本操作，也是无法避开的一个环节。

### 1.新建文档操作

在Illustrator 2022中可以通过欢迎屏幕或菜单命令来新建文档，前者只需要在Illustrator启动后出现的欢迎屏幕上单击"新建"按钮（新建），如图2-1所示，在弹出的"新建文档"对话框中即可完成文档的新建操作；后者则需要进入Illustrator后执行"文件>新建"菜单命令（快捷键为Ctrl + N），如图2-2所示，在弹出的"新建文档"对话框中完成新建文档操作。通过欢迎屏幕新建文档是使用较频繁的一种方式。

图2-1

图2-2

## 2.文档预设

根据不同的工作需求，Illustrator 2022设置了"移动设备""Web""打印""胶片和视频""图稿和插图"等预设类型，它们内置了相应的文档预设。如果没有特殊要求，那么可以根据工作性质直接选择相应的预设创建文档。例如，A4尺寸是排版、打印中常用的尺寸，当想要新建A4尺寸的文档时，就只需切换到"打印"选项卡，在"空白文档预设"列表框中显示的常用打印尺寸中选择A4选项即可，此时还可以在右侧的"预设详细信息"窗格中进行更为详细的自定义设置，如图2-3所示。

图2-3

📝 技巧与提示

在新建文档时，如果该文档用于网络，那么建议选择的单位为px；如果该文档用于打印，那么建议选择的单位为mm。

"新建文档"对话框右侧"预设详细信息"窗格中的参数主要包括文档的名称、宽度、高度、方向、画板数量和出血等，如图2-4所示。

图2-4

设置"预设详细信息"后，单击"创建"按钮（创建）可创建一个空白文档，并自动命名为"未标题-1"，如图2-5所示。

图2-5

**重要参数介绍**

◇ **名称**：设置文档的名称。

> 📝 **技巧与提示**
>
> 合理地设置文档名称有利于对文件进行管理，在后期查找时能够节省大量时间。

◇ **高度/宽度**：控制画板的尺寸。

◇ **方向**：控制画板是纵向的还是横向的。单击相应的按钮，可以定义方向，此时"高度"和"宽度"文本框中的数值将会互换。

◇ **出血**：控制除有效画板区域之外溢出区域的尺寸，目的是在印刷时为图稿预留裁剪的误差。在此需要指定画板每一边的出血位置，可对不同的边使用不同的值。若激活"锁定"按钮🔗，将保持4个边的出血位置相同。

> 📝 **技巧与提示**
>
> "出血"是一个常用的印刷术语，是指扩大图像外围图案的范围，避免裁切后成品露出白边。

◇ **画板**：如果想在同一个文档中创建多个画板，只需在该文本框中输入相应的数值即可。

◇ **高级选项**：包含"颜色模式""光栅效果""预览模式"等参数。

» **颜色模式**：指定新文档的颜色模式，有RGB和CMYK两种模式可供选择。如果图稿需要打印出来，那么应该选择CMYK模式，否则打印出的图稿会有色差。

» **光栅效果**：指定像素密度。如果图稿最终用于网络，则选择"屏幕（72ppi）"选项；如果图稿最终需要打印出来，则选择"高（300ppi）"选项。

> 🏷 **知识点：屏幕分辨率**
>
> 屏幕分辨率指屏幕所能显示的像素总数，所以，在画板尺寸固定的情况下，无论光栅效果的像素密度为多少，画板在屏幕上显示的大小都是一样的；只有在将图稿输出的时候，不同像素密度的图稿的质量才会有差异。

» **预览模式**：除了保持默认值，还有"像素""叠印"选项可供选择（将在本章2.3节详细介绍）。

◇ **更多设置**：如果在同一个文档中创建了多个画板，则可单击该按钮进行更多设置。

> 📝 **技巧与提示**
>
> 单击"更多设置"按钮 更多设置 ，在弹出的"更多设置"对话框中可对多个画板的排列方式、间距和列数等参数进行设置（将在本章2.2节详细介绍）。

## 2.1.2 打开文件

📹 视频云课堂：07 打开文件

在实际的工作中，我们可能不需要新建文档，而是需要打开之前创建好的文件，主要有以下3种打开方式。

第1种方式：通过Illustrator的欢迎屏幕打开。在Illustrator的欢迎屏幕中会显示最近打开的文件的缩览图，单击缩览图可打开该文件；另外，在Illustrator的欢迎屏幕中单击"打开"按钮 打开 ，在弹出的"打开"对话框中找到并选中需要打开的文件，单击"打开"按钮 打开 也能打开该文件，如图2-6所示。

图2-6

第2种方式：通过菜单命令打开。只需要执行"文件>打开"菜单命令（快捷键为Ctrl+O），在弹出的"打开"对话框中找到并选中需要打开的文件，单击"打开"按钮 打开 即可打开该文件，如图2-7所示。另外，在"文件>最近打开的文件"子菜单中找到需要打开的最近使用过的文件，单击即可打开该文件，如图2-8所示。

图2-7

图2-8

第3种方式：在计算机中找到文件所在的位置，双击文件图标即可在Illustrator中打开该文件，如图2-9所示。

鞋子.ai

图2-9

📝 **技巧与提示**

Illustrator既可以打开使用Illustrator创建的矢量图形文件，也可以打开由其他应用程序创建的兼容文件，如使用Photoshop创建的PSD格式文件、使用AutoCAD制作的DWG格式文件等。

▣ **课堂案例**

**同时打开多个文件**

| 素材位置 | 素材文件>CH02>课堂案例：打开多个文件 |
| --- | --- |
| 实例位置 | 实例文件>CH02>课堂案例：打开多个文件 |
| 教学视频 | 课堂案例：打开多个文件.mp4 |
| 学习目标 | 掌握同时打开多个文件、改变文件窗口排列方式的方法 |

本例的最终效果如图2-10所示。

图2-10

**01** 执行"文件>打开"菜单命令，在"打开"对话框中可以一次性选中多个文件来打开。找到"素材文件>CH02>课堂案例：打开多个文件>渐变液体.jpg、水墨.png、演示.ai"，按住Ctrl键依次单击这3个文件，同时选中它们，然后单击"打开"按钮 打开 ，如图2-11所示。这样被选中的多个文件就被打开了，但只有一个是当前文件，如图2-12所示。

图2-11

图2-12

**02** 此时单击文件名称"渐变液体.jpg"，可切换到该文件的窗口，如图2-13所示；单击文件名称"水墨.png"可切换到该文件的窗口，如图2-14所示。

图2-13

图2-14

**03** 默认情况下，多个文件窗口会以选项卡的方式停靠排列。其实，我们还可以将文件窗口以浮动的状态显示。移动鼠标指针到文件名称"水墨.png"的上方，按住鼠标左键后向界面内拖动，如图2-15所示；松开鼠标左键后，该文件的窗口就会变为浮动状态，如图2-16所示。

向界面内拖动

图2-15

图2-16

**技巧与提示**

若要恢复为停靠的状态，将浮动的窗口拖动到文件窗口选项卡的位置，当出现蓝色边框后松开鼠标左键，即可重新将文件窗口以停靠的方式排列。

**知识点：更改多文件窗口排列方式**

文件窗口的排列方式可以通过执行"窗口>排列"子菜单中的命令进行更改，如图2-17所示。图2-18所示为执行"窗口>排列>平铺"命令后的显示效果。

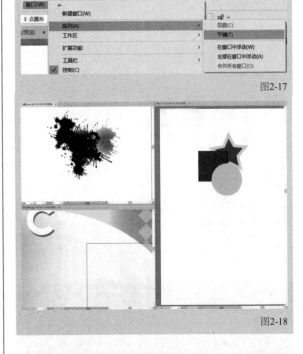

图2-17

图2-18

## 2.1.3 置入文件

视频云课堂：08 置入文件

我们的创作过程往往都不是从零开始的，对于需要用到的已有的矢量图形或位图图像甚至文本，可以将它们置入Illustrator中，从而高效地完成创作。

## 1.置入图像

如果要置入图像，可以通过两种方式完成：当要置入的图像文件很大时，可以选择以链接的方式置入，这样可以有效减少当前文档所占用的存储空间；当要置入的图像文件较小时，可以选择以嵌入的方式置入，虽然这样可能会使当前文档所占用的存储空间略微增大，但可以减小管理文件的难度。

### ⊙ 链接图像

以链接的方式置入的图像不包含在当前文档中，与当前文档是相对独立的两个文件，因此这种方式并不会使当前文档占用的存储空间变大。但是，如果将置入的图像文件删除或改变其存储路径，那么当前文档中的该图像将失去链接，因此以这种方式置入图像会在一定程度上增加管理文件的难度，同时在工作的协同上也会变得相对烦琐。

想要置入链接图像，可以执行"文件>置入"菜单命令（快捷键为Shift + Ctrl + P），在弹出的"置入"对话框中选中需要链接的图像（此时对话框中默认勾选了"链接"选项），单击"置入"按钮 置入 ，如图2-19所示，此时鼠标指针会变为 状，如图2-20所示。在画报合适的区域单击或拖动鼠标即可将链接图像置入文档中。

图2-19

图2-20

置入图像后，图像上会显示定界框，拖动其四周的控制点可以调整置入图像的大小，调整完毕后即完成置入，如图2-21所示。

图2-21

📝 技巧与提示

在置入具有导入选项的图像，如PSD格式的图像文件时，可以勾选"显示导入选项"选项，这样单击"置入"按钮 置入 后可以设置导入选项。

### ⊙ 嵌入图像

以嵌入的方式置入的图像将包含在当前文档中，因此当前文档所占用的存储空间会相应增大。不过，以这样的方式置入图像会减少很多文件管理方面的问题。

要想嵌入图像，需要先将该图像进行链接，然后在控制栏中单击"嵌入"按钮 嵌入 ，即可将链接的图像嵌入当前文档中，如图2-22所示。

图2-22

除此之外，执行"文件>置入"菜单命令，在弹出的"置入"对话框中选中需要置入的文件，取消勾选"链接"选项，然后单击"置入"按钮 置入 ，如图2-23所示，再在画面中单击，即可以嵌入方式完成置入操作。

图2-23

若要将置入的图像从嵌入方式更改为链接方式，可以先选中嵌入的图像，然后单击控制栏中的"取消嵌入"按钮 取消嵌入 ，如图2-24所示，再在弹出的"取消嵌入"对话框中选择合适的路径对所选图像进行保存，之后所选图像就会以链接状态存在。

图2-24

**技巧与提示**

我们在置入图像时需要根据实际情况权衡利弊，选择一种最合适的方式置入。

## 2. "链接"面板

在"链接"面板中可以查看和管理所有的链接或嵌入的对象，可以对这些对象进行定位、重新链接、编辑原稿等操作。执行"窗口>链接"菜单命令可以显示或隐藏"链接"面板。"链接"面板如图2-25所示。

图2-25

**重要参数介绍**

◇ **显示链接信息**▶：显示或隐藏图像的链接信息。

◇ **重新链接** ⊂⊃：恢复链接或替换某一置入的图像。

◇ **转至链接** ⤴：快速地选中某一置入的图像。

◇ **更新链接** ⟳：若某一置入的图像因被重新编辑过而导致失去链接，单击该按钮可恢复链接。

◇ **编辑原稿** ✎：编辑某一置入的图像。单击该按钮可进入图像编辑器对该图像进行编辑。如果想使用Photoshop对图像进行编辑，需要将系统默认的图像编辑软件更改为Photoshop。

## 2.1.4 保存文件

▣ 视频云课堂：09 保存文件

当创作完成之后，必不可少的一个步骤就是保存文件，如果在退出软件之前没有对当前正在处理的文件进行保存，那么之前所做的一切很有可能会前功尽弃。保存文件的操作步骤十分简单，主要有以下3种方式。

第1种方式：执行"文件>存储"菜单命令（快捷键为Ctrl + S），如果是第一次对文件进行存储，那么会弹出"存储为"对话框，在这里可以设置文件存储的路径、文件名和保存类型，单击"保存"按钮 保存(S) 即可对文件进行保存。如果文档已存在，以这种方式存储时不会弹出任何对话框，文件会在原始位置存储，并且会以更改后的文件覆盖原文件。

第2种方式：如果当前文件已存在，想要更换存储的路径、文件名或保存类型，可以执行"文件>存储为"菜单命令（快捷键为Shift + Ctrl + S），在弹出的"存储为"对话框中进行设置后单击"保存"按钮 保存(S) ，如图2-26所示。此时，会弹出"Illustrator选项"对话框，在其中可以对文件存储的版本、选项和透明度等参数进行设置，设置完毕后单击"确定"按钮即可完成文件存储操作。

图2-26

第3种方式:如果当前文件已存在,想要在其他路径存储一个副本,只需执行"文件>存储副本"菜单命令(快捷键为Alt + Ctrl + S),在弹出的对话框中设置好存储路径和文件名后单击"保存"按钮 保存(S) 即可。

## 2.1.5 导出文件

📺 视频云课堂:10 导出文件

根据不同的出稿需求,可能会将图稿导出为不同格式的图像,为此Illustrator提供了多个导出图稿的命令,分别为"导出为多种屏幕所用格式""导出为"和"存储为Web所用格式"。这些命令都是针对不同的工作需要而设计的,如UI设计师可能会更偏向于用"导出为多种屏幕所用格式"命令导出文件。

### 1.导出为多种屏幕所用格式·····················

执行"文件>导出>导出为多种屏幕所用格式"菜单命令(快捷键为Alt + Ctrl + E),弹出的"导出为多种屏幕所用格式"对话框默认切换到"画板"选项卡,在此设置相关参数后,单击"导出画板"按钮 导出画板 即可导出图稿,如图2-27所示。

图2-27

**重要参数介绍**

◇ **选择**:有"全部""范围"和"整篇文档"3个选项可供选择。

» **全部**:导出该文件所有的画板。

» **范围**:设置要导出的画板。如文档中一共有4个画板,若只想导出第1、4个画板,那么只需要在文本框中输入"1,4"即可。

» **整篇文档**:将所有画板合并为单个图像文件导出。

◇ **格式**:根据实际情况确定显示设备的系统类型、图稿的缩放倍数、文件名后缀和图像的格式。此外,如果想导出多个缩放倍数的图稿,可以单击"添加缩放"按钮 + 添加缩放 进行设置,然后导出即可。

切换到"资产"选项卡,如图2-28所示。该选项卡用于导出已经添加到"资源导出"面板中的多个资源,但是实际上我们多数时候都是直接在"资源导出"面板中导出图稿的,而不会使用"资产"选项卡来导出。执行"窗口>资源导出"菜单命令可以显示或隐藏"资源导出"面板。"资源导出"面板如图2-29所示。在画板上选中需要导出的资源并将其拖入"资源导出"面板中设置相关参数即可进行导出。如果想将多个资源作为单个图像文件导出,可以按住Alt键并将其拖入"资源导出"面板中。使用这种方式能够快速导出图稿,尤其是在UI设计的工作流程中使用较为频繁。

图2-28　　　　　图2-29

### 2.导出为多种文件格式·····················

执行"文件>导出>导出为"菜单命令,在弹出的"导出"对话框中选择所需的文件类型,单击"导出"按钮 导出 即可将图稿导出为多种文件格式,如图2-30所示。

图2-30

**重要参数介绍**

◇ **使用画板**：勾选该选项后，"全部"和"范围"选项将被激活。

» **全部**：所有画板中的内容都将被导出，并按照文件名称-01、文件名称-02等的形式进行命名。

» **范围**：设置导出画板的范围。

# 3.存储为Web所用格式

对于网页设计师而言，在Illustrator中完成网站页面的制图工作后，需要对页面进行切片。创建切片可对图像进行优化，如减小图像的大小，因为较小的图像可以使Web服务器更高效地对图像进行存储和传输。执行"文件>导出>存储为Web所用格式"菜单命令（快捷键为Alt + Shift + Ctrl + S），在弹出的"存储为Web所用格式"对话框中设置各项参数（文件类型、图像大小等），最后单击"存储"按钮 存储 进行存储，如图2-31所示。

图2-31

**重要参数介绍**

◇ **显示方式**：切换到"原稿"选项卡，对话框中只显示没有优化的图像；切换到"优化"选项卡，对话框中只显示优化后的图像；切换到"双联"选项卡，对话框中会同时显示优化前和优化后的图像。

◇ **抓手工具**：用于移动查看对象。

◇ **切片选择工具**：当一幅图像上包含多个切片时，可以使用该工具选择相应的切片进行优化。

◇ **缩放工具**：用于放大窗口显示比例，按住Alt键单击窗口可缩小显示比例。

◇ **吸管工具**/**吸管颜色**：选中吸管工具在图像上单击，可以拾取单击处的颜色，并显示在"吸管颜色"方块中。

**课堂练习**

## 通过置入图片制作海报

| | |
|---|---|
| 素材位置 | 素材文件>CH02>课堂练习：通过置入图片制作海报 |
| 实例位置 | 实例文件>CH02>课堂练习：通过置入图片制作海报 |
| 教学视频 | 课堂练习：通过置入图片制作海报.mp4 |
| 学习目标 | 掌握新建文档、置入图片、保存文件等操作 |

本例的最终效果如图2-32所示。

图2-32

01 打开Illustrator 2022，单击欢迎屏幕中的"新建"按钮 新建 ，弹出"新建文档"对话框，设置"宽度"为219mm，"高度"为310mm，单击"创建"按钮 创建 ，如图2-33所示。

图2-33

02 执行"文件>置入"菜单命令，在弹出的"置入"对话框中选中"素材文件>CH02>课堂练习：通过置入图片制作海报>背景.png"，单击"置入"按钮 置入 ，如图2-34所示，然后在画板中的合适位置单击，即可置入此位图，如图2-35所示。

图2-34

图2-35

03 执行"窗口>控制"菜单命令显示出控制栏,然后单击控制栏中的"嵌入"按钮 嵌入 ,将置入的位图嵌入画板中,如图2-36所示。

图2-36

04 选中置入的位图,使用"选择工具" ▶ 按住Shift键将其右下角的控制点拖动到与画板的右下角重合,如图2-37所示。松开鼠标左键,完成置入位图大小的调整,如图2-38所示。

图2-37  图2-38

05 执行"文件>置入"菜单命令,置入素材"素材文件>CH02>课堂练习:通过置入图片制作海报>背景图案.png",单击控制栏中的"嵌入"按钮 嵌入 将其嵌入画板中,如图2-39所示。使用"选择工具" ▶ 将素材移动到画板中心,然后按住Shift+Alt键并拖动素材右上角的控制点到与画板的右边重合,这时松开鼠标左键,效果如图2-40所示。

图2-39  图2-40

06 打开"素材文件>CH02>课堂练习:通过置入图片制作海报>五彩斑斓.ai",将其提供的文案复制到当前文档中,然后使用"选择工具" ▶ 将其放置在画板的右上角,同时距离顶部和右侧各有一段距离,效果如图2-41所示。

07 打开"素材文件>CH02>课堂练习:通过置入图片制作海报>COLORFUL.ai",将其提供的文案复制到当前文档中,然后使用"选择工具" ▶ 将其放置在画板的左下角,同时距离底端和左侧各有一段距离,效果如图2-42所示。

图2-41  图2-42

08 执行"文件>导出>导出为多种屏幕所用格式"菜单命令,在"导出为多种屏幕所用格式"对话框中指定文件的保存路径,单击"导出画板"按钮 导出画板 即可将制作的简易海报导出为图像,如图2-43所示。使用快捷键Ctrl + S对当前文件进行保存,完成海报的制作。

图2-43

# 2.2 创建和使用画板

新建文档后，界面中的白色区域就是画板。画板是文档中可供导出图稿的区域，我们绘制的图稿必须放置在画板上才能够导出。在绘制图稿之前往往需要创建一个或多个画板，有时候创建的画板较多，这就需要通过与画板相关的工具和面板对这些画板进行管理。

## 2.2.1 创建画板

📹 视频云课堂：11 创建画板

创建画板主要有两种方式，一种是在新建文档时通过"新建文档"对话框进行创建，另一种是通过"画板工具" 🔳 进行创建。如果在开始创作前已经想好了要创建多个画板，那么可以直接在"新建文档"对话框中设置画板数量，但是在大多数时候我们通常已经完成了文档的新建，需要在创作的过程中新增一些画板，这时就可以通过"画板工具" 🔳 来创建。

### 1.在新建文档时创建 ……………………………

在"新建文档"对话框中单击"更多设置"按钮 更多设置 ，在弹出的"更多设置"对话框中设置画板的数量、排列方式和间距等参数后，单击"创建文档"按钮 创建文档 ，如图2-44所示，即可在当前新建的文档中创建我们所设置数量的画板，效果如图2-45所示。

图2-44

图2-45

**重要参数介绍**

◇ **画板排列方式**：在"画板数量"的后方可以设置画板的排列方式。默认情况下使用的是从左至右的版面，即所有画板按设置的排列方式从左至右进行排列，如果想使用从右至左的版面，可以单击"版面顺序"按钮 → 进行更改。画板的排列方式有"按行设置网格" 🔀 、"按列设置网格" 🔀 、"按行排列" → 和"按列排列" ↓ 4种，选择"按行设置网格" 🔀 或"按列设置网格" 🔀 时，可设置列数或行数；选择"按行排列" → 或"按列排列" ↓ 时，所有画板将排列成一行或一列。

◇ **间距**：用于指定各个画板之间的间距，可根据自己的习惯设置。

◇ **大小**：用于指定当前所要创建画板的大小。如果想使用预设画板，可以在下拉列表中选择。

### 2.通过"画板工具"创建 ……………………………

选择"画板工具" 🔳 后，在文档窗口的适当区域拖动鼠标，即可创建一个新的画板，如图2-46所示。

图2-46

如果想使用预设画板，只需选中使用"画板工具"  创建的画板，然后在控制栏中的"选择预设"下拉列表中选择想要使用的预设画板即可，如图2-47所示。

图2-47

## 2.2.2 使用画板

视频云课堂：12 使用画板

当创建了多个画板后，可能会遇到一系列问题，例如怎样选中和移动这些画板、移动后怎样对齐和分布画板，以及怎样对这些画板重新排序等。解决这些问题就需要应用"画板"面板和"画板工具" ，下面介绍具体的操作方式。

### 1.通过"画板"面板操作画板·················

执行"窗口>画板"菜单命令可显示或隐藏"画板"面板。"画板"面板如图2-48所示。

图2-48

**重要参数介绍**

◇ **画板选项**：在"画板"面板中选中某一画板后，单击该按钮所在的矩形区域，可打开"画板选项"对话框，该对话框如图2-49所示。在该对话框中可设置画板的大小、方向等参数，根据需要决定是否显示中心标记、十字线等参考构件，以及设置是否渐隐

画板之外的区域（画板之外的区域为深色或与画板颜色一样为白色）、拖动时是否更新（移动或扩大画板时画板为半透明或透明）。

图2-49

◇ **快速导航至画板**：双击某一画板名称后方的空白区域可快速导航到该画板。此外，使用状态栏中的"画板导航"下拉列表也能达到这一目的。

◇ **新建画板**：选中要进行复制的画板，单击"新建画板"按钮 即可完成复制，但是使用这种方式不能连同图稿一起复制。

◇ **上移/下移**：通过"上移"按钮 和"下移"按钮 重新排序。

◇ **重新排列所有画板**：单击该按钮可打开"重新排列所有画板"对话框修改画板的排列方式、列数和间距等参数，重新排列所有画板。

### 2.通过"画板工具"操作画板·················

创建完画板后，可以使用"画板工具"  对画板进行相关的操作。

⊙ **选中并移动画板**

在工具栏中选择"画板工具"  后单击某一画板则可选中该画板，画板的边缘会显示定界框，如图2-50所示。拖动定界框的控制点可以自由调整画板的大小，如图2-51所示。按住Shift键可以框选多个画板。在选中画板后拖动鼠标即可移动画板；如果想在移动画板的同时连图稿一并移动，可以在控制栏中激活"移动/复制带画板的图稿"按钮 后再进行移动。

图2-50 图2-51

### ⊙ 复制画板

在工具栏中选择"画板工具" ，按住Alt键并拖动某一画板即可对该画板进行复制，如图2-52所示。

图2-52

### ⊙ 对齐和分布画板

在工具栏中选中"画板工具" ，然后按住Shift键框选要进行对齐和分布操作的面板，接着在控制栏或"属性"面板中单击相应的按钮即可，如图2-53所示。

图2-53

> **技巧与提示**
> 执行"窗口>属性"菜单命令，可显示或隐藏"属性"面板。

### ⊙ 删除画板

如果想删除不需要的某一画板，那么可以使用"画板工具" 在文档窗口中选中该画板，再按Delete键删除，也可以在"画板"面板中选中该画板，拖曳到"删除画板"按钮 上进行删除。

> **技巧与提示**
> 虽然画板区域是绘制图稿的主要区域，但是我们依旧能够在画板之外的其他区域绘制图稿。不过，如果想将这些绘制于画板之外的图稿导出，就需要将其放置在画板上。

## 2.3 查看图稿

在创作的过程中，为了保证图稿的质量，往往会对图稿的局部细节进行优化，这时候就需要将图稿放大进行局部查看，以便处理细节；当创作完成后，我们可能会将图稿进行演示，这时候切换屏幕模式是一种较好的选择；当准备输出创作好的图稿时，就需要用裁切视图预览图稿最终的输出效果。可见，如果熟练掌握了不同条件下查看图稿的方式，不仅能在一定程度上提高工作效率，而且还能保证图稿的创作质量。

### 2.3.1 局部查看

▣ 视频云课堂：13 局部查看

查看图稿的局部区域常需要应用"缩放工具" 、"抓手工具" 、"旋转视图工具" 和"导航器"面板。使用"缩放工具" 能够放大或缩小图稿。当图稿被放大后，我们能够很好地处理图稿局部，此时再配合"抓手工具" 、"旋转视图工具" 就能够导航至图稿的任意一个局部区域进行查看，便于更进一步编辑图稿。下面将介绍查看图稿局部区域的方法。

**1.缩放图稿** ········

进行图稿的编辑时，经常需要对局部细节进行操作，这就需要将画面的显示比例放大。除了使用"缩放工具" 缩放图稿外，还可以执行菜单命令来达到缩放图稿的目的，甚至使用状态栏、"导航器"面板等也能对图稿进行缩放。

在工具栏中选择"缩放工具" （快捷键为Z）后，在画板处单击可放大图稿，如图2-54所示；按住Alt键在画板处单击可缩小图稿。此外，按住Alt键滚动鼠标滚轮，以及在画板上按住鼠标左键横向或斜向拖动，都可以对图稿进行缩放。

图2-54

执行"视图>放大"菜单命令（快捷键为Ctrl + +）可以放大图稿，执行"视图>缩小"菜单命令（快捷键为Ctrl + -）可以缩小图稿，这两个快捷键操作在很多软件中都适用。

在状态栏中的"缩放比例"文本框中重新输入数值并按Enter键，按输入值进行缩放，如图2-55所示。另外，将光标定位在"缩放比例"文本框中后滚动鼠标滚轮，能灵活地对图稿进行放大或缩小。

缩放比例为50%          缩放比例为300%

图2-55

技巧与提示

缩放图稿只会改变视图的大小，不会改变图像本身的大小。

## 2.移动图稿

当画面显示比例比较大时，某些局部在当前界面中无法显示，可以在工具栏中选择"抓手工具" ✋（快捷键为H）对图稿进行拖动，以显示出所需查看的局部，如图2-56所示。在使用其他工具时，按住Space键能够临时调用"抓手工具" ✋。

图2-56

## 3.旋转图稿

当需要多角度查看图稿时，在工具栏中选择"旋转

视图工具" ✋（在抓手工具组中，快捷键为Shift + H）后，在图稿区域拖动鼠标即可旋转图稿，便于查看和编辑图稿，如图2-57所示。在使用其他工具时，按住Shift + Space键可以临时调用"旋转视图工具" ✋。

图2-57

技巧与提示

如果想重置已旋转的图稿，可以执行"视图 > 重置旋转视图"菜单命令（快捷键为Shift + Ctrl + 1）进行重置，或者直接按Esc键也可以完成重置。

此外，也可以通过设置状态栏中的"旋转视图"参数或执行"视图>旋转视图"菜单命令对图稿进行旋转，如图2-58所示。

图2-58

## 4.使用"导航器"面板进行局部查看

"导航器"面板中包含了图稿的缩览图和多种窗口缩放工具，可用于控制图稿的显示比例、查看图稿特定区域。执行"窗口>导航器"菜单命令可以显示或隐藏"导航器"面板。"导航器"面板如图2-59所示。在"导航器"面板中可以看到整幅图稿，红框指示的区域是当前

预览区域，即文档窗口中显示的内容。将鼠标指针移动到"导航器"面板中的缩略图上方，当其变为抓手形状时拖动鼠标，可以移动图稿在文档窗口中的显示画面。

图稿缩略图

代理预览区域

缩小 600% 放大

缩放比例

图2-59

**重要参数介绍**

◇ **"缩放比例"文本框**：按此处的缩放比例显示图稿大小。可手动输入缩放比例后按Enter键，也可在下拉列表中单击特定缩放比例。

◇ **放大 ▲/缩小 ▲**：单击按钮可放大或缩小图稿的显示比例。

◇ **代理预览区域**："导航器"面板中红框指示的区域，拖动红框可更改当前预览区域。

## 5.使用"视图"菜单进行局部查看

如果在创作的过程中需要频繁导航至图稿的某一局部，那么可以执行"视图>新建视图"菜单命令，在弹出的"新建视图"对话框中输入视图名称将当前图稿的这一局部视图进行保存，如图2-60所示。当要快速导航至保存过的局部视图时，只需执行"视图>视图名称"菜单命令即可。例如，之前保存了一个名称为"蛋黄"的视图，当想要快速导航至该局部视图时，只需执行"视图>蛋黄"菜单命令即可，如图2-61所示。

图2-60

图2-61

执行"视图>编辑视图"菜单命令，可在弹出的"编辑视图"对话框中对视图进行删除或重命名等操作，如图2-62所示。

图2-62

## 2.3.2 全局查看

📹 视频云课堂：14 全局查看

当我们在创作过程中完成某一局部的调整之后，常常需要对图稿的整体效果进行查看，这时候可以通过快捷键或执行菜单命令来使图稿按实际大小进行显示或使画板适合窗口大小进行显示。另外，在创作完成后，我们可能会更改屏幕模式或用轮廓模式查看图稿以保证图稿的质量。下面将具体介绍对图稿进行全局查看的方法。

## 1.按实际大小查看图稿

执行"视图>实际大小"菜单命令（快捷键为Ctrl＋1）即可按实际大小查看图稿，如图2-63所示。此外，双击"缩放工具" 🔍 也可以按实际大小查看图稿。

**执行操作前，图稿缩放比例为66.67%**

**执行操作后，图稿缩放比例为100%**

图2-63

## 2.使画板适合窗口大小进行显示

执行"视图>画板适合窗口大小"菜单命令（快捷键为Ctrl＋0）可以将当前画板填充满窗口，如图2-64所示。此外，双击"抓手工具" ✋ 也可以达到这一目的。

执行"视图>全部适合窗口大小"菜单命令（快捷键为Alt＋Ctrl＋0）可以将所有画板填充满窗口，如图2-65所示。

图2-64

图2-65

## 3.以轮廓模式预览图稿

执行"视图>轮廓"菜单命令（快捷键为Ctrl＋Y）可按轮廓模式预览图稿，常用于对齐图稿中的一些线条，如图2-66所示。

图2-66

## 4.裁切视图

执行"视图＞裁切视图"菜单命令会对超出画板区域的图稿不予显示。当图稿完成之后，可以使用裁切视图预览图稿最终输出的效果，如图2-67所示，便于及时调整图稿。

图2-67

## 5.切换屏幕模式

在工具栏的底部单击"更改屏幕模式"按钮 🖵 （快捷键为F），在弹出的菜单中可以选择不同的屏幕模式，包括"正常屏幕模式""带有菜单栏的全屏模式""全屏模式"3种。"正常屏幕模式"是默认的屏幕模式，带有工作区的所有构件，按Tab键可以切换为只显示菜单栏的界面；"带有菜单栏的全屏模式"会大幅度简化工作区，但依旧具有工作区的大部分构件，如图2-68所示；"全屏模式"将隐藏除状态栏之外的其他所有构件，如图2-69所示，该模式可以很好地演示图稿。在"全屏模式"下，如果将鼠标指针放置在屏幕的左右边缘，则可以弹出工具栏、面板等构件，按Tab键也可以临时调用这些构件。

图2-68

图2-69

# 2.4 辅助工具

辅助工具主要包括标尺、参考线和网格。使用辅助工具能够帮助我们准确地放置对象，提高图稿的质量。

# 2.4.1 使用标尺

视频云课堂：15 使用标尺

标尺位于文档窗口的上边缘和左边缘，主要是辅助我们度量文档中各个对象之间的距离。借助标尺可让图稿的绘制更加精准。

## 1.显示或隐藏标尺

执行"视图>标尺>显示标尺（或隐藏标尺）"菜单命令（快捷键为Ctrl + R）可以显示或隐藏标尺，显示的标尺如图2-70所示。另外，在选择"选择工具"后，不选中任何对象，在"属性"面板中单击相应的按钮也可以显示或隐藏标尺。

图2-70

**技巧与提示**

在设置"首选项"时可以对标尺的单位进行设置，以这种方式进行的设置是对全局起作用的，如果仅想更改当前文档的标尺单位，只需在控制栏中单击"文档设置"按钮 文档设置 ，在弹出的对话框中更改单位即可，如图2-71所示。

图2-71

## 2.切换标尺类型

全局标尺和画板标尺都显示在文档窗口的上边缘和左边缘，区别在于全局标尺的原点是固定的，而画板标尺的原点是随着画板的切换而改变的，如图2-72所示。在未使用"画板工具"的情况下，执行"视图>标尺>更改为全局标尺（或更改为

画板标尺）"菜单命令（快捷键为Alt+Ctrl+R）即可在全局标尺和画板标尺之间进行切换。

图2-72

## 3.更改标尺原点

全局标尺和画板标尺的原点的固定和变化是相对而言的，无论是全局标尺还是画板标尺，它们的原点都是可以更改的。将鼠标指针放置在水平标尺和垂直标尺的交会处按住鼠标左键拖动，即可对标尺的原点进行更改，如图2-73所示。如果想恢复默认的标尺原点，则可以双击水平标尺和垂直标尺的交会处。

图2-73

## 2.4.2 使用参考线

▶ 视频云课堂：16 使用参考线

参考线能够辅助我们对齐各个对象，是一种很常用的辅助工具，如图2-74所示。我们可以根据需要在适当的位置创建参考线，这样在拖动对象时对象将自动"吸附"到参考线上。除此之外，在制作一个完整的版面时，可以先使用参考线对版面进行分割，然后根据参考线的位置添加版面的各个元素。

图2-74

### 1.创建参考线

在显示标尺（快捷键为Ctrl+R）的前提下，在工具栏中选择"选择工具" ▶，将鼠标指针放置在水平标尺上，按住鼠标左键向下拖动，即可拖出一条水平参考线；将鼠标指针放置在垂直标尺上，按住鼠标左键向右拖动，即可拖出一条垂直参考线。

> 📝 技巧与提示
>
> 参考线是一种显示在图像上方的虚拟对象（输出文档时不会显示）。在选中其他工具的情况下，按住Ctrl键可以临时切换到"选择工具" ▶。

### 2.移动和复制参考线

在工具栏中选择"选择工具" ▶，将鼠标指针放置在参考线上，当鼠标指针变为 ⊬ 状时拖动鼠标，即可对参考线进行移动，如图2-75所示。按住Alt键拖动参考线，可以对参考线进行复制。

图2-75

### 3.删除参考线

执行"视图>参考线>清除参考线"菜单命令可删除参考线，这样的操作会清除所有参考线，如果想单独清除某一根或者几根参考线，可以在选中参考线之后，按Delete键删除。选择"选择工具" ▶，按住Shift键框选不同的参考线，可以同时选中它们。

### 4.锁定或隐藏参考线

参考线的位置很容易由于误操作而发生变化，因此在创建参考线后可以将其锁定。执行"视图>参考线>锁定参考线"菜单命令（快捷键为Alt+Ctrl+;），即可将当前参考线进行锁定。此时可以创建新的参考线，但是不能移动或删除锁定的参考线。若要将参考线解锁，可以执行"视图>参考线>解锁参考线"菜单命令（快捷键为Alt+Ctrl+;）。除此之外，也可以在文档窗口右击弹出的菜单中选择相应的命令来控制参考线的锁定或解锁，如图2-76所示。

图2-76

当参考线影响预览，但是又不想将其清除时，可以将参考线暂时隐藏。执行"视图>参考线>隐藏参考线（或显示参考线）"菜单命令（快捷键为Ctrl+;），即可隐藏或显示参考线。

### 5.路径和参考线的相互转换

Illustrator中的参考线并非只能是从标尺拖出的垂直参考线或水平参考线，也可以将矢量图形转换为参考线使用。绘制一个形状，或者选中某个图形，执行"视图>参考线>建立参考线"菜单命令（快捷键为Ctrl+5）即可将其路径转换为参考线，如图2-77所示。选中想要转换为路径的参考线，执行"视图>参考线>释放参考线"菜单命令（快捷键为Alt+Ctrl+5）即可将该参考线转换为路径。

图2-77

### ◼ 知识点：使用智能参考线

智能参考线是我们在对对象进行移动、旋转或缩放等变换操作时临时显示的参考线，这些参考线能够辅助我们在操作过程中对齐各个对象。在"首选项"的设置中能够更改智能参考线的颜色，以及决定是否显示某一属性的智能参考线。如果想打开或关闭智能参考线，可以执行"视图>智能参考线"菜单命令（快捷键为Ctrl+U）。

# 2.4.3 使用网格

视频云课堂：17 使用网格

与参考线的作用相同，网格同样也能够辅助我们对齐各个对象。

## 1.显示网格

执行"视图>显示网格（或隐藏网格）"菜单命令（快捷键为Ctrl+'）即可显示或隐藏网格，显示的网格如图2-78所示。另外，在选择"选择工具"▶后，不选中任何对象，在"属性"面板中单击相应的按钮也可以显示或隐藏网格。

图2-78

**技巧与提示**

在"首选项"设置中可以对网格线的颜色、样式和网格线间隔等网格属性进行更改。

## 2.对齐网格

执行"视图>对齐网格"菜单命令（快捷键为Shift+Ctrl+'）激活"对齐网格"命令后，拖动对象靠近目标位置处的网格线，对象会自动"吸附"到网格线上，从而保证对象与网格对齐。

**课堂案例**

### 制作明信片封面

| | |
|---|---|
| 素材位置 | 素材文件>CH02>课堂案例：制作明信片封面 |
| 实例位置 | 实例文件>CH02>课堂案例：制作明信片封面 |
| 教学视频 | 课堂案例：制作明信片封面.mp4 |
| 学习目标 | 掌握应用参考线的方法 |

本例的最终效果如图2-79所示。

图2-79

**01** 按Ctrl+N快捷键，在弹出的"新建文档"对话框中设置尺寸为165mm×102mm，单击"创建"按钮，如图2-80所示，新建一个画板。

图2-80

**02** 置入素材"素材文件>CH02>课堂案例：制作明信片封面>黑白影像.png"，如图2-81所示。

图2-81

**03** 使用快捷键Ctrl+R显示标尺，接着创建一条水平参考线，并将其拖动到Y坐标为15mm的位置；创建一条垂直参考线，并将其拖动到X坐标为155mm的位置，如图2-82所示。

图2-82

**04** 置入素材"素材文件>CH02>课堂案例：制作明信片封面>文字.ai"，然后根据创建的参考线使用"选择工具" ▶ 拖动该素材，将其右上方的顶点对齐两条参考线相交的位置，最后执行"视图>参考线>隐藏参考线"菜单命令隐藏参考线，完成案例的制作，最终效果如图2-83所示。

图2-83

# 2.5 本章小结

本章主要介绍了文件的操作、画板的使用、查看图稿的方法，以及辅助工具的使用。

在介绍文件的操作时，讲解了文件的新建、打开、置入、保存和导出的方法。其中，需要重点掌握文件的新建和导出的方法。对于不同的工作需要，文件的新建和导出所采用的方式也不一样，因此需要根据实际情况来决定使用哪一种方式。

在介绍画板的创建和使用时，讲解了"画板"面板和"画板工具" 🔲 的使用方法，通过它们能够有效地对画板进行编辑和管理。例如，我们可以使用"画板"面板快速导航至想要查看的某一画板，这比一个画板一个画板地去查找要高效很多。

在介绍查看图稿的方法和辅助工具的使用时，讲解了在创作过程中需要频繁应用的多项操作，特别是查看图稿的方式，可以说这项操作会伴随创作的全过程。另外，根据工作性质的不同，辅助工具的使用频率也会有所差异。

# 2.6 课后习题

本节安排了两个课后习题供读者练习，这两个习题综合考查了本章知识。读者在练习时如果有疑问，可以一边观看教学视频，一边学习Illustrator的基本操作。

## 2.6.1 制作App开屏页面

| 素材位置 | 素材文件>CH02>课后习题：制作App开屏页面 |
| --- | --- |
| 实例位置 | 实例文件>CH02>课后习题：制作App开屏页面 |
| 教学视频 | 课后习题：制作App开屏页面.mp4 |
| 学习目标 | 熟练掌握置入图片的流程、图片的拼贴思路 |

本例的最终效果如图2-84所示。

图2-84

## 2.6.2 制作照片卡

| 素材位置 | 素材文件>CH02>课后习题：制作照片卡 |
| --- | --- |
| 实例位置 | 实例文件>CH02>课后习题：制作照片卡 |
| 教学视频 | 课后习题：制作照片卡.mp4 |
| 学习目标 | 熟练掌握参考线的用法 |

本例的最终效果如图2-85所示。

图2-85

第 **3** 章

# 基本图形的绘制

在掌握了 Illustrator 的基本操作后，就可以开始绘制一些基本图形了，如直线、弧形和螺旋线这些基本线条，以及矩形、椭圆、多边形和星形这些简单的形状。想要准确地绘制这些基本图形，就需要掌握每一种绘图工具的用法。虽然本章需要掌握的工具较多，但是它们的使用方法大同小异，并且有规律可循，所以，我们只要熟练掌握了典型工具的用法，学会其他工具的用法自然不是问题。

## 课堂学习目标

◇ 掌握线条工具的用法
◇ 掌握"矩形工具""椭圆工具"等形状工具的用法
◇ 掌握"Shaper 工具"的用法

# 3.1 使用选择工具

Illustrator具有非常强大的矢量绘图功能，使用一些简单的绘图工具就可以轻松满足日常设计工作的需要。但是在绘图之前，我们还需要掌握选择对象的方法。位于高级工具栏顶部的就是一组基本的选择工具，如图3-1所示。

图3-1

**本节重点内容**

| 重点内容 | 说明 | 重要程度 |
|---|---|---|
| 选择工具 | 选择一个整体 | 高 |
| 直接选择工具 | 选择锚点 | 高 |

## 3.1.1 选择工具

▣ 视频云课堂：18 选择工具

"选择工具" ▶可用来选择整个对象，使用该工具不仅可以选择矢量图形、位图和文字等对象，还可以对选中的对象执行移动、复制、缩放、旋转、倾斜和镜像等操作，这些操作将在第4章进行讲解。

### 1.选择一个对象 ·············

在工具栏中选择"选择工具" ▶（快捷键为V），在目标图形上单击，即可选择相应的对象或组，此时被选中的图形对象或组周围会显示出定界框，同时其路径和定界框将按照"图层"面板中所在图层的颜色显示对应的颜色标记，如图3-2所示。

图3-2

### ■ 知识点：加选与减选

在使用"选择工具" ▶时，按住Shift键逐个单击或框选未被选中的对象或组即可加选它们，按住Shift键在被选中的对象或组上再次单击或框选可以取消选择。该项操作适用于大部分加选或减选的操作，包括选择对象、组和锚点等。

### 2.框选多个对象 ·············

通过框选这种操作方式能够快速选择多个相邻对象。选择"选择工具" ▶，在画板上按住鼠标左键拖动，

此时会出现一个虚线框，如图3-3所示，松开鼠标左键后，虚线框内的对象将会被选中，如图3-4所示。

图3-3

图3-4

### 3.选择下方的对象 ·············

如果对象重叠，且我们想要选择位于下方的对象，那么可以在工具栏中选择"选择工具" ▶，然后按住Ctrl键并单击位于上方的对象，这时鼠标指针会变成▶状，如图3-5所示；再次单击可以选择位于下方的对象，如图3-6所示；选中最下方的对象后，再次单击会选中最上方的对象。

图3-5

单击一次后

单击两次后
图3-6

### 4.移动图形的位置 ·············

完成一个图形的绘制后，若要改变图形的位置，使用"选择工具" ▶选中该对象，拖动对象即可移动其位置，如图3-7所示。

移动前　　　　　　　　　　移动后
图3-7

### 5.删除多余的图形 ·············

想要删除多余的图形，可以使用"选择工具" ▶选中该图形，然后按Delete键删除，如图3-8所示。

删除前　　　　　　　　　　删除后
图3-8

# 3.1.2 直接选择工具

▶ 视频云课堂：19 直接选择工具

"直接选择工具" ▷
主要用于选择对象以查看其
锚点和路径段，选择并调整
锚点或路径段以更改对象的
形状，如图3-9所示。

选中对象后的状态

改变所有边角构件后的状态

改变单个边角构件后的状态

图3-9

## 1.选择对象或锚点

在工具栏中选择"直接选择工具" ▷（快捷键为
A），然后单击或框选想要选择的对象或锚点即可将其
选中，如图3-10所示。选中对象或锚点后，可以通过拖
动边角构件来改变圆角的
大小。如果想隐藏边角构
件，可以执行"视图>隐藏
边角构件"菜单命令。

未选中对象时的状态

选中对象后的状态

选中单个边角构件后的状态

图3-10

📝 技巧与提示

如果在选中对象后只显示了锚点和路径而未显示边角
构件，如图3-11所示，只需要单击边角处的锚点即可显示边
角构件，如图3-12所示。该操作不仅限于矩形，也适用于存
在边角的其他任意图形。

图3-11　　　　　　　　　　　　　　　　　　图3-12

## 2.选择下方的对象

如果对象重叠，使用"直接选择工具" ▷也可以对
下方对象进行选择，其方法与使用"选择工具" ▶选择
下方对象的方法一致。

### ▌ 知识点：隔离模式

"隔离模式"用于将一些对象隔离，从而更好地对
特定对象进行编辑。进入隔离模式后，我们只能对被隔
离的对象进行编辑，而其他对象将自动锁定，因此无法
被编辑。进入隔离模式后，工作界面的外观也会发生些
许变化：一是文档窗口的左上方会显示隔离模式的导航
栏；二是被隔离的对象会保持原有的颜色，而其他对象
将会以浅色显示，如图3-13所示。

图3-13

要隔离某一对象有很多种方法，其中较为简便的一
种方法是使用"选择工具" ▶双击目标对象，这也是较
为常用的方法。我们也可以选中对象，然后在控制栏中
单击"隔离选中的对象"按钮✂，或者右击并执行"隔
离选中的路径"命令（当对象为路径时）或"隔离选定
的组"命令（当对象为组时）来完成隔离，如图3-14
所示。

图3-14

要退出隔离模式也有很多种方法，常用的方法是按Esc键逐级退出或使用"选择工具" ▶ 双击被隔离对象的外部区域直接退出。

# 3.2 使用线条工具

仅使用简单的线条工具如"直线段工具" ✐ 、"弧形工具" ⌒ 和"螺旋线工具" ◎ 就可以绘制出多种类型的线条，此外我们还可以使用"矩形网格工具" ▦ 和"极坐标网格工具" ◉ 创建网格作为绘图时的参考网格。在高级工具栏中长按"直线段工具" ✐ ，在弹出的工具组中可以看到这5种线条工具，如图3-15所示。

图3-15

**本节重点内容**

| 重点内容 | 说明 | 重要程度 |
|---|---|---|
| 直线段工具 | 绘制直线 | 高 |
| 弧形工具 | 绘制弧形 | 中 |
| 螺旋线工具 | 绘制螺旋线 | 中 |
| 矩形网格工具 | 绘制矩形网格 | 高 |
| 极坐标网格工具 | 绘制极坐标网格 | 中 |

# 3.2.1 直线段工具

▣ 视频云课堂：20 直线段工具

"直线段工具" ✐ 用于绘制直线。在工具栏中选择"直线段工具" ✐ ，然后在目标位置处按住鼠标左键拖动

一段距离，松开鼠标左键后即可绘制一段直线，如图3-16所示。在此过程中，按住Shift键可以绘制出水平、垂直及按45°角倍增（即45°、135°等角度）的斜线。另外，我们在绘制时能够随时控制直线的长度和角度，在画面中会实时显示相关数据，并一直跟随鼠标指针移动。

选择了线条工具后，既可以先绘制形状再更改参数，也可以先设置参数再绘制形状。在工具栏中选择"直线段工具" ✐ ，然后在目标位置处单击，即可在弹出的"直线段工具选项"对话框中设置具体的参数，精确地控制直线的长度和角度，如图3-17所示。设置完成后单击"确定"按钮，即可生成相应的直线。

图3-16              图3-17

**重要参数介绍**

◇ **线段填色**：以当前的填充颜色对线段填色。

📝 **技巧与提示**

在工具栏中双击某些工具图标也可以打开该工具的参数设置对话框。此外，若想快速对形状参数进行设置，还可以在控制栏中设置具体的宽度和高度，如图3-18所示。

图3-18

▣ **课堂案例**

## 使用"直线段工具"绘制线性图标

| | |
|---|---|
| 素材位置 | 无 |
| 实例位置 | 实例文件>CH03>课堂案例：使用"直线段工具"绘制线性图标 |
| 教学视频 | 课堂案例：使用"直线段工具"绘制线性图标.mp4 |
| 学习目标 | 掌握"直线段工具"的用法、线性图标的绘制方法 |

本例的最终效果如图3-19所示。

图3-19

**01** 新建一个尺寸为500px×500px的画板，然后使用"直线段工具" ✏️ 按住Shift键在画板中绘制一条垂直线，接着使用"选择工具" ▶ 选中该直线，在控制栏中设置"高"为170px，如图3-20所示。

图3-20

**02** 使用"直线段工具" ✏️ 按住Shift键绘制一条倾斜角度为135°的直线，然后使用"选择工具" ▶ 选中该直线，在控制栏中设置"宽"和"高"均为80px，并将其放置在图3-21所示的位置。

**03** 使用"直线段工具" ✏️ 按住Shift键绘制一条水平直线，然后使用"选择工具" ▶ 选中该直线，在控制栏中设置"宽"为185px，并将其放置在图3-22所示的位置。

图3-21 图3-22

**04** 使用"直线段工具" ✏️ 按住Shift键绘制一条倾斜角度为225°的直线，然后使用"选择工具" ▶ 选中该直线，在控制栏中设置"宽"和"高"均为80px，并将其放置在图3-23所示的位置。

**05** 使用"直线段工具" ✏️ 按住Shift键绘制一条垂直线，然后使用"选择工具" ▶ 选中该直线，在控制栏中设置"高"为140px，并将其放置在图3-24所示的位置，完成案例的制作。

图3-23 图3-24

## 3.2.2 弧形工具

"弧形工具" ⌒ 用于绘制弧形。在工具栏中选择"弧形工具" ⌒，然后在目标位置处单击并在弹出的对话框中进行参数设置，即可绘制出一段弧形，如图3-25所示。也可以直接拖动鼠标绘制弧形，在此过程中，按↑键或↓键可增大或减小弧形的曲率，按X键可调整弧形的开口方向。

图3-25

**重要参数介绍**

◇ **控件** 🔲：指定当前单击的点相对于弧形的位置。

◇ **X轴长度**：指定横轴方向上的长度。

◇ **Y轴长度**：指定纵轴方向上的长度。

◇ **类型**：指定弧形是开放的还是闭合的。

◇ **基线轴**：指定弧形是沿横轴绘制还是沿纵轴绘制。

◇ **斜率**：控制弧形的曲率。

◇ **弧形填色**：决定是否将当前"填色"颜色指定给弧形。

## 3.2.3 螺旋线工具

"螺旋线工具" ◎ 用于绘制螺旋线，常用于绘制一些特殊图形（如蜗牛），也可以将其应用到字体设计中，通过绘制一段螺旋线来修饰一些笔画，从而增强设计感。在工具栏中选择"螺旋线工具" ◎，然后在目标位置处单击并在弹出的对话框中进行参数设置，即可绘制一段螺旋线，如图3-26所示。也可以直接拖动鼠标绘制螺旋线，在此过程中，按↑键或↓键可增加或减少螺旋线的段数。

图3-26

**重要参数介绍**

◇ **半径**：指定从螺旋线最外圈的点到中心的距离。

◇ **衰减**：指定每一圈螺旋线相对于其半径的减少量。

◇ **段数**：控制螺旋线的段数。

◇ **样式**：控制螺旋线的方向。

# 3.2.4 矩形网格工具

"矩形网格工具" ⊞ 可以根据我们指定的行数和列数绘制出矩形网格。在工具栏中选择"矩形网格工具" ⊞，然后在目标位置处单击并在弹出的对话框中进行参数设置，即可绘制一个矩形网格，如图3-27所示。也可以直接拖动鼠标绘制矩形网格，在此过程中，按↑键或↓键可增加或减少矩形网格的行数，按→键或←键可增加或减少矩形网格的列数。

图3-27

**重要参数介绍**

◇ **控件** ⊡：指定矩形网格的原点位置。

◇ **默认大小**：指定矩形网格的宽度和高度。

◇ **水平分隔线**：控制水平分隔线的数量和分布。

» **数量**：控制矩形网格的行数。如果数量是5，那么说明矩形网格顶部到底部之间有5根水平分隔线，因此矩形网格一共有6行。

» **倾斜**：决定水平分隔线的分布情况。如果偏向上方，那么水平分隔线会在上方分布得较稀疏，在下方分布得较密集；如果偏向下方，那么水平分隔线会在下方分布得较稀疏，在上方分布得较密集。

◇ **垂直分隔线**：控制垂直分隔线的数量和分布。

» **数量**：控制矩形网格的列数。如果数量为5，那么说明矩形网格左边缘到右边缘之间有5根垂直分隔线，因此矩形网格一共有6列。

» **倾斜**：决定垂直分隔线的分布情况。如果偏向左方，那么垂直分隔线会在左方分布得较密集，在右方分布得较稀疏；如果偏向右方，那么垂直分隔线会在右方分布得较密集，在左方分布得较稀疏。

◇ **使用外部矩形作为框架**：将矩形网格的顶部、底部、左边缘、右边缘作为矩形框架。

◇ **填色网格**：决定是否将当前"填色"颜色指定给矩形网格。

# 3.2.5 极坐标网格工具

▣ 视频云课堂：21 极坐标网格工具

"极坐标网格工具" ◉ 可以绘制由多个同心圆和径向分隔线组成的网格。在工具栏中选择"极坐标网格工具" ◉，然后在目标位置处单击并在弹出的对话框中进行参数设置，即可绘制一个极坐标网格，如图3-28所示。也可以直接拖动鼠标绘制极坐标网格，在此过程中，按↑键或↓键可增加或减少同心圆的数量；按→键或←键可增加或减少径向分隔线的数量；待确定好同心圆和径向分隔线的数量后，按住Shift键可将极坐标网格限制为圆形。

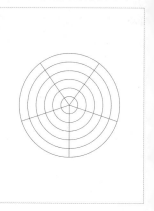

图3-28

**重要参数介绍**

◇ **控件** ⊡：指定当前单击的点相对于极坐标网格的位置。

◇ **默认大小**：指定极坐标网格的宽度和高度。

◇ **同心圆分隔线**：控制同心圆的数量和分布。

» **数量**：如果数量为5，则说明从最外面的同心圆到圆心之间有5条同心圆分隔线，一共有6个同心圆。

» **倾斜**：决定同心圆分隔线的分布情况。如果偏向外部，那么同心圆分隔线会集中分布在靠近最外部同心圆的区域；如果偏向内部，则同心圆分隔线会集中分布在靠近圆心的区域。

◇ **径向分隔线**：控制径向分隔线的数量和分布。

» **数量**：如果数量为5，那么说明有5根径向分隔线，将同心圆划分为5个区域。

» **倾斜**：决定径向分隔线的分布情况。如果偏向上方，那么径向分隔线会集中分布于左下方；如果偏向下方，那么径向分隔线会在集中分布于右下方。

◇ **从椭圆形创建复合路径**：决定是否创建每隔一个圆进行填色（需要勾选"填色网格"）的复合路径。

◇ **填色网格**：决定是否将当前"填色"颜色指定给极坐标网格。

**课堂案例**

# 使用线条工具绘制Wi-Fi信号格

| | |
|---|---|
| 素材位置 | 无 |
| 实例位置 | 实例文件>CH03>课堂案例：使用线条工具绘制Wi-Fi信号格 |
| 教学视频 | 课堂案例：使用线条工具绘制Wi-Fi信号格.mp4 |
| 学习目标 | 掌握线条工具的用法、简单图形的绘制思路 |

本例的最终效果如图3-29所示。

图3-29

**01** 新建一个尺寸为500px×500px的画板，然后使用"极坐标网格工具"⊛在适当的位置单击，在弹出的"极坐标网格工具选项"对话框中设置"宽度"和"高度"均为400px，"同心圆分隔线"的"数量"为3，"径向分隔线"的"数量"为0，最后单击"确定"按钮，参数及效果如图3-30所示。

图3-30

**02** 在工具栏中选择"直接选择工具"▷，按住Shift键两次框选同心圆上的部分锚点，如图3-31所示。按Delete键删除框选的锚点，使完整的同心圆变成原来的1/4，如图3-32所示。

图3-31　　　　　　图3-32

**03** 在工具栏中双击"标准颜色控制器"中的"填色"方框，在弹出的"拾色器"对话框中设置颜色为黑色，如图3-33所示。选择"弧形工具"╱并在画板空白处单击，在弹出的"弧线段工具选项"对话框中设置控件的定位点为右上角，"X轴长度"和"Y轴长度"均为60px，"类型"为"闭合"，同时勾选"弧线填色"选项，最后单击"确定"按钮，参数及效果如图3-34所示。

图3-33

图3-34

**04** 在工具栏中选择"选择工具"▶，在智能参考线的辅助下使扇形的圆心与同心圆弧的圆心重合。选择"直接选择工具"▷，按快捷键Ctrl+Y进入轮廓预览模式，选中最里面的同心圆弧并删除，再按快捷键Ctrl+Y退出轮廓预览模式，如图3-35所示。

**05** 按快捷键Ctrl+Y退出轮廓预览模式。在工具栏中选择"选择工具"▶，选中同心圆弧，然后在控制栏中设置"描边粗细"为20pt。接着框选整个图形，将鼠标指针放置在定界框的边角处，待鼠标指针变成↰状时，按住Shift键进行拖动，使其旋转135°。最后将Wi-Fi图标放置到合适的位置，完成案例的制作，最终效果如图3-36所示。

图3-35　　　　　　图3-36

# 3.3 使用形状工具

形状工具可以绘制矩形、椭圆形、多边形等较为规则的形状，很多复杂的图形便是由这些基本形状通过加工得到的，其中"矩形工具" ▢ 和"椭圆工具" ⬭ 这两个工具的使用频率最高。在工具栏中长按"矩形工具" ▢，在弹出的工具组中可以看到6种形状工具，如图3-37所示。另外，"Shaper工具" ✐ 也是常用的形状工具。

图3-37

**本节重点内容**

| 重点内容 | 说明 | 重要程度 |
|---|---|---|
| 矩形工具 | 创建矩形 | 高 |
| 圆角矩形工具 | 创建圆角矩形 | 高 |
| 椭圆工具 | 创建椭圆和圆形 | 高 |
| 多边形工具 | 创建多边形 | 中 |
| 星形工具 | 创建星形 | 中 |
| Shaper工具 | 合并或裁切形状 | 高 |
| 光晕工具 | 创建光晕 | 中 |

## 3.3.1 矩形工具

📹 视频云课堂：22 矩形工具

"矩形工具" ▢ 用于绘制长方形和正方形。当不需要精确地绘制长方形或正方形时，可以直接拖动鼠标绘制；当需要精确地绘制长方形或正方形时，可以打开参数设置对话框进行创建。在工具栏中选择"矩形工具" ▢，在目标位置处拖动鼠标，即可绘制一个长方形，如图3-38所示；按住Shift键拖动鼠标，可以绘制一个正方形，如图3-39所示。

图3-38　　　　　图3-39

**■ 知识点：以鼠标指针所在位置为中心绘制图形**

在工具栏中选择"矩形工具" ▢，按住Alt键拖动鼠标，即可以鼠标指针所在位置为中心绘制一个长方形；按

住Shift+Alt键拖动鼠标，即可以鼠标指针所在位置为中心绘制一个正方形，如图3-40所示。该操作不仅适用于"矩形工具" ▢，后面将要讲到的"圆角矩形工具" ▢ 和"椭圆工具" ⬭ 也是同样的操作方式，如图3-41和图3-42所示。

长方形　　　　正方形　　图3-40

圆角长方形　　圆角正方形　图3-41

椭圆　　　　圆　　图3-42

📋 **课堂案例**

**使用"矩形工具"制作登录页面**

| 素材位置 | 素材文件>CH03>课堂案例：使用"矩形工具"制作登录页面 |
|---|---|
| 实例位置 | 实例文件>CH03>课堂案例：使用"矩形工具"制作登录页面 |
| 教学视频 | 课堂案例：使用"矩形工具"制作登录页面.mp4 |
| 学习目标 | 掌握"矩形工具"的用法、登录页面的绘制方法 |

本例的最终效果如图3-43所示。

图3-43

**01** 新建一个尺寸为800px×600px的画板，执行"文件>置入"菜单命令，置入素材"素材文件>CH03>课堂案例：使用矩形工具制作登录页面>登录页背景.png"，如图3-44所示。

**02** 使用"矩形工具"■在画板中绘制一个矩形，并设置"宽度"为650px，"高度"为450px，双击"标准颜色控制器"中的"填色"方框，在弹出的"拾色器"对话框中设置颜色为蓝色（R:54，G:188，B:255），接着去除描边，效果如图3-45所示。

图3-44　　　　　　　　　图3-45

## 知识点：设置填色和描边

绘制基本图形需要设置填色和描边，我们既可以在绘图之前进行设置，也可以在选中已有的图形后在"标准颜色控制器"中设置。工具栏的底部就是"标准颜色控制器"，双击其中的"填色"方框或"描边"方框，如图3-46所示，在弹出的"拾色器"对话框中指定一种想要的颜色即可，如图3-47所示。

若不想使用填色或描边，只需将相应的方框置于前方，然后单击下方的"无"即可。

图3-46

图3-47

**03** 使用"矩形工具"■在步骤02绘制的图形中绘制一个矩形，并设置"宽度"为350px，"高度"为450px，"填色"为白色，"描边"为"无"，如图3-48所示。

图3-48

**04** 使用"矩形工具"■在步骤03绘制的图形中绘制两个矩形，并设置这两个矩形的"宽度"为200px，"高度"为20px，"填色"为"无"，"描边"为浅灰色（R:209，G:209，B:209），接着将其对齐放置在中部，作为账号和密码的输入框，如图3-49所示。

图3-49

**05** 使用"矩形工具"■在输入框的下方绘制一个正方形，并设置"宽度"和"高度"均为15px，"填色"为"无"，"描边"为浅灰色（R:209，G:209，B:209），作为是否"记住密码"的复选框，如图3-50所示。

**06** 使用"矩形工具"■在复选框的下方绘制一个矩形，并设置"宽度"为200px，"高度"为20px，"填色"为蓝色（R:54，G:188，B:255），"描边"为"无"，作为登录按钮，如图3-51所示。

图3-50　　　　　　　　　图3-51

**07** 打开"素材文件>CH03>课堂案例：使用矩形工具制作登录页面>登录页文字.ai"，将该文档中的文字复制到当前文档中，并放置在图3-52所示的位置，完成案例的制作。

图3-52

### 3.3.2 圆角矩形工具

"圆角矩形工具" ▢ 用于绘制带有圆角的长方形和正方形，因此其属性对话框与"矩形工具" ▢ 相比，多了一个"圆角半径"选项。在工具栏中选择"圆角矩形工具" ▢，然后在目标位置处单击，在弹出的对话框中设置参数，即可绘制一个圆角矩形，如图3-53所示。也可以直接拖动鼠标绘制圆角矩形，在此过程中，按住Shift键拖动鼠标可以绘制一个圆角正方形，如图3-54所示；按↑键或↓键可增大或减小圆角半径，按←键或→键可直接将圆角半径变为最小值或最大值。

图3-53

图3-54

#### 📇 知识点：圆角的变换

不是只有使用"圆角矩形工具" ▢ 才能绘制具有圆角的图形，通过设置"圆角半径"同样可以将图形的角变为圆角。例如，想让矩形成为圆角矩形，只需使用"选择工具" ▶ 选中矩形（这时不仅图形被选中，图形上的锚点也同时被选中），然后在控制栏中设置"圆角半径"值即可，如图3-55所示。

设置前　　　　　设置后

图3-55

若只想让矩形的某个直角变成圆角，可以使用"直接选择工具" ▷ 选中单个锚点，如图3-56所示，然后在控制栏中设置"圆角半径"值，如图3-57所示。

图3-56　　　　　图3-57

对于其他图形，使用"选择工具" ▶ 选择图形是无法同时选中图形上的所有锚点的，如图3-58所示，在该状态下仅能对图形进行选择、移动等操作。

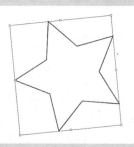

图3-58

在使用"选择工具" ▶ 选择图形后，再选择"直接选择工具" ▷ 即可选中图形上的所有锚点，如图3-59所示。此时在控制栏中设置"圆角半径"值可同时变换所有角为圆角，如图3-60所示。若只想让图形的某个角变成圆角，可使用"直接选择工具" ▷ 选中单个锚点，然后在控制栏中设置"圆角半径"值。

图3-59　　　　　图3-60

### 3.3.3 椭圆工具

📹 视频云课堂：23 椭圆工具

"椭圆工具" ⬭ 用于绘制椭圆和圆。在工具栏中选择"椭圆工具" ，在目标位置处单击并在弹出的对话框中设置参数，即可绘制一个椭圆，如图3-61所示。也可以直接拖动鼠标绘制椭圆，在此过程中，按住Shift键拖动鼠标可以绘制一个圆，如图3-62所示。

图3-61

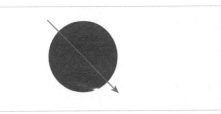

图3-62

### 课堂案例

## 使用"椭圆工具"制作按钮

| 素材位置 | 无 |
| --- | --- |
| 实例位置 | 实例文件>CH03>课堂案例：使用"椭圆工具"制作按钮 |
| 教学视频 | 课堂案例：使用"椭圆工具"制作按钮.mp4 |
| 学习目标 | 掌握"椭圆工具"的用法、按钮的绘制方法 |

本例的最终效果如图3-63所示。

图3-63

**01** 新建一个尺寸为800px×600px的画板，然后使用"矩形工具" 在画板中绘制一个矩形，并设置"宽度"为800px，"高度"为600px，"填色"为蓝色（R:56，G:200，B:244），"描边"为"无"，如图3-64所示。

**02** 使用"矩形工具" 在画板中绘制一个矩形，并设置"宽度"为250px，"高度"为120px，"填色"为浅灰色（R:234，G:234，B:234），"描边"为"无"，然后选择"直接选择工具" ，在控制栏中设置"圆角半径"为60px，如图3-65所示。

图3-64    图3-65

**03** 使用"椭圆工具" 在步骤02绘制的图形中绘制一个圆形，并设置"宽度"和"高度"均为100px，"填色"为绿色（R:67，G:255，B:107），"描边"为"无"，并将其放置在右侧，完成开启按钮的绘制，如图3-66所示。

**04** 使用"矩形工具" 在画板中绘制一个矩形，并设置"宽度"为250px，"高度"为120px，"填色"为浅灰色（R:234，G:234，B:234），"描边"为"无"，然后选择"直接选择工具" ，在控制栏中设置"圆角半径"为60px，并将其放置在图3-67所示的位置。

图3-66    图3-67

**05** 使用"椭圆工具" 在步骤04绘制的图形中绘制一个圆形，并设置"宽度"和"高度"均为100px，"填色"为红色（R:244，G:64，B:116），"描边"为"无"，并将其放置在左侧，完成关闭按钮的绘制。至此，完成案例的制作，最终效果如图3-68所示。

图3-68

## 3.3.4 多边形工具

视频云课堂：24 多边形工具

"多边形工具" 用于绘制等边三角形、正方形和正五边形等正多边形。在工具栏中选择"多边形工具" ，在目标位置处单击并在弹出的对话框中设置参数，单击"确定"按钮，即可绘制一个多边形，如图3-69

所示。也可以直接拖动鼠标绘制多边形，在此过程中，按↑键或↓键可增加或减少多边形的边数，将鼠标指针绕圈移动可对正在绘制的多边形进行旋转。

图3-69

## 3.3.5 星形工具

🖵 视频云课堂：25 星形工具

"星形工具" ☆用于绘制像五角星一样的星形。在工具栏中选择"星形工具" ☆，在目标位置处单击并在弹出的对话框中设置参数，即可绘制一个星形，如图3-70所示。也可以直接拖动鼠标绘制星形，在此过程中，按住Ctrl键拖动鼠标可改变半径1的大小，按↑键和↓键可改变角点数，将鼠标指针绕圈移动可对正在绘制的星形进行旋转。

图3-70

**重要参数介绍**

◇ **半径1**：从星形中心到靠内顶点的距离。

◇ **半径2**：从星形中心到靠外顶点的距离。

◇ **角点数**：靠外顶点或者靠内顶点的数量。

## 3.3.6 Shaper工具

🖵 视频云课堂：26 Shaper工具

"Shaper工具" ✏️不仅可以绘制出与绘制轨迹相似的规则形状，而且还能对形状进行切除或合并。

### 1.绘制形状 ·················

在工具栏中选择"Shaper工具" ✏️，在目标位置处拖动鼠标绘制一个大致的形状轮廓，即可得到与绘制轮廓相对应的规则形状，如图3-71所示。

| 正方形 | 三角形 |
| --- | --- |

| 圆形 | 六边形 |
| --- | --- |

图3-71

### 2.切除或合并形状 ·················

除了绘制形状，使用"Shaper工具" ✏️还可以在多个图形之间进行涂抹，通过不同的涂抹方式来对重叠形状进行切除或合并。

⊙ **切除**

当有多个重叠的形状时，使用"Shaper工具" ✏️在单个图形中涂抹，在形状相交区域涂抹，以及涂抹时超过形状所在区域，都可以将涂抹的区域切除，如图3-72所示。

切除单个图形

切除相交区域

切除多个图形

图3-72

## ⊙ 合并

使用"Shaper工具" 💿 在两个或多个形状中涂抹可以将这些形状合并，同时合并后形状的颜色由涂抹开始所在形状的颜色决定，如图3-73和图3-74所示。

图3-73

图3-74

## 3.编辑Shaper Group

使用"Shaper工具" 💿 切除或合并形状后，系统会自动建立Shaper Group。如果使用"Shaper工具" 💿 单击切除或合并之后的形状，会在该形状周围出现一个变换框，变换框上的指示控件为⊞，再次单击该形状可以选中其表面，如图3-75所示，这时可以对其表面的颜色进行更改。

图3-75

如果使用"Shaper工具" 💿 双击切除或合并之后的形状，那么就会在该形状周围出现一个变换框，变换框上的指示控件为⊞，再次单击该形状中的某一个形状，拖动鼠标可以移动它，如图3-76所示；将某一个形状如图3-77所示移出变换框则可以删除该形状。

图3-76

图3-77

### 📖 课堂案例

## 使用"Shaper工具"制作首页图标

| 素材位置 | 无 |
| --- | --- |
| 实例位置 | 实例文件>CH03>课堂案例：使用"Shaper工具"制作首页图标 |
| 教学视频 | 课堂案例：使用"Shaper工具"制作首页图标.mp4 |
| 学习目标 | 掌握"Shaper工具"的用法、图标的剪切思路 |

本例的最终效果如图3-78所示。

图3-78

**01** 新建一个尺寸为500px×500px的画板，然后使用"Shaper工具" 💿 在画板中绘制一个等边三角形，接着使用"选择工具" ▶选中该三角形，在控制栏中设置"宽"为200px，"高"为85px，"填色"为浅灰色（R:234，G:234，B:234），"描边"为黑色，最后使用"直接选择工具" ▷选择等腰三角形上方的顶点，在控制栏中设置"圆角半径"为15px，效果如图3-79所示。

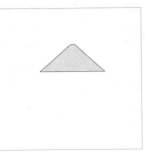

图3-79

**02** 使用"Shaper工具"在画板中绘制一个矩形。然后使用"选择工具"选中该矩形,在控制栏中设置"宽度"为200px,"高度"为120px。接着按住Shift键使用"直接选择工具"选中矩形下方的两个顶点,在控制栏中设置"圆角半径"为15px。最后按快捷键Ctrl + Y进入轮廓预览模式,选择"选择工具",使三角形的底部边缘和矩形的顶部边缘重合,如图3-80所示。

**03** 按快捷键Ctrl + Y退出轮廓预览模式。使用"Shaper工具"在步骤02绘制的图形上绘制一个矩形。然后使用"选择工具"选中该矩形,在控制栏中设置"宽度"为40px,"高度"为150px。接着按住Shift键使用"直接选择工具"选中矩形上方的两个顶点,在控制栏中设置"圆角半径"为15px。最后在智能参考线的辅助下使其相对于之前绘制的矩形居中对齐,并适当地调整该矩形在纵向上的位置,如图3-81所示。

图3-80 　　　　　　　　　　图3-81

**04** 使用"Shaper工具"将等腰三角形与大矩形进行合并,然后将小矩形从图形中切除,如图3-82和图3-83所示。

图3-82 　　　　　　　　　　图3-83

**05** 选中步骤04创建的图形,设置"填色"为蓝色(R:16,G:193,B:255),"描边"为"无",完成案例的制作,最终效果如图3-84所示。

图3-84

## 3.3.7　光晕工具

"光晕工具"用于绘制类似于镜头光晕的图形,不过该工具在实际应用中的使用频率相对较少。在矩形工具组中选择"光晕工具",在目标位置处单击并在弹出的对话框中设置参数即可绘制光晕图形,如图3-85所示。不过,通常我们会拖动鼠标绘制出光晕图形。选择工具后拖动时,按住Ctrl键可以控制光晕外圈的大小,按住Shift键可将射线限制在一定范围内,按↑键或↓键可增加或减少射线的数量。松开鼠标左键绘制出光晕后,再次拖动鼠标,这时按↑键或↓键可增加或减少光环的数量,按 ~ 键可以随机地产生光环,最后松开鼠标左键即可完成整个光晕的绘制。绘制完成后,拖动光晕末端光环中心可以更改光环的方向。

图3-85

📖 课堂练习

## 绘制多彩线面相机图标

| | |
|---|---|
| 素材位置 | 无 |
| 实例位置 | 实例文件>CH03>课堂练习：绘制多彩线面相机图标 |
| 教学视频 | 课堂练习：绘制多彩线面相机图标.mp4 |
| 学习目标 | 掌握形状工具的用法、线面图标的绘制方法 |

本例的最终效果如图3-86所示。

**01** 新建一个尺寸为500px×500px的画板，然后使用"矩形工具" ▣ 在画板中绘制一个矩形，并设置"宽度"为300px，"高度"为175px，"填色"为红色（R:244，G:64，B:116），"描边"为"无"，然后选择"直接选择工具" ▷，在控制栏中设置"圆角半径"为20px，效果如图3-87所示。

图3-86              图3-87

**02** 使用"矩形工具" ▣ 在画板中绘制一个矩形，并设置"宽度"为130px，"高度"为50px，"填色"为"无"，"描边"为黑色，"描边粗细"为5pt。再次使用"矩形工具" ▣ 在画板中绘制一个矩形，并设置"宽度"为300px，"高度"为175px，"填色"为"无"，"描边"为黑色，"描边粗细"为5pt，最后将它们放置在图3-88所示的位置。

**03** 使用"直接选择工具" ▷ 框选小矩形的上边缘的两个顶点，在控制栏中设置"圆角半径"为20px；接着选中大矩形，在控制栏中设置"圆角半径"为20px，效果如图3-89所示。

图3-88              图3-89

**04** 使用"Shaper工具" ◯ 将两个矩形进行合并，如图3-90所示。

**05** 使用"椭圆工具" ◯ 在步骤01绘制的图形中绘制一个圆，并设置"宽度"和"高度"均为110px，"描边"为黑色，"描边粗细"为5pt，最后将其放置在中心位置，完成多彩线面相机图标的制作，最终效果如图3-91所示。

图3-90              图3-91

📖 课堂练习

## 使用形状工具绘制面性图标

| | |
|---|---|
| 素材位置 | 无 |
| 实例位置 | 实例文件>CH03>课堂练习：使用形状工具绘制面性图标 |
| 教学视频 | 课堂练习：使用形状工具绘制面性图标.mp4 |
| 学习目标 | 熟练掌握形状工具的用法、面性图标的绘制方法 |

本例的最终效果如图3-92所示。

图3-92

**01** 绘制蓝天。新建一个尺寸为500px×500px的画板，然后使用"椭圆工具" ◯ 在画板中绘制一个圆，并设置"宽度"和"高度"均为220px，"填色"为蓝色（R:84，G:193，B:237），"描边"为"无"，如图3-93所示。

**02** 绘制太阳。使用"椭圆工具" ◯ 在步骤01创建的图形中绘制一个圆，并设置"宽度"和"高度"均为70px，"填色"为黄色（R:239，G:239，B:67），"描边"为"无"，最后将其放置在右上角，如图3-94所示。

图3-93              图3-94

**03** 使用"椭圆工具" ⬭ 在步骤01创建的图形中绘制两个圆,并设置第1个圆的"宽度"和"高度"均为95px,第2个圆的"宽度"和"高度"均为60px,同时设置它们的"填色"均为白色,"描边"均为"无"。接着将大一点的圆放在中心偏左的位置,将小圆放置在中心偏右的位置,并使它们对太阳具有一定的遮挡,如图3-95所示。

**04** 使用"矩形工具" ▪ 在步骤03创建的图形中绘制一个正方形,并设置"宽度"和"高度"均为50px,"填色"为白色,"描边"为"无"。将该正方形放置在大圆和小圆之间,并且使正方形的下边缘与两个圆相切,完成面性图标的制作,最终效果如图3-96所示。

图3-95 图3-96

# 3.4 本章小结

本章主要介绍了基本图形的绘制方法,涉及各种基本图形工具的使用。虽然这些工具的种类较多,但是它们的使用方式大同小异,并且除个别特殊工具外有一定的规律可循。

在介绍线条工具的使用时,讲解了直线、弧形和螺旋线等基础线条的绘制方法,以及矩形网格和极坐标网格的绘制方法。我们需要重点注意"极坐标网格工具" ⊛ 的用法,因为其他线条工具的使用频率并不高,另外该工具绘制的图形不能通过其他工具绘制得到。

在介绍形状工具的使用时,讲解了矩形、椭圆和多边形等基础形状的绘制方法,以及对重叠形状进行切除或合并的方法。在这些形状工具中,有一个工具较为特殊,它就是"Shaper工具" ✐。该工具能够对重叠形状进行切除或合并,在使用方法上相对于其他形状工具更为复杂一些。

# 3.5 课后习题

本节安排了两个课后习题供读者练习,这两个习题综合考查了本章知识。读者在练习时如果有疑问,可以一边观看教学视频,一边学习基本图形的绘制技巧。

## 3.5.1 制作删除图标

| 素材位置 | 无 |
| --- | --- |
| 实例位置 | 实例文件>CH03>课后习题:制作删除图标 |
| 教学视频 | 课后习题:制作删除图标.mp4 |
| 学习目标 | 掌握"矩形工具""直线段工具"的用法 |

本例的最终效果如图3-97所示。

图3-97

## 3.5.2 制作相册图案

| 素材位置 | 无 |
| --- | --- |
| 实例位置 | 实例文件>CH03>课后习题:制作相册图案 |
| 教学视频 | 课后习题:制作相册图案.mp4 |
| 学习目标 | 掌握"矩形工具""椭圆工具"和"Shaper工具"的用法 |

本例的最终效果如图3-98所示。

图3-98

# 第 4 章

# 对象的管理与编辑

　　学会基本图形的绘制后，还需要学会对对象进行管理和编辑。当我们设计一些中型或大型的作品时，经常会用到几十个甚至几百个元素，因此需要采用更加便捷的方式对图形进行选择、变换，对部分元素进行隐藏、锁定和编组，这些操作都可以通过"图层"面板进行。对于某些操作，在实际应用中还需要通过执行菜单命令的方式实现。读者需要重点掌握本章内容。

## 课堂学习目标

◇ 掌握对象的快捷选择

◇ 掌握图层的管理

◇ 掌握对象的对齐与分布

◇ 掌握对象的变换

# 4.1 对象的选择

如果想对对象进行管理、对齐和分布、变换等操作，就需要准确地对对象进行选择。选择对象主要有两种方式：第1种方式是使用选择工具进行选择，选择工具有很多种，不同的选择工具具有不同的应用场景，本节将重点讲解Illustrator中的3种选择工具，如图4-1所示；第2种方式是通过执行菜单命令选择对象，主要针对对象的某一特征来进行选择。

图4-1

**本节重点内容**

| 重点内容 | 说明 | 重要程度 |
| --- | --- | --- |
| 编组选择工具 | 选择编组对象 | 高 |
| 魔棒工具 | 选择外观属性相似的对象 | 中 |
| 套索工具 | 框选对象或锚点 | 中 |

## 4.1.1 使用工具选择对象

▷ 视频云课堂：27 方便快捷的选择工具

当要选择整个对象时，使用"选择工具"▶非常方便；当要选择对象中某一部分的路径、锚点时，"直接选择工具"▷是首要选择；当要在不解除编组的情况下选择组内的对象时，使用"编组选择工具"▷是直接的办法；当图稿中具有很多相同的对象时，使用"魔棒工具"✦能够节省大量的时间。前面章节中已经讲解了基础的选择工具，本节将讲解一些可以提高工作效率的选择工具。

### 1.编组选择工具

如果是编组的对象，使用"选择工具"▶单击进行选择，选中的会是整个图形组，而使用"编组选择工具"▷可以选中图形组中的单个对象。长按工具栏中的"直接选择工具"▷，可在弹出的工具组中选择"编组选择工具"▷，然后单击图形组中的对象即可进行选择，如图4-2所示。

"选择工具"选择图形组

"编组选择工具"选择单个对象

图4-2

### 2.魔棒工具

使用"魔棒工具"✦可以快速将整个文档中外观属性相似的对象同时选中，因此该工具适用于选择图稿中大批量具有相似外观属性的图形。若要精确地识别选择对象，需要先对"魔棒工具"✦进行设置，再选择对象。

⊙ **设置"魔棒工具"**

"魔棒"面板主要用于指定基于一种或多种外观属性来选择对象，外观属性包括"填充颜色""描边颜色""描边粗细""不透明度""混合模式"，调整容差值，可以更精准地选择对象。在工具栏中双击"魔棒工具"✦或执行"窗口>魔棒"菜单命令均可显示"魔棒"面板。"魔棒"面板如图4-3所示。

图4-3

**重要参数介绍**

◇ **填充颜色**：根据对象的填充颜色来选择对象。勾选该选项，然后指定容差值即可。对于RGB模式，该值的取值范围为0～255；对于CMYK模式，该值的取值范围为0～100。容差值越低，所选对象的颜色与单击处的对象颜色就越相似；容差值越高，所选对象所具有的颜色范围就越广。

◇ **描边颜色**：根据对象的描边颜色来选择对象。勾选该选项，然后指定容差值即可。对于RGB模式，该值的取值范围为0～255；对于CMYK模式，该值的取值范围为0～100。

◇ **描边粗细**：根据对象的描边粗细来选择对象，该值的取值范围为0～100pt。

◇ **不透明度**：根据对象的不透明度来选择对象，该值的取值范围为0%～100%。

◇ **混合模式**：根据对象的混合模式来选择对象。

⊙ **选择对象**

在工具栏中选择"魔棒工具"✦（快捷键为Y），然后单击某一对象即可选中当前图稿中所有与该对象具有相似外观属性的对象，如图4-4所示。在此过程中，按住Shift键单击未被选中的某一对象可对具有相似外观属性的对象进行加选；按住Alt键单击被选中的某一对象可对具有相似外观属性的对象进行减选。

图4-4

## 3.套索工具

"套索工具" 🔍 也是一种选择工具，它不仅能够选择图形对象，还能够选择锚点和路径。在工具栏中选择"套索工具" 🔍（快捷键为Q），在要选取的锚点区域拖动鼠标绘制一个范围将要选择的对象框住，松开鼠标左键后即可完成对图形对象或对象锚点的选择，如图4-5所示。

框选对象

选择的对象

图4-5

## 4.1.2 使用菜单命令选择对象

▣ 视频云课堂：28 使用菜单命令选择对象

使用"选择"菜单中的命令能够实现多项选择操作，如图4-6所示。除了能够进行全部选择、取消选择、重新选择和反向选择等基本的选择操作之外，我们还能够根据对象的堆叠顺序和特征来对对象进行选择，这些操作都可以减少花在选择对象上的时间。

图4-6

## 1.全部选择

全部选择简称"全选"，它指选中当前文档或当前画板中的所有未被锁定的对象。

⊙ **全选所有对象**

执行"选择>全部"菜单命令（快捷键为Ctrl+A）可对当前文档中所有未被锁定的对象进行选择，如图4-7所示。

执行命令前

执行命令后

图4-7

⊙ **全选当前画板上的所有对象**

执行"选择>现用画板上的全部对象"菜单命令（快捷键为Alt+Ctrl+A）可对当前画板中未被锁定的所有对象进行选择，如图4-8所示。

执行命令前

执行命令后

图4-8

## 2.取消选择

执行"选择>取消选择"菜单命令（快捷键为Shift+Ctrl+A）可取消对当前已选中对象的选择，也可以通过在画板中没有对象的空白区域单击的方式来取消选择。

## 3.重新选择

执行"选择>重新选择"菜单命令（快捷键为Ctrl+6）可恢复选择上次所选的对象。

## 4.按对象堆叠顺序进行选择

当对象发生重叠时，使用"选择工具"▶选择对象会遇到很多麻烦，按照对象的堆叠顺序来选择对象会十分便捷。

⊙ **选择上方的第一个对象**

执行"选择>上方的下一个对象"菜单命令（快捷键为Alt+Ctrl+]）可选择当前选中对象上方的第一个对象，如图4-9所示。

执行命令前　　　　执行命令后

图4-9

⊙ **选择下方的第一个对象**

执行"选择>下方的下一个对象"菜单命令（快捷键为Alt+Ctrl+[）可选择当前选中对象下方的第一个对象，如图4-10所示。

执行命令前　　　　执行命令后

图4-10

## 5.按对象特征进行选择

当文档中存在大量外观属性相同的对象且需要选择它们时，按对象的特征进行选择无疑是非常合适的方法。

⊙ **选择具有相同外观属性的对象**

若要选择具有相同外观属性的对象，可先选择一个具有所需属性的对象，然后执行"选择>相同"子菜单中所需属性的命令即可。图4-11所示是选择具有相同"描边颜色"属性的对象。

执行命令前

执行命令后

图4-11

⊙ **选择特定类型的对象**

若要选择特定类型的对象，只需执行"选择>对象"子菜单中所需对象类型的命令即可，图4-12所示是选择所有"点状文字对象"的效果。

点状文字　　　　区域文字

滚滚长江东逝水

滚滚长江东逝水，浪花淘尽英雄。是非成败转头空。青山依旧在，几度夕阳红。白发渔樵江渚上，惯看秋月春风。一壶浊酒喜相逢。古今多少事，都付笑谈中。

执行命令前

点状文字　　　　区域文字

滚滚长江东逝水

滚滚长江东逝水，浪花淘尽英雄。是非成败转头空。青山依旧在，几度夕阳红。白发渔樵江渚上，惯看秋月春风。一壶浊酒喜相逢。古今多少事，都付笑谈中。

执行命令后

图4-12

## 6.反向选择

反向选择简称"反选"。执行"选择>反向"菜单命令可选择除当前所选对象之外的其他未被锁定的对象，如图4-13所示。

执行命令前

执行命令后

图4-13

## 7.存储或载入所选对象

如果某一对象选择起来比较困难并且需要多次进行选择，那么在选中该对象后，通过执行菜单命令将该对象进行存储，当需要再次选择该对象的时候，只需执行相应的菜单命令载入即可。

### ⊙ 存储所选对象

选择一个或多个对象，执行"选择>存储所选对象"菜单命令，在弹出的对话框中输入名称，单击"确定"按钮即可对当前选中的对象进行存储，如图4-14所示。

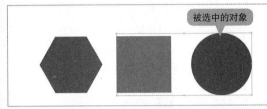

图4-14

### ⊙ 编辑所选对象

执行"选择>编辑所选对象"菜单命令，在弹出的"编辑所选对象"对话框中可对已经存储的对象进行重命名、删除等操作，如图4-15所示。

图4-15

### ⊙ 载入所选对象

执行"选择"菜单中的相应命令就能快速选中已经存储的对象。

# 4.2 图层或对象的管理

当图稿中存在较多对象时，如果不对对象进行管理，就会造成很多麻烦。这是因为，一个完整的图稿往往都是由多个元素构成的，而这些元素可能又是通过多条路径绘制完成的，这时如果不把构成同一个元素的多条路径编组，不但会给选择对象造成干扰，还不利于工作的协同，若重新花时间去厘清各个对象之间的关系，就会大大降低工作效率。图层或对象的管理都是在"图层"面板中进行的，下面来认识一下Illustrator中的"图层"面板。

**本节重点内容**

| 重点内容 | 说明 | 重要程度 |
|---|---|---|
| "图层"面板 | 管理图层和对象 | 高 |
| 新建图层 | 新建图层或对象 | 高 |
| 复制图层或对象 | 对图层或对象进行复制 | 高 |
| 隐藏与显示图层或对象 | 隐藏或显示图层或对象 | 高 |
| 锁定与解锁图层或对象 | 锁定或解锁图层或对象 | 高 |
| 编组与解组图层或对象 | 编组或解组图层或对象 | 高 |
| 合并图层 | 简化图层结构 | 中 |
| 图层或对象堆叠顺序的调整 | 改变图层或对象之间的逻辑关系 | 高 |
| 删除图层或对象 | 删除图层或对象 | 高 |

## 4.2.1 "图层"面板

视频云课堂：29 "图层"面板

一个图层可以包含多个对象，当存在较多的对象时，往往就需要对图层或对象进行管理。"图层"面板能够很好地实现图层的复制、隐藏、锁定和编组等功能。

### 1.认识"图层"面板

"图层"面板能够进行新建图层、将图层或对象进行复制、将多个对象进行编组和调整对象的堆叠顺序等多项操作。执行"窗口>图层"菜单命令（快捷键为F7）

可以显示或隐藏"图层"面板。"图层"面板如图4-16所示。单击该面板右上角的▤按钮，在弹出的菜单中执行相应的命令，可以进行更多的操作。

图4-16

### 重要参数介绍

◇ **图层颜色**：用于区分对象所属图层。一般情况下，不同的图层具有不同的颜色，且与位于该图层上的对象的路径、锚点和定界框的颜色保持一致。

◇ **可见性指示**：指示图层或对象的可见性。当显示●时，表示图层或对象是可见的；空白时，表示图层或对象是不可见的。

◇ **可编辑性指示**：指示对象或图层是否可以进行编辑，简单来说就是指示图层或对象是否被锁定。当显示为锁定状态🔒时，表示图层或对象是锁定的，因而不可被编辑；空白时，表示图层或对象是没有被锁定的，是可被编辑的。

◇ **选择状态条**：表示"图层"面板中图层或对象的选择状态。在"图层"面板中单击某图层或对象的正方形图标、名称及后方的空白区域，该图层或对象上便可显示出选择状态条。

**📝 技巧与提示**

当按住Ctrl键选择不同图层、同一图层下的不同子图层、同一图层或子图层下的不同对象时，可以在不相邻的图层或对象上显示出选择状态条；当按住Shift键选择不同图层、同一图层下的不同子图层、同一图层或子图层下的不同对象时，可以在相邻的图层或对象上显示出选择状态条，如图4-17所示。

图4-17

◇ **选定指示**：指示已选中的对象或图层。

**📝 技巧与提示**

当选中子级对象时，父级对象的颜色框相对于子级对象的颜色框较小；当选中父级对象时，父级对象和子级对象同时被选中，而且它们的颜色框大小是相同的，如图4-18所示。

选中子级对象　　　　　选中父级对象

图4-18

◇ **收集以导出**：用于将当前选中的对象或图层收集到"资源导出"面板中进行导出。

### 2.设置选项

双击图层名称后方的空白区域可弹出"图层选项"对话框，在该对话框中可以设置图层的名称和颜色，还可以根据具体需求勾选"模板""锁定""显示"等多个选项，如图4-19所示。

图4-19

### 3.选择对象

"图层"面板也可以用于选择对象，当要选择的对象重叠或我们要快速找到图稿中的某一路径时，使用"图层"面板选择对象会更加精准和高效。

## ⊙ 选定对象

在"图层"面板中找到想要选择的对象，单击"定位目标指示"或"选定指示"处的空白区域，这时"定位目标指示"显示为 ◎ 或 ◉，同时其右方出现"选定指示"颜色框，即表示该对象已被选定，如图4-20所示。如果想选定多个对象，只需按住Shift键并选择其他对象即可。

图4-20

## ⊙ 定位对象

当使用"选择工具" ▶ 选中某一对象后，在"图层"面板中单击"定位对象"按钮 🔍 可以迅速定位到我们选择的对象上，如图4-21所示。

图4-21

# 4.2.2 新建图层

🎬 视频云课堂：30 新建图层

当对象较多，且各个对象之间的关系复杂时，创建图层可以帮助我们厘清各个对象之间的所属关系，使得图层或对象之间的逻辑关系清晰，方便日后再次打开文档时能够快速定位想要找到的对象。通常情况下，我们会将具有同样属性的对象放置在同一个图层上，这样不仅方便选择这些对象，还有利于管理。

## 1.创建新图层

在"图层"面板中单击"创建新图层"按钮 ⊞ 可创建一个父级图层，如图4-22所示。如果想在创建图层的同时设置图层选项，只需按住Alt键单击"创建新图层"按钮 ⊞ 即可。

创建前　　　　　　　　　创建后

图4-22

## 2.创建新子图层

在"图层"面板中单击"创建新子图层"按钮 ⊡ 可在当前父级图层下创建一个子级图层，如图4-23所示。如果想在创建子图层时设置图层选项，可以按住Alt键单击"创建新子图层"按钮 ⊡ 创建。

创建前　　　　　　　　　创建后

图4-23

> 📝 **技巧与提示**
>
> 图层与图层之间存在从属关系，因此在新建图层时需要考虑到底是创建新图层还是创建新子图层。

# 4.2.3 复制图层或对象

🎬 视频云课堂：31 复制图层或对象

在绘制图形的过程中，对象的复制也是我们常用的操作，通常与粘贴配合使用。选择的对象在进行复制操作后，画面中不会有什么变化，此时复制的对象被存入计算机的剪贴板中，当进行粘贴操作后，才能看到被复制的对象显示在画面中，且显示的位置可能位于画面的任何一处。下面介绍复制图层或对象的3种方法。

## 1.通过"图层"面板

在"图层"面板中选中想要复制的图层或对象，将其拖动到"创建新图层"按钮 ⊞ 上即可完成复制，如图4-24所示；另外，按住Alt键并拖动图层或对象，待鼠标指针变成 ▶⁺ 时松开鼠标左键，同样也可以复制出图层或对象，如图4-25所示。

复制前　　　　　　　　复制后

图4-24

复制过程中　　　　　　　复制后

图4-25

## 2.通过在画板中拖动

在画板中选中目标对象，按住Alt键拖动该对象可对其进行复制，如图4-26所示；按住Alt键并按键盘上的方向键也可完成复制操作。通过这两种方式复制对象的原理是相同的，区别只在于两者复制出的对象相对于原对象的位移大小。

拖动前

拖动后

图4-26

## 3.通过执行菜单命令

在实际应用中，我们常常会通过按住Alt键拖动来复制对象，但是如果想将对象从当前文档复制到另外一个文档中，就需要通过执行菜单命令来完成复制了。在执行菜单命令对对象进行复制时，需要注意区分原位粘贴和非原位粘贴，以及粘贴时的层级关系。

### ⊙ 复制与粘贴

对于一些需要重复出现的对象，可以不用再次进行绘制，只需执行"复制"和"粘贴"命令即可轻松完成对象的复用。选中需要复用的对象并执行"编辑>复制"菜单命令（快捷键为Ctrl+C），此时该对象会被暂存于计算机系统的剪贴板中，接着执行"编辑>粘贴"菜单命令（快捷键为Ctrl+V）便可完成该对象的复制，如图4-27所示。

复制前

复制后

图4-27

### ⊙ 剪切与粘贴

"剪切"命令可以把选中的对象从当前位置清除，暂存于计算机系统的剪贴板中，通过"粘贴"命令将该对象复制出来，使之重新出现在画面中。选中需要进行剪切的对象并执行"编辑>剪切"菜单命令（快捷键为Ctrl+X），此时该对象会从画面中消失，接着执行"编辑>粘贴"菜单命令（快捷键为Ctrl+V）便可复制出已剪切的对象，如图4-28所示。

剪切前　　　　　剪切后　　　　　粘贴后

图4-28

> 📝 技巧与提示
>
> 通常情况下，复制和粘贴、剪切和粘贴会搭配使用，且适用范围不仅限于当前文档。也就是说，当复制或剪切一个对象后，可以在当前文档中粘贴，也可以在其他文档中粘贴。另外，为了提升操作的便捷性，一般会通过快捷键的方式执行这些命令。

## 其他粘贴方式

当一些图层或对象可以复用时，可以对其进行粘贴。粘贴的方式包括"粘贴""贴在前面""贴在后面""就地粘贴""在所有画板上粘贴"5种，如图4-29所示。

此项操作，只需执行"编辑 > 贴在后面"菜单命令（快捷键为Ctrl + B）即可，如图4-31所示。

剪切前

贴在后面

图4-31

**重要参数介绍**

◇ **粘贴**：可以将已经复制或剪切的对象进行非原位粘贴，即当粘贴完成后，对象并不会出现在最初的位置上，而是会出现偏移。如果想进行此项操作，执行"编辑 > 粘贴"菜单命令（快捷键为Ctrl + V）即可。

◇ **贴在前面**：可以将已经复制或剪切的对象粘贴在当前选中对象的上层；如果未选中对象，比如剪切对象后，会原位粘贴在当前图层的最上层。如果想进行此项操作，只需执行"编辑 > 贴在前面"菜单命令（快捷键为Ctrl + F）即可，如图4-30所示。该命令通常也被称为"原位复制"，在绘制图标或在给图稿上色时会频繁用到该命令。

◇ **就地粘贴**：可以将已经复制或剪切的对象原位粘贴在当前图层的最上层。如果想进行此项操作，只需执行"编辑 > 就地粘贴"菜单命令（快捷键为Shift + Ctrl + V）即可。

◇ **在所有画板上粘贴**：可以将已经复制或剪切的对象在当前文档中的所有画板上都进行原位粘贴。如果想进行此项操作，只需执行"编辑 > 在所有画板上粘贴"菜单命令（快捷键为Alt + Shift + Ctrl + V）即可，如图4-32所示。在画册排版时，需要频繁在不同版面之间复用图形，使用该命令可以大大提高排版的效率。

剪切前

图4-32

## 4.2.4 隐藏与显示图层或对象

📹 视频云课堂：32 隐藏与显示图层或对象

贴在前面

图4-30

◇ **贴在后面**：可以将已经复制或剪切的对象原位粘贴在当前选中对象的下层；如果未选中对象，比如剪切对象后，会原位粘贴在当前图层的最下层。如果想进行

为了避免在绘图过程中产生干扰，可以将暂时不用编辑的对象隐藏，在需要时再将其显示出来。下面介绍隐藏与显示图层或对象的方法。

## 1.通过"图层"面板

在"图层"面板中单击目标对象的"可见性指示"处的图标 ● 或空白区域，即可完成对象的隐藏或显示，如图4-33所示。

隐藏前

隐藏后

图4-33

在"图层"面板菜单中选择"隐藏所有图层"命令或"显示所有图层"命令，即可将所有图层隐藏或显示，如图4-34所示。

图4-34

## 2.通过执行菜单命令

除了可以通过"图层"面板隐藏或显示对象，还可通过执行菜单命令的方式隐藏或显示对象，如图4-35所示。

图4-35

### ⊙ 隐藏当前对象

选中想隐藏的对象，执行"对象>隐藏>所选对象"菜单命令（快捷键为Ctrl+3）即可隐藏该对象，如图4-3所示。

隐藏前　　　　　　　　隐藏后

图4-3

### ⊙ 隐藏上方所有图稿

如果想隐藏选中对象上方的所有对象，可以执行"对象>隐藏>上方所有图稿"菜单命令，如图4-37所示。

隐藏前　　　　　　　　隐藏后

图4-37

### ⊙ 隐藏其他图层

如果想隐藏所有未选定图层上的对象，可以执行"对象>隐藏>其他图层"菜单命令，如图4-38所示。

隐藏前

隐藏后

图4-38

### ⊙ 显示全部

执行"对象>显示全部"菜单命令（快捷键为Alt+Ctrl+3）可将隐藏的对象全部显示出来。这种方式适合显示大批量的隐藏对象，若需要显示少数几个或某个特定的对象，还是需要通过"图层"面板来操作。

## 4.2.5 锁定与解锁图层或对象

▣ 视频云课堂：33 锁定与解锁图层或对象

与隐藏对象作用相似，我们可以将某些对象锁定，这样在编辑特定对象时，这些被锁定对象将不会被编辑，当编辑完特定对象后再将被锁定对象解锁即可。这样就可以避免在编辑特定对象时产生误操作，这在绘制比较复杂的图形时非常方便。

### 1.通过"图层"面板

在"图层"面板中单击目标图层"可编辑性指示"处的"锁定"图标🔒或空白区域即可完成对象的解锁或锁定，如图4-39所示。

图4-39

### 2.通过执行菜单命令

同样，我们除了可以通过"图层"面板来锁定或解锁对象，还可以通过执行菜单命令的方式锁定或解锁对象，如图4-40所示。

图4-40

⊙ **锁定对象**

选中想锁定的对象，执行"对象>锁定>所选对象"菜单命令（快捷键为Ctrl+2）即可。

⊙ **锁定上方所有图稿**

如果想要锁定所选对象上方的所有对象，可以执行"对象>锁定>上方所有图稿"菜单命令，如图4-41所示。

锁定前　　　　　　　锁定后

图4-41

⊙ **锁定其他图层**

如果想锁定其他图层上的对象，可以执行"对象>锁定>其他图层"菜单命令，如图4-42所示。

锁定前　　　　　　　锁定后

图4-42

⊙ **解锁对象**

执行"对象>全部解锁"菜单命令（快捷键为Alt+Ctrl+2）即可将所有锁定的对象解锁。

## 4.2.6 编组与解组对象

▣ 视频云课堂：34 编组与解组对象

一个图稿是由各对象组成的，这时候将这些对象进行编组是明智的选择，因为编组后的对象是一个整体，这样方便管理和选择。当然，如果想将编组后的整体还原成原有的多个对象，通过取消编组可以很容易地实现。另外，我们在"图层"面板中将编组释放的话，可以轻易地将编组中的对象放置到不同的图层上，掌握这种操作对于后期将要制作动画类的图稿会有很大的帮助。

### 1.编组与取消编组对象

选中想要进行编组的对象，执行"对象>编组"菜单命令（快捷键为Ctrl+G）即可将这些对象进行编组，也可以右击，在弹出的菜单中执行"编组"命令，效果如图4-43所示。编组后使用"选择工具"▶选择时将只能选中该组，而使用"编组选择工具"▷能够选中组中的某个对象。想要取消编组时，选中目标对象组，执行"对象>取消编组"菜单命令（快捷键为Shift+Ctrl+G）即可。

编组前　　　　　　　编组后

图4-43

■ 知识点：选中编组中的对象

在使用"选择工具" ▶ 的情况下，想要选中编组中的某个对象，可以双击该对象进入隔离模式将其选中。当编辑完成，想要退出隔离模式时，可以在画板空白处双击，或双击文档窗口左上角的退出按钮 ◀ 。

## 2.将图层或编组释放到图层

将图层上或编组中的多个对象释放到图层有两种方式，一种是将每个对象都释放到新的图层中，另一种是将每个对象释放到图层并复制出对象以创建累积顺序，在应用时根据实际需要进行选择即可。

### ⊙ 释放到图层（顺序）

在"图层"面板选中想要释放的图层或编组，在"图层"面板菜单中执行"释放到图层（顺序）"命令，即可将该图层或编组中的每一个对象都放置到一个新的子图层上，如图4-44所示。

释放前　　　　　释放后

图4-44

### ⊙ 释放到图层（累积）

在"图层"面板选中想要释放的图层或编组，在"图层"面板菜单中执行"释放到图层（累积）"命令，即可将该图层或编组中的对象按累积顺序依次放置在新图层上。例如，在一个图层中按从下至上的堆叠顺序有蓝色、紫色和红色3个矩形，按这种方式释放将会从下至上创建3个图层：第1个图层中只有蓝色矩形，第2个图层中有蓝色、紫色两个矩形，第3个图层中有蓝色、紫色和红色3个矩形，如图4-45所示。这种方式对于制作动画类的图稿很有帮助。

释放前　　　　　释放后

图4-45

■ 知识点：扩展对象

扩展对象有"扩展"和"扩展外观"两种操作方式，它们的作用大致相同，都是将单个对象拆解成多个对象。例如，对一个具有填色和描边的对象进行扩展，可以将其拆解成填色和描边两部分，如图4-46所示。它们的不同之处是，如果对象具有某些特定的外观属性，那么只能对对象进行"扩展外观"操作，而不能对对象进行"扩展"操作。

原有对象

扩展后的对象

图4-46

执行"对象>扩展"或"对象>扩展外观"菜单命令均可对对象进行扩展。如果执行"对象>扩展"菜单命令，那么在弹出的"扩展"对话框中可以指定相关选项进行扩展，如图4-47所示。

当对象中具有实时上色、符号和封套等复杂属性时，可以通过勾选"对象"选项对这些对象进行扩展；当对象具有渐变属性时，可以将其扩展成"渐变网格"或具有不同颜色的多个对象。

图4-47

## 4.2.7 合并图层

当图层结构比较复杂的时候，我们可以将不必要的图层合并，从而简化图层结构，使我们更容易厘清对象与对象之间的关系。合并图层有"合并所选图层"和"拼合图稿"两种方式，它们的作用相似，只是"合并所选图层"合并的是我们选中的图层，而"拼合图稿"会将所有的对象拼合到同一个图层上。

### 1.合并所选图层

在"图层"面板中选中想要合并的图层或对象，在"图层"面板菜单中执行"合并所选图层"命令，即可将选中的多个图层上的对象合并到一个图层上，如图4-48所示。

合并前　　　　　　合并后

图4-48

## 2.拼合图稿

在"图层"面板菜单中执行"拼合图稿"命令，可将文档中的所有对象合并到一个图层上，如图4-49所示。

拼合前　　　　　　拼合后

图4-49

## 4.2.8 图层或对象堆叠顺序的调整

📹 视频云课堂: 35 图层或对象堆叠顺序的调整

各个图层或对象之间具有层级关系，有的位于上层，有的位于下层，上层的图层或对象将会对下层的图层或对象产生遮挡，下层没有被遮挡的部分将会正常显示，因此调整图层或对象的堆叠顺序会使图稿发生改变，在调整的时候需要特别注意。

### 1.通过"图层"面板调整

在"图层"面板中选中想要调整的图层或对象向上或向下拖动，此时鼠标指针会变成 🖑 状，当拖动到想要的位置时松开鼠标左键即可，如图4-50所示。

调整过程中　　　　　调整后

图4-50

在"图层"面板菜单中执行"反向顺序"命令，可以将选中的多个图层或对象按与原来相反的堆叠顺序依次排列，如图4-51所示。

反向顺序前　　　　　反向顺序后

图4-51

## 2.通过执行菜单命令调整

选中想要调整的对象，执行"对象>排列>前移一层"菜单命令（快捷键为Ctrl+]），可以将该对象的堆叠顺序上移一层；执行"对象>排列>后移一层"菜单命令（快捷键为Ctrl+[），可以将该对象的堆叠顺序下移一层；执行"对象>排列>置于顶层"菜单命令（快捷键为Shift+Ctrl+]），可以将该对象的堆叠顺序直接调整到最上层；执行"对象>排列>置于底层"菜单命令（快捷键为Shift+Ctrl+[），可以将该对象的堆叠顺序直接调整到最下层。

📝 技巧与提示

选中想要调整的对象，在文档窗口右击，在弹出的菜单中选择"排列"子菜单中的命令也可以调整图层对象的堆叠顺序，如图4-52所示。

图4-52

■ **知识点：将图层或对象移动到其他图层**

如果想将某图层或对象移动到别的图层，在"图层"面板中将其选中，然后拖动到目标图层即可，如图4-53所示。另外，也可以通过执行菜单命令将对象移动到别的图层，只需选中想要移动的对象，然后执行"对象>排列>发送至当前图层"菜单命令即可。

移动过程中　　　　　　　　　移动后

图4-53

## 4.2.9 删除图层或对象

当不再需要某图层或对象时，可以将其删除。

### 1.通过"图层"面板删除 ……………………

在"图层"面板中选中想要删除的图层或对象，单击"删除所选图层"按钮 🗑 即可完成删除。另外，选中想要删除的图层或对象向上或向下拖动，此时鼠标指针会变成 🖐 状，当拖动到"删除所选图层"按钮 🗑 上时松开鼠标左键，同样也可以将其删除，如图4-54所示。

删除过程中　　　　　　　　　删除后

图4-54

📝 **技巧与提示**

当我们删除一个图层时，在该图层上的对象也会被删除；当图稿中只有一个图层时，"图层"面板中的"删除所选图层"按钮 🗑 将会被禁用。

另外，在"图层"面板菜单中执行"删除隐藏图层"菜单命令，可以删除所有被隐藏的图层或对象，如图4-55所示。

删除前　　　　　　　　　删除后

图4-55

### 2.通过执行菜单命令删除 ……………………

选中想要删除的对象，执行"编辑>清除"菜单命令即可完成删除。当然，我们也可以在选中对象后直接按Delete键。

📖 **课堂案例**

**制作文化沙龙海报**

| 素材位置 | 素材文件>CH04>课堂案例：制作文化沙龙海报 |
|---|---|
| 实例位置 | 实例文件>CH04>课堂案例：制作文化沙龙海报 |
| 教学视频 | 课堂案例：制作文化沙龙海报.mp4 |
| 学习目标 | 掌握对象的选择及管理的方法 |

本例的最终效果如图4-56所示。

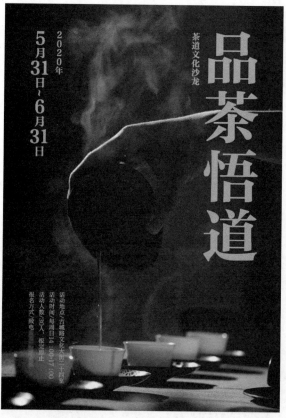

图4-56

01 新建一个尺寸为210mm×297mm的画板，执行"文件>置入"菜单命令，置入素材"素材文件>CH04>课堂案例：制作文化沙龙海报>茶道.png"，接着使用"选择工具" ▶将其移动到合适的位置，如图4-57所示。

02 打开"素材文件>CH04>课堂案例：制作文化沙龙海报>文字.ai"文件，如图4-58所示，使用"选择工具" ▶选中从右边起的两列文字并对它们进行编组，同时将它们移动到图4-59所示的位置。

图4-57 图4-58

图4-59

03 使用"选择工具" ▶选中从左边起的4列文字并对它们进行编组，同时将它们移动到合适的位置，如图4-60所示。

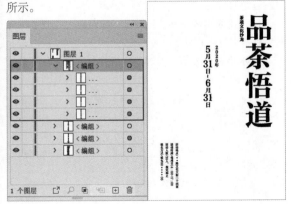

图4-60

04 使用"选择工具" ▶选中从右边起的第3、4两列文字并对它们进行编组，同时将它们移动到合适的位置。然后使用"选择工具" ▶选中所有的文字，同样也进行编组，如图4-61所示。

图4-61

05 使用"选择工具" ▶选中所有的文字，执行"编辑>复制"菜单命令，然后回到原文档中，执行"编辑>就地粘贴"菜单命令，效果如图4-62所示。

图4-62

06 选中所有的文字，并设置"填色"为淡茶色（R:255，G:202，B:166），完成案例的制作，最终效果如图4-63所示。

图4-63

# 4.3 对象的对齐与分布

在进行海报设计、版式设计的过程中，往往需要考虑多个对象的放置方式，如果不考虑对象与对象之间的关系，随意放置对象，就会显得十分混乱。这就好像我们的房间一样，我们可以在里面放置很多东西，但是有的人的房间会让人感觉井井有条，而有的人的房间则让人感觉混乱不堪，造成这种感觉的原因就是放置物品的方式不同。同样的道理，我们在设计时也需要考虑各个对象的关系，这就需要对对象进行对齐和分布。

**本节重点内容**

| 重点内容 | 说明 | 重要程度 |
| --- | --- | --- |
| "对齐"面板 | 对齐和分布对象 | 高 |

## 4.3.1 对齐对象

视频云课堂: 36 对齐对象

"对齐"能够将图形对象相对于画板或者其他对象排列整齐。如果想进行此操作，只需要选中图形对象后，在控制栏或者"对齐"面板中指定参照对象（对齐所选对象、对齐关键对象、对齐画板），接着单击相应的对齐方式按钮（水平左对齐、水平居中对齐、水平右对齐、垂直顶对齐、垂直居中对齐、垂直底对齐）即可，如图4-64所示。

**重要参数介绍**

◇ **对齐所选对象**：该选项用于相对于所有选中对象的定界框对齐或分布对象。

◇ **对齐关键对象**：该选项用于相对于关键对象对齐或分布

图4-64

其他对象。其中，关键对象指选中的多个对象中的某个特定对象。若要指定关键对象，只需在选中所有需要对齐或分布的对象后，选中该选项，再单击任意一个选中的对象即可。

◇ **对齐画板**：该选项用于相对于画板对齐或分布对象。

◇ **水平左对齐**：将所选对象的左边缘相对于参照对象的左边缘进行对齐。

◇ **水平居中对齐**：将所选对象的垂直中心线相对于参照对象的垂直中心线进行对齐。

◇ **水平右对齐**：将所选对象的右边缘相对于参照对象的右边缘进行对齐。

◇ **垂直顶对齐**：将所选对象的上边缘相对于参照对象的上边缘进行对齐。

◇ **垂直居中对齐**：将所选对象的水平中心线相对于参照对象的水平中心线进行对齐。

◇ **垂直底对齐**：将所选对象的下边缘相对于参照对象的下边缘进行对齐。

## 4.3.2 分布对象

视频云课堂: 37 分布对象

"分布"可以调整多个图形对象之间的距离，从而使各个对象有序排列。

与对齐对象的操作基本一致，当想对多个图形对象进行分布时，只需要选中图形对象后，在控制栏或者"对齐"面板中指定参照对象（对齐所选对象、对齐关键对象、对齐画板），接着单击相应的分布方式按钮（垂直顶分布、垂直居中分布、垂直底分布、水平左分布、水平居中分布、水平右分布）即可。

不同的是，在分布对象时，可以指定间距进行分布对象。若要进行此操作，需要在选中图形对象后，先指定一个关键对象，接着在"对齐"面板中的"分布间距"文本框中输入具体数值，最后单击"垂直分布间距"按钮或"水平分布间距"按钮，这样便可按照指定数值将所选对象进行相应的分布。如图4-65所示。

**重要参数介绍**

◇ **垂直顶分布**：相对于参照对象平均分布所选对象上边缘的间距。

◇ **垂直居中分布**：相对于参照对象平均分布所选对象水平中心线的间距。

图4-65

◇ **垂直底分布**：相对于参照对象平均分布所选对象下边缘的间距。

◇ **水平左分布**：相对于参照对象平均分布所选对象左边缘的间距。

◇ **水平居中分布**：相对于参照对象平均分布所选对象垂直中心线的间距。

◇ **水平右分布**：相对于参照对象平均分布所选对象右边缘的间距。

**技巧与提示**

如果"对齐"面板中未显示"分布间距"选项组和"对齐"选项组，可以在面板菜单中选择"显示选项"命令显示出完整的面板，如图4-66所示。

图4-66

📖 课堂案例

# Tab Bar图标设计

| | |
|---|---|
| 素材位置 | 素材文件>CH04>课堂案例：Tab Bar图标设计 |
| 实例位置 | 实例文件>CH04>课堂案例：Tab Bar图标设计 |
| 教学视频 | 课堂案例：Tab Bar图标设计.mp4 |
| 学习目标 | 掌握对齐和分布对象的方法 |

本例的最终效果如图4-67所示。

图4-67

**01** 新建一个尺寸为800px×600px的画板，然后使用"矩形工具" ▣ 在画板中绘制一个矩形，并设置"宽度"为800px，"高度"为600px，"填色"为黄色（R:242，G:226，B:60），"描边"为"无"。最后使其相对于画板进行水平居中对齐 ▪ 和垂直居中对齐 ▫ ，如图4-68所示。

图4-68

**02** 使用"圆角矩形工具" ▣ 在画板中绘制一个圆角矩形，并设置"宽度"为400px，"高度"为100px，"圆角半径"为20px，"填色"为浅灰色（R:244，G:244，B:244），"描边"为"无"。然后将其相对于画板进行水平居中对齐 ▪ 和垂直居中对齐 ▫ 。接着选中这些图形并进行"锁定" 🔒 ，如图4-69所示。

图4-69

**03** 使用"Shaper工具" ✐ 在步骤02创建的图形中绘制一个等边三角形，然后选中该图形，在控制栏中设置"宽度"为30px，"高度"为20px。接着选中三角形的顶点，在控制栏中设置"圆角半径"为5px。最后选中三角形并在控制栏中设置"描边粗细"为2pt，如图4-70所示。

**04** 使用"Shaper工具" ✐ 绘制一个矩形，选中该矩形并在控制栏中调整"宽度"为30px、"高度"为20px。然后选中矩形下半部分的两个锚点，在控制栏中设置"圆角半径"为5px。接着选中矩形，在控制栏中设置

"描边粗细"为2pt。最后使用"Shaper工具" ✐ 将矩形和三角形进行合并，如图4-71所示。

图4-70　　　　　　　　　　　　　　　　图4-71

**05** 使用"直线段工具" ╱ 按住Shift键绘制一条水平直线，在控制栏中设置"宽度"为10px，"描边粗细"为2pt。然后将其相对于步骤04创建的图形进行垂直居中对齐 ▫ 。最后将绘制好的图形进行编组并设置"填色"为"无"，完成"首页"图标的绘制，如图4-72所示。

图4-72

**06** 使用"Shaper工具" ✐ 在步骤02创建的图形中绘制一个圆，选中该圆并在控制栏中设置"宽度"为25px，"高度"为25px，"描边粗细"为2pt。然后使用"直线段工具" ╱ 按住Shift键绘制一条倾斜的直线，并在控制栏中设置"宽度"为10px，"描边粗细"为2pt。最后将绘制好的图形进行编组并设置"填色"为"无"，完成"搜索"图标的绘制，如图4-73所示。

图4-73

**07** 使用"Shaper工具" ✐ 在步骤02创建的图形中绘制一个矩形，使用"直接选择工具" ▷ 选中该矩形，在控制栏中设置"宽度"为30px，"高度"为16px，"圆角半径"为2px，"描边粗细"为2pt。然后将刚刚绘制的矩形复制出一份，并在控制栏中设置"宽度"为26px，"高度"为16px。接着选中小矩形下半部分的两个锚点，在控制栏中设置"圆角半径"为5px。适当调整这两个矩形的位置，如图4-74所示。

图4-74

08 使用"直线段工具" ✏ 按住Shift键在步骤07创建的图形中绘制一条直线,并在控制栏中设置"宽度"为10px,"描边粗细"为2pt。然后将其相对于绘制好的图形进行垂直居中对齐 ◫ ,最后将图标进行编组,并设置"填色"为"无",完成"商店"图标的绘制,如图4-75所示。

图4-75

09 使用"Shaper工具" ✔ 绘制一个圆,选中该圆并在控制栏中设置"宽度"为15px,"高度"为15px,"描边粗细"为2pt。将该圆复制出一份,并在控制栏中设置"宽度"为30px,"高度"为30px,如图4-76所示。

图4-76

10 使用"Shaper工具" ✔ 在步骤02创建的图形中绘制一个矩形,然后将矩形的上边缘放置在与大圆圆心同一水平线上的位置,再使用"Shaper工具" ✔ 切除大圆的下半部分和矩形。接着将绘制好的图标进行编组,并设置"填色"为"无",完成"用户"图标的绘制,如图4-77所示。

图4-77

11 选中这些图标并进行水平居中对齐 ◫ 和水平居中分布 ◫ ,接着对它们进行编组。在"图层"面板中将圆角矩形解锁,并将图标编组相对于圆角矩形进行水平居中对齐 ◫ 和垂直居中对齐 ◫ ,如图4-78所示。

12 执行"文件>置入"菜单命令,置入素材"素材文件>CH04>课堂案例:Tab Bar图标设计>投影.png",然后将其放置在圆角矩形下方并错开一定位置,完成案例的制作,最终效果如图4-79所示。

图4-78                                           图4-79

# 4.4 对象的变换

在绘制图稿时,往往会存在我们绘制的图形大小、角度等与预期不一致的问题,这时候就需要对这些对象进行移动、缩放和旋转等变换操作。变换操作时,不仅可以通过拖动的方式进行变换,而且可以打开相应的变换对话框,通过设置精确的参数值进行变换。变换操作主要有3种方式:第1种是使用工具变换,Illustrator提供了多种用于变换的工具,如图4-80所示;第2种是使用控制栏或"变换"面板进行变换,常常用于需要进行精确变换的情况;第3种是通过执行菜单命令进行变换,通常会在选中目标对象后右击,在弹出的快捷菜单中进行变换操作。

图4-80

**本节重点内容**

| 重点内容 | 说明 | 重要程度 |
|---|---|---|
| "变换"面板 | 精确地对图形进行变换操作 | 高 |
| 比例缩放工具 | 缩放对象 | 中 |
| 旋转工具 | 旋转对象 | 中 |
| 倾斜工具 | 使对象倾斜 | 中 |
| 镜像工具 | 对对象进行镜像操作 | 高 |

# 4.4.1 "变换"面板

"变换"面板用于对图形进行精确的移动、缩放、旋转、倾斜和镜像等变换操作，而且对图形进行过一次变换操作后，可以通过执行"再次变换"菜单命令（快捷键为Ctrl+D）重复执行上一次的变换操作。这在对图形进行大量相同的变换操作时非常方便。

执行"窗口>变换"菜单命令（快捷键为Shift+F8）可以显示或隐藏"变换"面板。"变换"面板如图4-81所示。在这里可以查看一个或多个选定对象的位置、大小和方向等信息，并且通过输入数值即可改变对象的位置、大小、旋转角度、倾斜角度，以及变换参考点、锁定对象宽高比例等。除此之外，我们需要特别注意"缩放圆角"与"缩放描边和效果"这两个选项，它们在实际工作中会经常应用到。单击该面板右上角的按钮，在弹出的面板菜单中执行相应的命令，可以进行更多的操作。

图4-81

**重要参数介绍**

◇ **参考点**：控制变换的中心。

◇ **X/Y**：用于定义页面上对象的位置，从左下角开始测量。

◇ **宽/高**：用于精确定义对象的尺寸。

◇ **约束宽度和高度比例按钮** 🔒：锁定缩放比例。激活该按钮后，调整对象的宽度或高度时会按原有对象的宽高比调整高度或宽度。

◇ **旋转**：按输入角度进行旋转，负值为顺时针旋转，正值为逆时针旋转。

◇ **倾斜**：使对象沿一条水平或垂直轴倾斜。

◇ **形状属性**：选中矩形、圆角矩形、椭圆和多边形等用形状工具绘制出的标准形状后，在"变换"面板中会显示与该形状对应的形状属性。形状不同，其所具有的形状属性（缩放、旋转等除外）通常也不同，如矩

形的属性包括了缩放、旋转、圆角半径等，如图4-82所示。

图4-82

◇ **缩放圆角**：按原有对象的比例缩放圆角半径。

◇ **缩放描边和效果**：按原有对象的比例缩放描边和效果。

> 📋 **技巧与提示**
>
> 在"变换"面板菜单中还可以设置变换的范围，如果执行"仅变换图案"菜单命令，那么只对图形中的图案填充进行处理，而不对图形进行变换；如果执行"仅变换对象"菜单命令，那么只对图形进行变换处理，而不对效果、图案填充等属性进行变换；如果执行"变换两者"菜单命令，那么会对图形中的图案填充和图形一起进行变换。

# 4.4.2 圆角变换

圆角变换是一项常用的变换操作，因为圆角的图形往往更加耐看、美观。在第3章中我们介绍了通过设置精确的参数值来进行圆角变换，这需要使用控制栏来进行操作。但是，在实际的工作中，"圆角半径"的取值通常无法事先精确获知，而是要通过多次的调试，并与整体的效果进行对比，才能得到合适的形状。因此在进行圆角变换时，我们通常会使用"直接选择工具" ▷选择图形的锚点，然后通过拖动圆角半径构件来控制圆角，当预览到合适的效果时松开鼠标左键即可，如图4-83所示。

图4-83

> 📋 **技巧与提示**
>
> 如果拖动时没有显示圆角半径构件，可以执行"视图>显示边角构件"菜单命令进行显示。

拖动进行圆角变换时，有时会显示红色的圆角效果，这表示当前圆角半径已经达到最大值，如图4-84所示。另外，在控制栏中"圆角半径"数值框中滚动鼠标滚轮也可以灵活地调整该数值。

图4-84

## 4.4.3 缩放对象

视频云课堂：39 缩放对象

当对象的大小不符合预期时，可对该对象进行缩放。在不需要精确缩放时，使用"选择工具"▶缩放会更加高效。

### 1.使用"选择工具"缩放 ······

使用"选择工具"▶选中目标对象后，将鼠标指针放置在变换框的控制点上，待鼠标指针变成↗时拖动鼠标，当缩放到预期大小时松开鼠标左键即可完成缩放，如图4-85所示。在此过程中，按住Shift键拖动鼠标可以进行等比例缩放，按住Alt键拖动鼠标可以由对象中心向内外进行缩放。

缩放前　　　　　　缩放后

图4-85

### 2.使用"比例缩放工具"缩放 ······

使用"比例缩放工具"可对图形进行任意的缩放。选中目标对象，在工具栏中选择"比例缩放工具"并在画面中拖动鼠标，将对象缩放到预期大小时松开鼠标左键即可，如图4-86所示。在此过程中，按住Shift键在垂直方向上拖动鼠标可仅对对象的高度进行缩放，按住Shift键在水平方向上拖动鼠标可仅对对象的宽度进行缩放，按住Shift键斜向拖动鼠标可等比例缩放对象。另外，如果想更改变换中心进行缩放，可以按住Alt键拖动变换中心到预期位置后松开鼠标左键，在打开的"比例缩放"对话框中设置相关参数。

缩放前　　　　　　缩放后

图4-86

### 3.使用"自由变换工具"缩放 ······

选中目标对象，在工具栏中选择"自由变换工具"（快捷键为E），将鼠标指针放置在变换框的控制点上，待鼠标指针变成↗时拖动鼠标，当缩放到预期大小时松开鼠标左键即可完成缩放，如图4-87所示。在此过程中，按住Shift键拖动鼠标可等比例进行缩放，按住Alt键拖动鼠标可由对象中心向内外进行缩放。

缩放前　　　　　　缩放后

图4-87

> **技巧与提示**
>
> 要缩放对象，使用"选择工具"▶、"比例缩放工具"和"自由变换工具"都能够实现目的，通常情况下只要能够直接使用"选择工具"▶进行变换的，我们都会优先使用"选择工具"▶，因为这样会更加便捷。

课堂案例

**通过变换对象设计字体**

| | |
|---|---|
| 素材位置 | 无 |
| 实例位置 | 实例文件>CH04>课堂案例：通过变换对象设计字体 |
| 教学视频 | 课堂案例：通过变换对象设计字体.mp4 |
| 学习目标 | 掌握缩放对象的方法、对齐对象的方法 |

本例的最终效果如图4-88所示。

**01** 新建一个800px×600px的画板，使用"矩形工具"绘制一个矩形，并设置"宽度"为800px，"高度"为600px，"填色"为浅灰色（R:232，G:232，B:232），"描边"为"无"，如图4-89所示。

图4-88　　　　　　　　　　图4-89

**02** 使用 "矩形工具" ▣ 在画板中绘制一个矩形，并设置 "宽度" 为30px， "高度" 为250px， "填色" 为黑色， "描边" 为 "无"，然后将其放置在合适的位置；接着再次使用 "矩形工具" ▣ 绘制一个矩形，并设置 "宽度" 为210px， "高度" 为20px， "填色" 为黑色， "描边" 为 "无"，同样也将其放置在合适的位置，如图4-90所示。

**03** 将步骤02绘制的两个矩形复制出多份并进行适当的变换，制作出 "白" 字，如图4-91所示。

图4-90      图4-91

**04** 使用 "矩形工具" ▣ 沿 "白" 字周围绘制一个与其大小相同的矩形，同时设置 "填色" 为红色（R:239，G:94，B:94）， "描边" 为 "无"，接着将这个矩形移动到 "白" 字的左侧并进行 "锁定" 🔒，如图4-92所示。

**05** 将步骤02绘制的两个矩形复制出多份，然后以步骤04绘制的矩形作为参考，分别对复制出的矩形进行适当的变换，制作出 "留" 字。接着将左侧的矩形解锁并按Delete键删除，同时适当地调整 "留" 字和 "白" 字的细节，完成案例的制作，最终效果如图4-93所示。

图4-92      图4-93

## 4.4.4 旋转对象

🎬 视频云课堂：40 旋转对象

旋转对象是以对象的中心点为轴心进行旋转。当对象的角度不符合预期时，即可对该对象进行旋转。在实际工作中，除了进行改变对象角度的旋转操作外，还常常需要进行改变变换中心的旋转操作。

### 1.使用 "选择工具" 旋转

使用 "选择工具" ▶ 选中目标对象，然后将鼠标指针放置在对象之外，待鼠标指针变成 ↰ 时拖动鼠标，当旋转到预期位置时松开鼠标左键即可，如图4-94所示。在此过程中，按住Shift键拖动鼠标，可以以45°角为单位进行旋转。

旋转前      旋转后

图4-94

### 2.使用 "旋转工具" 旋转

选中目标对象，在工具栏中选择 "旋转工具" ⟳ （快捷键为R），在画面中拖动鼠标，待对象旋转到预期位置时松开鼠标左键，如图4-95所示。在此过程中，按住Shift键拖动鼠标可以以45°角为单位进行旋转；如果想更改变换中心进行旋转，可以按住Alt键拖动变换中心到预期位置后松开鼠标左键，再在弹出的 "旋转" 对话框中设置相关参数。

旋转前      旋转后

图4-95

### 3.使用 "自由变换工具" 旋转

选中目标对象，在工具栏中选择 "自由变换工具" ⬚ （快捷键为E），将鼠标指针放置在对象之外，待鼠标指针变成 ↰ 时拖动鼠标，当旋转到预期位置时松开鼠标左键，如图4-96所示。在此过程中，按住Shift键拖动鼠标可以以45°角为单位进行旋转。

旋转前      旋转后

图4-96

## 4.4.5 倾斜对象

🎬 视频云课堂：41 倾斜对象

在设计字体的过程中，有时为了突显字体的个性，我们可能会对设计出的字体进行倾斜变换。

## 1.使用"倾斜工具"倾斜

"倾斜工具"◪可以将所选对象沿水平方向或垂直方向进行倾斜处理，也可以按照特定角度的轴向倾斜对象。选中目标对象，在工具栏中选择"倾斜工具"◪，在画面中拖动鼠标，待倾斜到预期角度时松开鼠标左键即可，如图4-97所示。在此过程中，按住Shift键拖动鼠标可以保持对象的高度或宽度不变；如果想更改变换中心进行倾斜，可以按住Alt键拖动变换中心到预期位置后松开鼠标左键，再在弹出的"倾斜"对话框中设置相关参数。

倾斜前　　　　　　　　　倾斜后

图4-97

## 2.使用"自由变换工具"倾斜

选中目标对象，在工具栏中选择"自由变换工具"▣（快捷键为E），将鼠标指针放置在变换框的控制点上，待鼠标指针变成 ↔ 状时拖动鼠标，当倾斜到预期角度时松开鼠标左键即可，如图4-98所示。在此过程中，按住Shift键拖动鼠标可以保持对象的高度或宽度不变。

倾斜前　　　　　　　　　倾斜后

图4-98

### ▣ 课堂案例

| 通过旋转制作图案 | |
|---|---|
| 素材位置 | 无 |
| 实例位置 | 实例文件>CH04>课堂案例：通过旋转制作图案 |
| 教学视频 | 课堂案例：通过旋转制作图案.mp4 |
| 学习目标 | 掌握旋转对象的方法 |

本例的最终效果如图4-99所示。

图4-99

**01** 新建一个尺寸为210mm×297mm的画板，然后使用"矩形工具"▣在画板中绘制一个矩形，并设置"宽度"为210mm，"高度"为297mm，"填色"为深蓝色（R:27，G:40，B:80），"描边"为"无"，如图4-100所示。

**02** 使用"椭圆工具"◯在画板中绘制一个椭圆，并设置"宽度"为30mm，"高度"为45mm，"填色"为蓝色（R:62，G:189，B:224），"描边"为"无"，如图4-101所示。

图4-100　　　　　　　　图4-101

**03** 选中步骤02中绘制的图形，在"变换"面板中设置"旋转"为315°，参数及效果如图4-102所示。

图4-102

### ▣ 技巧与提示

除了通过"变换"面板对对象进行旋转，使用"旋转工具"⟳也是不错的方法，读者可以尝试操作。

**04** 按住Alt键拖动复制出步骤03创建的图形，并设置"填色"为红色（R:223，G:110，B:130），如图4-103所示。

**05** 按住Alt键拖动复制出步骤04创建的图形，并设置"填色"为黄色（R:236，G:196，B:102），如图4-104所示。

图4-103　　　　　　　　图4-104

**06** 选中所有的椭圆并进行水平居中分布▥和垂直居中分布▤，然后将它们进行编组，如图4-105所示。

图4-105

**07** 执行"对象>变换>移动"菜单命令,在弹出的"移动"对话框中设置"水平"为50mm,"垂直"为0mm,单击"复制"按钮将图形进行复制,如图4-106所示。

图4-106

**08** 使用快捷键Ctrl+D执行"再次变换"命令,然后再次执行该命令,效果如图4-107所示。

图4-107

### 知识点:再次变换和分别变换

前面已讲,当完成移动、缩放、旋转、倾斜和镜像等变换操作后,可以执行"对象>变换>再次变换"菜单命令(快捷键为Ctrl+D)进行再次变换。除此之外,如果想一次变换多个对象,那么执行"对象>变换>分别变换"菜单命令(快捷键为Alt+Shift+Ctrl+D),然后在"分别变换"对话框中设置相关参数即可,如图4-108所示。

图4-108

在"分别变换"对话框中,如果想进行镜像变换,可以在"选项"选项组中勾选"对称X"或"对称Y"选项;如果想让变换具有随机性,可以在"选项"选项组中勾选"随机"选项。

**09** 选中所有椭圆并编组,然后执行"对象>变换>移动"菜单命令,在弹出的"移动"对话框中设置"水平"为0mm,"垂直"为60mm,单击"复制"按钮对图形编组进行复制,参数及效果如图4-109所示。

图4-109

**10** 通过使用快捷键Ctrl+D执行"再次变换"命令4次,效果如图4-110所示。

图4-110

**11** 选中所有的椭圆编组并再次进行编组,然后将该编组图形进行适当的放大,如图4-111所示。

图4-111

**12** 复制底层的矩形,使用快捷键Ctrl+F将复制得到的矩形原位粘贴在最上层,如图4-112所示。

图4-112

81

⓭ 选中所有图形，执行"对象>剪切蒙版>建立"菜单命令（快捷键为Ctrl+7）建立剪切蒙版，完成案例的制作，最终效果如图4-113所示。

> **📝 技巧与提示**
>
> "剪切蒙版"命令常用于剪切掉画面中不需要的部分，这里主要是将画板外的图形删除，它的具体用法将在第5章进行讲解。

图4-113

## 4.4.6 镜像对象

▶ 视频云课堂：42 镜像对象

镜像对象指对对象进行水平或垂直方向的翻转。对于一些具有对称性的图形，我们可以先绘制图形的一半，然后通过对这一半进行镜像变换来完成整个图形的绘制。

### 1.使用"镜像工具"

使用"镜像工具" ▷◁ 能够绕一条不可见的轴来翻转对象。选中目标对象，在工具栏中选择"镜像工具" ▷◁（快捷键为O），在预期位置单击指定第1个位于对称轴上的点，再次单击指定第2个位于对称轴上的点，这时即可将对象沿这条不可见的对称轴进行镜像变换，如图4-114所示。在此过程中，如果想在进行镜像变换的同时复制对象，可以在指定第2个位于对称轴上的点时按住Alt键。

**翻转前**

**翻转后**

图4-114

### 2.执行菜单命令

选中目标对象，执行"对象>变换>镜像"菜单命令，在弹出的"镜像"对话框中设置相关参数可完成镜像变换，如图4-115所示。"镜像"对话框的使用频率非常高，因为我们常常需要精确地设置镜像的角度和镜像轴的位置。

图4-115

**重要参数介绍**

◇ **水平**：进行水平方向的翻转。

◇ **垂直**：进行垂直方向的翻转。

◇ **角度**：自定义镜像轴的角度。

**🖥 课堂案例**

**制作一个简单的Logo**

| 素材位置 | 素材文件>CH04>课堂案例：制作一个简单的Logo |
|---|---|
| 实例位置 | 实例文件>CH04>课堂案例：制作一个简单的Logo |
| 教学视频 | 课堂案例：制作一个简单的Logo.mp4 |
| 学习目标 | 掌握镜像对象的方法 |

本例的最终效果如图4-116所示。

图4-116

⓵ 新建一个尺寸为800px×600px的画板，然后使用"矩形工具" ▣ 在画板中绘制一个矩形，并设置"宽度"为800px，"高度"为600px，"填色"为浅灰色（R:242，G:242，B:242），"描边"为"无"，如图4-117所示。

⓶ 使用"矩形工具" ▣ 在画板中绘制一个矩形，并设置"宽度"为100px，"高度"为100px，"填色"为蓝色（R:39，G:109，B:181），"描边"为"无"，如图4-118所示。

图4-117　　　　　　　图4-118

**03** 使用"直接选择工具" ▷ 选中步骤02中绘制的矩形除右下方锚点外的其他3个锚点，在控制栏中设置"圆角半径"为50px，效果如图4-119所示。

图4-119

**04** 选中步骤03创建的图形并右击，然后执行"对象>变换>镜像"命令，在弹出的"镜像"对话框中选中"垂直"选项，然后单击"复制"按钮完成设置。接着将变换得到的图形移动到步骤03的图形旁，并设置"填色"为浅蓝色（R:41，G:185，B:235），如图4-120所示。

图4-120

**05** 使用"多边形工具" ⬡ 在画板中单击，在弹出的对话框中设置"半径"为80px，"边数"为3，单击"确定"按钮，绘制一个三角形。在工具栏中设置"填色"为橙色（R:245，G:164，B:56）。然后将其旋转180°并移动到步骤04创建的图形的下方。接着使用"直接选择工具" ▷ 选中最下方的锚点，在控制栏中设置"圆角半径"为40px，效果如图4-121所示。

**06** 选中绘制完成的图形并进行编组，执行"文件>置入"菜单命令，置入素材"素材文件>CH04>课堂案例：制作一个简单的Logo>Vector字体.png、背景.png"，然后对素材进行变换，完成案例的制作，最终效果如图4-122所示。

图4-121　　　　　　图4-122

**课堂练习**

## 使用基础图形制作海报

| 素材位置 | 素材文件>CH04>课堂练习：使用基础图形制作海报 |
|---|---|
| 实例位置 | 实例文件>CH04>课堂练习：使用基础图形制作海报 |
| 教学视频 | 课堂练习：使用基础图形制作海报.mp4 |
| 学习目标 | 掌握旋转对象的方法、对齐和分布对象的方法 |

本例的最终效果如图4-123所示。

图4-123

**01** 新建一个尺寸为600px×300px的画板，使用"矩形工具" ▢ 在画板中绘制一个矩形，并设置"宽度"为600px，"高度"为300px，"填色"为黑灰色（R:30，G:30，B:35），"描边"为"无"，如图4-124所示。

**02** 使用"矩形工具" ▢ 绘制一个正方形，并设置"宽度"和"高度"均为200px，"填色"为紫色（R:100，G:67，B:239），"描边"为"无"，如图4-125所示。

图4-124　　　　　　图4-125

**03** 使用"矩形工具" ▢ 在画板中绘制一个矩形，并设置"宽度"为300px，"高度"为30px，"填色"为紫色（R:100，G:67，B:239），"描边"为"无"，如图4-126所示。

图4-126

**04** 按住Alt键拖动复制出步骤03创建的矩形，将其复制出3份。然后选中原有的矩形和复制得到的矩形进行水平居中对齐 ⊹ 和垂直居中分布 ⊟。最后将这些矩形进行编组，如图4-127所示。

图4-127

**05** 将步骤04中的编组旋转45°，然后将其与步骤02创建的图形进行水平居中对齐 ⊹ 和垂直居中对齐 ⊪，如图4-128所示。

图4-128

06 选中步骤05创建的图形,执行"窗口>路径查找器"菜单命令,在打开的"路径查找器"面板中应用"减去顶层" 形状模式,如图4-129所示。

图4-129

📝 技巧与提示

"路径查找器"的具体用法将在第5章进行讲解,这里主要是用于剪切形状。

07 打开"素材文件>CH04>课堂练习:使用基础图形制作海报>图形海报文字.ai",并将该文档中的文字复制到当前文档中,然后放置在图4-130所示的位置,完成海报的制作。

图4-130

# 4.5 本章小结

本章主要介绍了对象管理和编辑的方法,在具体应用时我们需要注意选择合适的方法,因为针对同样的操作可能有多种方法,但选择最合适、便捷的方法能够节省大量时间和精力。

在介绍对象的选择时,讲解了"编组选择工具" 、"魔棒工具" 和"套索工具" 的用法。此外,还有一些选择操作,必须通过特殊命令才能完成。尽管这样操作起来相对烦琐,但是就整个图形绘制过程而言,这一点付出是值得的,能大为提高工作效率。

在介绍对象的管理时,主要介绍了"图层"面板的用法。"图层"面板具有对象管理方面的大部分功能,甚至对于某些操作,只有在"图层"面板中才能够进行,因此我们需要重点掌握"图层"面板的用法。

在介绍对象的对齐与分布时,讲解了通过控制栏和"对齐"面板对对象进行对齐与分布的方法。

在介绍对象的变换时,详细讲解了移动、缩放、旋转、倾斜和镜像等变换操作的方法。每一种变换都有多种实现方式,因此我们要根据实际情况进行选择。

# 4.6 课后习题

本节安排了两个课后习题供读者练习,这两个习题综合考查了本章知识。读者在练习时如果有疑问,可以一边观看教学视频,一边学习如何管理和编辑对象。

## 4.6.1 制作"西西里"文字

| | |
|---|---|
| 素材位置 | 无 |
| 实例位置 | 实例文件>CH04>课后习题:制作"西西里"文字 |
| 教学视频 | 课后习题:制作"西西里"文字 |
| 学习目标 | 熟练掌握缩放对象的方法、对齐对象的方法 |

本例的最终效果如图4-131所示。

图4-131

## 4.6.2 制作标志辅助图形

| | |
|---|---|
| 素材位置 | 素材文件>CH04>课后习题:制作标志辅助图形 |
| 实例位置 | 实例文件>CH04>课后习题:制作标志辅助图形 |
| 教学视频 | 课后习题:制作标志辅助图形.mp4 |
| 学习目标 | 掌握图形的绘制,以及变换对象的方法 |

本例的最终效果如图4-132所示。

图4-132

第 **5** 章

# 复杂图形的绘制

　　掌握了基本图形的绘制方法还不够，因为这些方法只是用来绘制较为规则的图形的，在绘制不规则的图形时就要用到复杂的绘图技法。本章将会先介绍填色、描边和绘图模式等绘图基础知识，再介绍绘制和编辑路径的方法，以及图像描摹的方法，其中涉及各种绘图工具的使用。读者在学习的过程中需要区分各种工具在使用方法上的异同，以便更快、更准确地绘制出所需路径。当掌握了本章知识后，我们就能轻松地绘制出各种图稿了。

## 课堂学习目标

◇ 了解绘图的基础知识

◇ 掌握绘制及编辑路径的方法

◇ 掌握图像描摹的方法

# 5.1 绘图基础知识

在正式学习绘图技法之前，我们首先需要弄清楚怎样给对象应用填色和描边，其中包括指定、互换和删除填色和描边等知识；其次需要理解不同绘图模式的应用场景及剪切蒙版的用法，合理地选择绘图模式可以有效简化绘图过程中的操作步骤。

**本节重点内容**

| 重点内容 | 说明 | 重要程度 |
|---|---|---|
| 标准颜色控制器 | 设置基本外观属性 | 高 |
| "颜色"面板 | 设置基本外观属性 | 中 |
| "色板"面板 | 设置基本外观属性 | 中 |
| "描边"面板 | 设置描边属性 | 中 |
| 绘图模式 | 切换不同的绘图模式 | 中 |

## 5.1.1 对象的基本外观属性

视频云课堂：43 对象的基本外观属性

填色和描边都可以指定纯色、渐变或图案。此外，对于描边还可以调整宽度及指定画笔。对于画笔描边、渐变和图案等复杂外观的应用方法，后面将会进行详细的介绍。

### 1.指定填充或描边的颜色

在Illustrator中绘制的每一个对象都具有填色和描边两种基本外观属性，如图5-1所示。

填色

描边

图5-1

⊙ **详解"标准颜色控制器"**

第3章提到过"标准颜色控制器"，通过该控件我们可以对图稿进行填充和描边，使一些通过基本绘图工具制作的图形具有可见的外观属性。当然，除了填充和描边等基础的用法外，还可以通过"标准颜色控制器"改变填充方式（即纯色、渐变色）或去除填充、描边，以赋予图形丰富的外观。"标准颜色控制器"位于工具

栏的底部，如图5-2所示。

填色 — 互换填色和描边

默认填色和描边 — 描边

颜色 — 无

渐变

图5-2

**重要参数介绍**

◇ **填色**：双击该方框，可使用拾色器来选择填充颜色。

◇ **描边**：双击该方框，可使用拾色器来选择描边颜色。

◇ **互换填色和描边**：单击按钮，可以在填充和描边之间互换颜色（快捷键为X）。

◇ **默认填色和描边**：单击按钮，可以恢复默认颜色设置，即白色填充和黑色描边（快捷键为D）。

◇ **颜色**：单击按钮，可以将上次选择的纯色应用于具有渐变填充或者没有描边或填充的对象，如图5-3所示。

◇ **渐变**：单击按钮，可以将当前选择的填充更改为上次选择的渐变，如图5-4所示。

◇ **无**：单击按钮，可以删除选定对象的填充或描边，如图5-5所示。

图5-3　图5-4　图5-5

⊙ **使用"颜色"面板**

除了可以使用"标准颜色控制器"来选择颜色外，也可以使用"颜色"面板来选择颜色。执行"窗口>颜色"菜单命令（快捷键为F6）即可显示或隐藏"颜色"面板。"颜色"面板如图5-6所示。选中图形对象，在"颜色"面板中单击"填色"方框或"描边"方框以确定更改的是填充还是描边，然后调整滑块指定一种想要的颜色即可。单击该面板右上角的按钮，在弹出的菜单中执行相应的命令，可以进行更多的操作。

图5-6

📝 **技巧与提示**

在"颜色"面板菜单中可以更改颜色模式或对选取的颜色进行反相操作或设置互补色，如图5-7所示。若"颜色"面板中未能显示详细的参数，则只需在面板菜单中选择"显示选项"命令即可。

图5-7

## 使用"色板"面板

使用"色板"面板选择颜色的方法非常简单。选中图形对象，在"色板"面板中单击"填色"方框或"描边"方框以确定是更改填充还是描边，然后选择一种想要的颜色即可。执行"窗口>色板"菜单命令可以显示或隐藏"色板"面板。"色板"面板如图5-8所示。

图5-8

## 2.为对象应用描边

为对象应用描边会用到"描边"面板，执行"窗口>描边"菜单命令（快捷键为Ctrl+F10)可以显示或隐藏"描边"面板。"描边"面板如图5-9所示。通过"描边"面板，我们能够对描边粗细、端点样式、边角样式及限制、描边对齐方式、宽度配置文件等进行调整，此外还可以将描边指定为虚线或箭头。

图5-9

### 重要参数介绍

◇ 端点：调整描边的端点样式，有"平头端点"、"圆头端点"和"方头端点"3种。

◇ 边角：调整描边的连接形式，有"斜接连接"、"圆角连接"和"斜角连接"3种。

◇ 对齐描边：调整描边的对齐方式，有"使描边居中对齐"、"使描边内侧对齐"和"使描边外侧对齐"3种。

◇ 虚线：将描边指定为虚线，其中创建虚线的方式有"保留虚线和间隙的精确长度"和"使虚线与边角和路径终端对齐，并调整到适合长度"两种，两者的区别在于是否会将虚线与路径的终端对齐。

◇ 箭头：将描边指定为箭头。

◇ 配置文件：调整描边的宽度，如图5-10所示。当想要为对象应用相同宽度的描边并对宽度做出调整时，先选中图形对象，然后选择"等比"选项，接着设置"粗细"数值即可；当想要为对象应用不同宽度的描边

并对整体宽度做出调整时，先选中图形对象，然后选择一种非等比的配置文件，接着设置"粗细"数值即可。

图5-10

> **技巧与提示**
>
> 选择工具栏中的"宽度工具"（快捷键为Shift+W）后在对象的描边上拖动，也可以为对象应用不同宽度的描边，在"配置文件"子面板中单击"添加到配置文件"按钮可将该设置进行保存。

## 5.1.2 绘图模式

视频云课堂：44 绘图模式

工具栏"标准颜色控制器"的下方就是绘图模式切换按钮，如图5-11所示，有"正常绘图"、"背面绘图"和"内部绘图"3种方式。单击相应的绘图模式按钮（快捷键为Shift+D)可对绘图模式进行更改。默认状态下使用的是"正常绘图"模式，切换为"背面绘图"模式，如果选中了某对象，那么绘制的新图形将位于该对象的下一层；如果没有选中任何对象，那么绘制的新图形将位于当前图层的最下层。在"内部绘图"模式下，我们能够在选中的对象内部绘制新的图形，如图5-12所示。

图5-11

正常绘图　　背面绘图　　内部绘图

图5-12

> **技巧与提示**
>
> "内部绘图"模式只有在选中对象的前提下才能够启用。

■ 知识点：剪切蒙版

剪切蒙版与"内部绘图"模式的作用相似，即用一个对象去裁剪另一个对象。不同的是，使用"内部绘图"模式●能够保留剪切图形（选中的对象）的填色和描边，创建剪切蒙版则会将剪切图形的填色和描边自动删除，如图5-13所示。在明确知道我们绘制的图形将要位于某一对象的内部时，使用"内部绘图"模式●会比创建剪切蒙版更加高效。

创建前　　　　　创建后

图5-13

如果想创建剪切蒙版，那么可以先将剪切图形放置在被剪切图形的上方，如图5-14所示，同时选中它们，然后执行"对象>剪切蒙版>建立"菜单命令（快捷键为Ctrl+7）。另外，在"图层"面板中也可以创建剪切蒙版，同样需要将剪切图形放置在被剪切图形的上层，同时还需要将它们进行编组或置于同一图层中，然后选中组或图层并单击"建立/释放剪切蒙版"按钮■即可，如图5-15所示。

图5-14

剪切前　　　　　剪切后

图5-15

剪切蒙版创建完成后，可以通过多种方式对剪切蒙版进行编辑。第1种方式是双击剪切蒙版进入隔离模式进行编辑，这种方式相对来说比较便捷；第2种方式是使用"图层"面板进行编辑，这种方式常用于向剪切组内增加对象，只需将想要剪切的对象移动到剪切组即可；第3种方式是通过执行"对象>剪切蒙版>编辑内容"菜单命令对剪切蒙版进行编辑，但是这种方式很少使用。

如果想将剪切蒙版进行释放，执行"对象>剪切蒙版>释放"菜单命令（快捷键为Alt+Ctrl+7）即可。另外，在"图层"面板中选定剪切组或图层后，再次单击"建立/释放剪切蒙版"按钮■也可以完成剪切蒙版的释放。

# 5.2 绘制路径

矢量图是由数学公式定义的直线和曲线构成的，这些直线和曲线被称为路径。若要绘制较为复杂的图形，第一步就是要学会路径的绘制方法。高级工具栏中的"钢笔工具" ✐、"曲率工具" ✐、"画笔工具" ✐、"铅笔工具" ✐ 和"斑点画笔工具" ✐ 都可以用于绘制路径，如图5-16所示。

图5-16

**本节重点内容**

| 重点内容 | 说明 | 重要程度 |
|---|---|---|
| 钢笔工具 | 绘制路径 | 高 |
| 曲率工具 | 绘制平滑路径 | 中 |
| 画笔工具 | 使用不同的画笔描边绘制路径 | 高 |
| 铅笔工具 | 像用铅笔绘制一样绘制路径 | 高 |
| 斑点画笔工具 | 绘制具有填色的闭合路径 | 中 |

## 5.2.1 钢笔工具

▣ 视频云课堂：45 钢笔工具

"钢笔工具" ✐ 是绘制路径的主要工具，因为相比其他绘制工具，它的可控性更好。例如，在绘制路径的过程中，将鼠标指针放置在目标位置的同时还可以通过快捷键临时调用一些编辑路径的工具，可随时调整不符合预期的路径，这一点是其他绘制工具无法比拟的。

**1.绘制直线路径**

在工具栏中选择"钢笔工具" ✐（快捷键为P），在画板中通过单击指定第1个锚点，在其他位置再次单击即可指定第2个锚点，完成一条直线的绘制，重复操作完成多段直线路径的绘制，如图5-17所示。

图5-17

在此过程中，按住Ctrl键可以临时调用"直接选择工具" ▷ 对锚点进行选择和移动；按住Shift键再次指定锚点可以将直线路径的角度限制为45°的倍数；按住Ctrl键单击路径之外的区域（或按Esc键）可以结束路径的绘制并保持路径为开放状态；在绘制过程中将鼠标指针移动到第1个锚点上，待鼠标指针变成 ◔ 时单击，可以结束绘制并将路径闭合。

## 2.绘制曲线路径

在工具栏中选择"钢笔工具" ✎（快捷键为P），在画板中拖动鼠标指定第1个锚点，这时锚点上会出现两个控制柄，控制柄决定了曲线路径的走向，在其他位置处再次拖动鼠标即可指定第2个锚点，完成一条曲线的绘制，如图5-18所示，重复操作即可完成多段曲线路径的绘制。

图5-18

> **技巧与提示**
>
> "钢笔工具" ✎ 既能够绘制开放路径，又能够绘制闭合路径。绘制曲线路径时尽量使用较少的锚点，这样更容易编辑曲线，并且系统可更快速地显示和打印它们。

## 5.2.2 曲率工具

"曲率工具" ✎ 的使用方法与"钢笔工具" ✎ 类似，但是所绘制的路径更为平滑，并且其灵活性也更高。不过在实际应用中，除了一些特殊的情况，一般很少使用"曲率工具" ✎ 绘制路径。在工具栏中选择"曲率工具" ✎（快捷键为Shift + ～），分别在两个不同的位置单击指定两个锚点，这时移动鼠标可以控制路径的走向，如图5-19所示，当确定好路径的走向后，再次单击可以指定下一个锚点，重复操作即可完成多段路径的绘制。

图5-19

在绘制过程中，将鼠标指针放置在锚点上可以移动锚点；双击或按住Alt键单击可指定下一个锚点，能够绘制出一条直线；按住Ctrl键单击路径之外的区域（或按Esc键）可以结束绘制并保持路径为开放状态；在绘制过程中将鼠标指针放置在第1个锚点上，待鼠标指针变成 ◔ 时单击，可以结束绘制并闭合路径。

## 5.2.3 画笔工具

▣ 视频云课堂: 46 画笔工具

由"画笔工具" ✎ 绘制的路径较为随机，因此，如果我们不具备绘画功底，那么绘制出的路径往往不尽如人意。不过，"画笔工具" ✎ 的作用并不表现在绘制路径这一方面，其主要作用在于我们可以指定不同的画笔描边，使绘制的路径具有不同的描边效果。另外，当我们使用其他工具绘制路径后，也可以为这些路径指定画笔描边。

## 1."画笔"面板

在使用"画笔工具" ✎ 之前，我们要先指定一个画笔描边，因此需要在"画笔"面板中选择一个预设的或自定义的描边效果。执行"窗口>画笔"菜单命令（快捷键为F5）可以显示或隐藏"画笔"面板。"画笔"面板如图5-20所示。除了应用一个画笔样式外，我们还能在该面板中完成画笔的新建、删除、保存和导入等多项操作。单击该面板右上角的 ▤ 按钮，在弹出的菜单中执行相应的命令，可以进行更多的操作。

图5-20

### 重要参数介绍

◇ **画笔库菜单** ▥：存放了一些预设的画笔。除此之外，还可以进行画笔的保存和导入。选择"保存画笔"选项，然后选择保存的路径即可保存画笔；选择"其他库"选项，按路径找到存放的画笔即可完成画笔的导入，如图5-21所示。

图5-21

◇ **移去画笔描边** ✖：移除某一个画笔描边。

⊙ **新建画笔**

如果预设的画笔不适用于我们的图稿，那么我们就需要自定义或从外部导入画笔。这里先介绍如何对画笔进行自定义，也就是新建画笔。选中想要创建为画笔的图稿（矢量图或者位图），然后将其拖动到"画笔"面板中，会弹出"新建画笔"对话框，如图5-22所示，其中画笔的类型有"书法画笔""散点画笔""图案画笔""毛刷画笔""艺术画笔"5种，根据实际需要选择预期的画笔类型进行创建即可。在"画笔"面板中单击"新建画笔"按钮⊞也可以打开"新建画笔"对话框。

图5-22

### 重要参数介绍

◇ **书法画笔**：在"新建画笔"对话框中选择"书法画笔"后单击"确定"按钮，会弹出"书法画笔选项"对话框。在该对话框中，可以在各个选项后方的下拉列表中选择"随机"选项并调整"变量"值，使各个选项具有随机值，如图5-23所示。

图5-23

◇ **散点画笔**：在"新建画笔"对话框中选择"散点画笔"后单击"确定"按钮，会弹出"散点画笔选项"对话框。在该对话框中，可设置散点画笔的大小、间距、分布等属性，如图5-24所示。

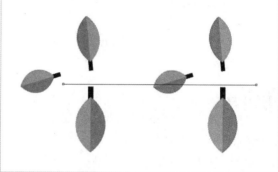

图5-24

» **着色**：指定该画笔描边被指定到路径上时使用的着色方法。当指定为画笔的图稿是位图时，"着色"选项不起作用。在"方法"下拉列表中，有"无""色调""淡色和暗色""色相转换"4个选项。如果选择"色调"选项，那么将保留图稿中的白色，黑色和其他颜色会用当前描边颜色及其淡色进行着色；如果选择"淡色和暗色"选项，那么将保留图稿中的白色和黑色，其他颜色会用当前描边颜色的淡色或暗色进行着色；如果选择"色相转换"选项，那么将保留图稿中的黑色、灰色和白色，图稿中使用主色的区域会用当前描边颜色进行着色，而其他颜色则会按照主色与这些颜色的关系使用与当前描边颜色相关的颜色进行着色。

◇ **图案画笔**：在"新建画笔"对话框中选择"图案画笔"后单击"确定"按钮，会弹出"图案画笔选项"对话框。在该对话框中，可设置图案画笔的相关属性，如图5-25所示。

图5-25

图5-26（续）

◇ **艺术画笔**：在"新建画笔"对话框中选择"艺术画笔"后单击"确定"按钮，会弹出"艺术画笔选项"对话框。在该对话框中，可设置艺术画笔的宽度、缩放等属性，如图5-27所示。

图5-27

» **适合**：指定适合画笔描边路径的方式。如果选择"伸展以适合"选项，那么会对图案拼贴（第6章将详细介绍）进行拉伸以适合路径的长度；如果选择"添加间距以适合"选项，那么会在图案拼贴之间添加空白间隔以适合路径的长度；如果选择"近似路径"选项，那么会将图案拼贴向内侧或外侧偏移以适合路径的长度。

◇ **毛刷画笔**：在"新建画笔"对话框中选择"毛刷画笔"后单击"确定"按钮，可弹出"毛刷画笔选项"对话框。在该对话框中，可设置毛刷画笔的形状、尺寸和硬度等属性，如图5-26所示。

» **画笔缩放选项**：指定缩放方式来缩放图稿，以适应画笔描边路径的长度。如果选择"按比例缩放"选项，那么会等比例缩放图稿以适应路径的长度；如果选择"伸展以适合描边长度"选项，那么会对图稿进行拉伸以适应路径的长度；如果选择"在参考线之间伸展"选项，那么仅对指定区域的图稿进行拉伸以适应路径的长度。

» **方向**：指定图稿相对于画笔描边路径的方向。

> 📝 **技巧与提示**
>
> 新建画笔后，在"画笔"面板中双击某一个画笔可打开相应的画笔选项对话框，对其中的参数进行设置。另外，选中想要设置画笔选项的画笔，在"画笔"面板菜单中选择"画笔选项"命令也可以进行同样的操作。

图5-26

#### ⊙ 修改画笔

如果想对某一画笔进行修改,可以将其从"画笔"面板中拖动到画板上进行修改,如图5-28所示。在画板上修改好后,按住Alt键将其重新拖动到"画笔"面板中的原有画笔上,会弹出相应的画笔选项对话框,如图5-29所示。在该对话框中修订或确认各选项设置后,单击"确定"按钮,如果当前文档中没有使用该画笔绘制的路径,可以直接完成对该画笔的修改;如果当前文档中已有使用该画笔绘制的路径,则会弹出一个对话框,如图5-30所示。这时,我们可以决定是否将修改后的该画笔应用到已用其绘制的路径上:单击"保留描边"按钮,不应用,并完成对该画笔的修改;单击"应用于描边"按钮,应用,并完成对该画笔的修改。单击"应用于描边"按钮,已绘制路径在修改该画笔前后的效果如图5-31所示。

图5-28

图5-29

Adobe Illustrator
该画笔正在使用。是要将更改应用到现有的画笔描边,还是将描边保持原状并创建该画笔的新副本?
应用于描边 (A)　保留描边 (L)　取消

图5-30

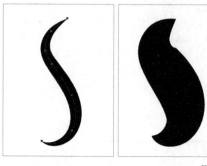

图5-31

> **技巧与提示**
>
> 如果只想修改特定对象的画笔描边选项,可以选中该对象,在"画笔"面板中单击"所选对象的选项"按钮 或在"画笔"面板菜单中选择"所选对象的选项"命令,在弹出的"描边选项"对话框中进行修改。

### 2.绘制路径

在工具栏中选择"画笔工具" (快捷键为B),在控制栏"画笔定义"下拉列表或"画笔"面板中单击某一画笔,这时如果想绘制直线,按住Shift键拖动鼠标即可进行绘制,且能将直线的角度限制为45°的倍数,如图5-32所示;如果要绘制曲线,直接拖动鼠标即可进行绘制,如图5-33所示。在绘制过程中,按住Alt键,待鼠标指针变成 时松开鼠标左键可以闭合路径。

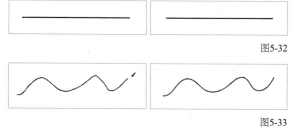

图5-32

图5-33

> **技巧与提示**
>
> 既可以先绘制路径再应用定义的新画笔,也可以先创建一个画笔再在画板上绘制路径。

为了精准地绘制路径,可以在工具栏中双击"画笔工具" ,在弹出的"画笔工具选项"对话框中设置画笔工具选项后再进行绘制,如图5-34所示。

图5-34

**重要参数介绍**

◇ **保真度：** 控制使用"画笔工具" ✔ 绘制的路径的平滑度，将其调至左端，绘制出的路径会较为粗糙；将其调至右端，绘制出的路径会较为平滑。

◇ **填充新画笔描边：** 决定是否对使用"画笔工具" ✔ 绘制的路径进行填色。

◇ **保持选定：** 控制使用"画笔工具" ✔ 绘制的路径是否处于选中状态。

◇ **编辑所选路径：** 控制能否使用"画笔工具" ✔ 对已绘制的路径进行编辑。当选中该选项后，调整"范围"滑块可控制编辑的路径与鼠标指针之间的最大距离。

▣ 课堂案例

## 使用画笔描边制作连续纹样

| | |
|---|---|
| 素材位置 | 素材文件>CH05>课堂案例：使用画笔描边制作连续纹样 |
| 实例位置 | 实例文件>CH05>课堂案例：使用画笔描边制作连续纹样 |
| 教学视频 | 课堂案例：使用画笔描边制作连续纹样.mp4 |
| 学习目标 | 掌握画笔描边的应用 |

本例的最终效果如图5-35所示。

图5-35

**01** 新建一个尺寸为1000px×1000px的画板，使用"钢笔工具" ✔ 在画板中绘制一条垂直的直线路径，如图5-36所示。

图5-36

**02** 选中步骤01中创建的路径并执行"对象>变换>移动"菜单命令，在弹出的"移动"对话框中设置"水平"为40px，"垂直"为0px，单击"复制"按钮将路径进行复制，然后使用快捷键Ctrl+D执行"再次变换"命令，连续操作9次复制出9条路径，如图5-37所示。

图5-37

**03** 选中步骤02创建的直线路径并编组，然后双击"旋转工具" ↻，在弹出的"旋转"对话框中设置"角度"为90°，单击"复制"按钮，将编组的图形进行旋转复制，如图5-38所示。

图5-38

**04** 选中步骤03中创建完成的路径，执行"视图>参考线>建立参考线"菜单命令将它们创建为参考线，然后执行"视图>参考线>锁定参考线"菜单命令。接着使用"钢笔工具" ✔ 根据参考线绘制图5-39所示的路径。使用"选择工具" ▶ 选中该路径，设置"填色"为"无"，"描边粗细"为6pt，完成纹样的绘制。

图5-39

**05** 执行"视图>参考线>隐藏参考线"菜单命令隐藏画板中所有的参考线。选中步骤04绘制的路径，在"变换"面板中设置"宽度"为80px，如图5-40所示。

图5-40

**06** 选中调整后的路径，将其拖动到"画笔"面板中，在"新建画笔"对话框中选择"图案画笔"后单击"确定"按钮，在弹出的"图案画笔选项"对话框中设置"间距"为10%，"着色"为"色相转换"，然后单击"确定"按钮，如图5-41所示。

图5-41

**07** 按Delete键删除原有路径，然后执行"文件>置入"菜单命令，置入素材"素材文件>CH05>课堂案例：使用画笔描边制作连续纹样>文字.ai"，并适当地调整其大小，如图5-42所示。

**08** 使用"椭圆工具" ○在画板中绘制一个圆，并设置"填色"为"无"，然后在"画笔"面板中单击前面定义的图案画笔进行描边，最后设置"描边"为红色（R:199，G:56，B:45），适当地调整描边宽度，完成案例的制作，最终效果如图5-43所示。

图5-42　　　　　　　图5-43

# 5.2.4 铅笔工具

📹 视频云课堂：47 铅笔工具

使用"铅笔工具" ✏绘图与我们在纸张上使用铅笔绘图的方式相似，因此使用该工具绘制路径的可控性较差，需要具有一定绘画基础才能驾驭它。在工具栏中选

择"铅笔工具" ✏（快捷键为N），在目标位置拖动鼠标可进行绘制，如图5-44所示。选择"铅笔工具" ✏，按住Alt键拖动鼠标，可以绘制一条直线；按住Shift键拖动鼠标，可以绘制一条直线，且该直线的角度被限制为45°的倍数。在绘制过程中将鼠标指针拖动到起始位置或指定范围之内，待鼠标指针变成 ✏时松开鼠标左键，可以闭合路径。

图5-44

为了精准地绘制路径，可以双击工具栏中的"铅笔工具" ✏，在弹出的"铅笔工具选项"对话框中设置铅笔工具的相关参数后再进行绘制，如图5-45所示。

图5-45

> 📝 **技巧与提示**
>
> "铅笔工具选项"对话框中的参数与"画笔工具选项"对话框中的参数相似，其中如果勾选"Alt键切换到平滑工具"选项，那么在使用"铅笔工具" ✏时按住Alt键可以临时切换到"平滑工具" ✏；如果勾选"当终端在此范围内时闭合路径"选项，那么在使用"铅笔工具" ✏时，当路径的终端与起始位置在指定范围内，路径将会自动闭合。

📓 课堂案例

## 使用"铅笔工具"制作音乐节海报

| 素材位置 | 素材文件>CH05>课堂案例：使用"铅笔工具"制作音乐节海报 |
| --- | --- |
| 实例位置 | 实例文件>CH05>课堂案例：使用"铅笔工具"制作音乐节海报 |
| 教学视频 | 课堂案例：使用"铅笔工具"制作音乐节海报.mp4 |
| 学习目标 | 掌握"铅笔工具"的使用方法 |

本例的最终效果如图5-46所示。

**01** 新建一个尺寸为210mm×297mm的画板，然后使用"矩形工具" ▭在画板中绘制一个矩形，并设置该矩形的"宽度"为210mm，"高度"为297mm，"填色"为

浅灰色（R:226，G:226，B:226），"描边"为"无"，
使其与画板对齐并进行"锁定" 🔒，如图5-47所示。

图5-46                图5-47

02 使用"铅笔工具" ✐在画板中绘制一条闭合路径，
大致形状如图5-48所示，然后设置"填色"为深蓝色
（R:31，G:79，B:153），"描边"为"无"。

03 选中步骤02创建的路径并适当放大，然后将其放置
在合适的位置并进行"锁定" 🔒，如图5-49所示，作为
音乐节海报的背景。

图5-48                图5-49

04 使用"矩形工具" ▭在画板中绘制一个矩形，并设
置该矩形的"宽度"为
150mm，"高度"为210mm，
"填色"为浅灰色（R:245，
G:245，B:245），"描边"为
"无"，然后将其放置在画
板中心并进行"锁定" 🔒，
如图5-50所示，作为展示文
案的部分。

图5-50

05 使用"铅笔工具" ✐
在画板中绘制一条闭合路
径，大致形状如图5-51所
示，然后设置"填色"为红色
（R:212，G:100，B:102），"描
边"为"无"，作为音乐节海
报的"红色海藻"元素。

图5-51

06 使用"铅笔工具" ✐在步骤05创建的形状中绘制
一条开放路径，然后设置"描边"为浅红色（R:233，
G:215，B:213），"填色"为"无"，
作为"红色海藻"的叶脉纹路。接着在
控制栏中设置"配置文件"为"宽度配
置文件1"，如图5-52所示。在控制栏中
适当调整描边宽度，再将其放置在图5-53
所示的位置。最后将其与步骤05创建的
闭合路径进行编组，如图5-54所示。

图5-52

图5-53                图5-54

07 使用"铅笔工具" ✐在
画板中绘制一条闭合路径，
大致形状如图5-55所示，
然后设置"填色"为绿色
（R:71，G:179，B:112），
"描边"为"无"，作为音
乐节海报的"绿色海藻1"
元素。

图5-55

08 使用"铅笔工具" ✐ 在步骤07创建的形状中绘制一条开放路径，然后设置"描边"为浅红色（R:233，G:215，B:213），"填色"为"无"，作为"绿色海藻1"的叶脉纹路，接着在控制栏中设置"配置文件"为"宽度配置文件1"，再将其放置在图5-56所示的位置。最后将其与步骤07创建的闭合路径进行编组，如图5-57所示。

图5-56                              图5-57

09 使用"铅笔工具" ✐ 在画板中绘制一条闭合路径，大致形状如图5-58所示，然后设置"填色"为黄色（R:232，G:181，B:75），"描边"为"无"，作为音乐节海报的"黄色海藻1"元素。

10 使用"铅笔工具" ✐ 在画板中绘制一条闭合路径，大致形状如图5-59所示，然后设置"填色"为蓝紫色（R:89，G:114，B:165），"描边"为"无"，作为音乐节海报的"蓝色海藻"元素。

图5-58                              图5-59

11 使用"铅笔工具" ✐ 在画板中绘制一条闭合路径，大致形状如图5-60所示，然后设置"填色"为绿色（R:71，G:179，B:112），"描边"为"无"，作为音乐节海报的"绿色海藻2"元素。

12 使用"铅笔工具" ✐ 在画板中绘制一条闭合路径，大致形状如图5-61所示，然后设置"填色"为黄色

（R:232，G:181，B:75），"描边"为"无"，作为音乐节海报的"黄色海藻2"元素。

图5-60                              图5-61

13 使用"铅笔工具" ✐ 在画板中绘制一条闭合路径，大致形状如图5-62所示，然后设置"填色"为黑色，"描边"为"无"，作为音乐节海报的"音符"元素。

图5-62

14 分别对步骤05~步骤13创建的图形进行适当的变换，并将其放置在图5-63所示的位置。调整它们之间的堆叠顺序，如图5-64所示。

图5-63                              图5-64

15 复制出一份"绿色海藻2"元素，并将复制得到的图形进行适当的变换，然后将其放置在海报的顶部，如图5-65所示。

16 复制出一份"红色海藻"元素，并将复制得到的图形进行适当的变换，然后将其放置在海报的顶部，如图5-66所示。

图5-65　　　　　　　　　　图5-66

⑰ 分别复制出一份"黄色海藻1"和"黄色海藻2"元素，并将复制得到的图形进行适当的变换，然后将其分别放置在图5-67所示的位置。

⑱ 复制出多份"音符"元素，然后将其放置在合适的位置，如图5-68所示。

图5-67　　　　　　　　　　图5-68

⑲ 打开"素材文件>CH05>课堂案例：使用铅笔工具制作音乐节海报>海报文案.ai"，然后将该文档中的文字复制到当前文档中，并将其放置在画板的中心位置，如图5-69所示。

⑳ 适当地调整部分海藻的位置，使其不与文本发生重叠，最终效果如图5-70所示。

图5-69　　　　　　　　　　图5-70

## 5.2.5 斑点画笔工具

"斑点画笔工具" ✐ 有别于前面所介绍的那些绘制路径的工具，使用它只能够绘制出具有填色的闭合路径。"斑点画笔工具" ✐ 的用途也很多，有些设计师主要使用它来绘制路径，而有些设计师则主要使用它上色，这取决于不同设计师的使用习惯。在工具栏中选择"斑点画笔工具" ✐（快捷键为Shift + B），在想要绘制路径的位置拖动鼠标即可进行绘制，如图5-71所示。

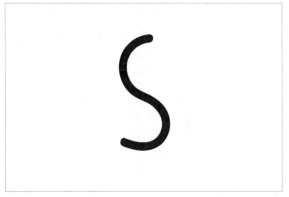

图5-71

为了精准地绘制路径，可以在工具栏中双击"斑点画笔工具" ✐，在弹出的"斑点画笔工具选项"对话框中设置相关参数后再进行绘制，如图5-72所示。与前面的工具的用法相同，都需要设置"保真度""大小""角度"等参数。此外，在工具栏中选择"斑点画笔工具" ✐ 后，其"大小"可通过快捷键进行修改：按]键可以增大"大小"值，按[键可以减小"大小"值。

图5-72

# 5.3 编辑路径

当我们已经能够创建一个完整的路径后，摆在我们眼前的问题就是怎样去编辑这些路径，因为我们绘制出的路径大多数时候是不符合我们的预期的，这时候我们便可以使用各种工具对路径进行调整，以便达到预期的效果。工具栏中的钢笔工具组和橡皮擦工具组都可以用于编辑路径，如图5-73所示。

图5-73

**本节重点内容**

| 重点内容 | 说明 | 重要程度 |
|---|---|---|
| 添加/删除锚点工具 | 添加或删除锚点 | 高 |
| 锚点工具 | 转换角点和平滑点 | 中 |
| 连接工具 | 连接路径 | 中 |
| 路径橡皮擦工具 | 擦除单条路径 | 中 |
| 橡皮擦工具 | 擦除图稿 | 高 |
| 剪刀工具 | 分割单条路径 | 高 |
| 美工刀 | 分割图稿 | 高 |

## 5.3.1 添加和删除锚点

📹 视频云课堂：48 添加和删除锚点

我们知道矢量图形是由路径构成的，而路径则是由锚点和曲线段（以下简称"线段"）组成的。调整锚点的位置能够影响路径的形态，从而影响矢量图形的形态。当路径上的锚点过多时，我们可以通过删除路径上的锚点达到简化路径的目的；但是，有时候我们也可能会在已经绘制好的路径上添加锚点，并对所添加的锚点进行适当的调整。

### 1.添加锚点 ·········

在工具栏中选择"添加锚点工具"📌（快捷键为+），在路径上的某一位置单击即可在路径上添加一个锚点，如图5-74所示。

添加前　　　　　　　　添加后

图5-74

> 📝 **技巧与提示**
> 将"钢笔工具"📌的鼠标指针放置在路径上，待鼠标指针变成📌时单击也可以在路径上添加锚点；选中对象路径，然后执行"对象>路径>添加锚点"菜单命令，可在该路径的每两个锚点之间添加一个锚点。

### 2.删除锚点 ·········

在工具栏中选择"删除锚点工具"📌（快捷键为−），然后单击想要删除的锚点即可将其删除，如图5-75所示。需要注意，这里删除的只是锚点本身，当删除某锚点后，与其相邻的两个锚点将会自动连接成一条线段，但是，如果选中锚点后按Delete键删除，则由该锚点连接的线段也会被删除。

删除前　　　　　　　　删除后

图5-75

> 📝 **技巧与提示**
> 将"钢笔工具"📌的鼠标指针放置在锚点上，待鼠标指针变成📌时单击也可以删除路径上的锚点；选中目标锚点，然后执行"对象>路径>移去锚点"菜单命令，也可将其删除。

## 5.3.2 转换锚点类型

锚点分为平滑点和角点两种类型，平滑点的两个控制柄在同一条直线上，连接的线段较为平滑，而角点没有控制柄或两条控制柄不在同一条直线上，连接的线段会具有棱角。另外，在绘制曲线路径的过程中，如果某一段是直线，那么其实这条直线的两个锚点就都是角点，但是这一种角点较为特殊，仅在绘制过程中才会产生这样的角点。

### .将角点转换为平滑点

在工具栏中选择"锚点工具" ↳ (快捷键为Shift + ),在目标角点上拖动,可将角点转换为平滑点,如图5-76所示。

| 转换前 | 转换后 |
|---|---|

图5-76

> **技巧与提示**
>
> 使用"钢笔工具" ✐ 时,按住Alt键可以临时调用"锚点工具" ↳。
>
> 选中角点后,在控制栏中单击"将所选锚点转换为平滑"按钮 ┌,也可以将其转换为平滑点。

### 2.将平滑点转换为角点

我们可以将平滑点转换为两种类型的角点,一种是没有控制柄的角点,另外一种则是两条控制柄不在一条直线上的角点。

#### ⊙ 转换为没有控制柄的角点

在工具栏中选择"锚点工具" ↳ (快捷键为Shift + C),在目标平滑点上单击,即可将平滑点转换为没有控制柄的角点,如图5-77所示。

| 转换前 | 转换后 |
|---|---|

图5-77

> **技巧与提示**
>
> 选中平滑点,在控制栏中单击"将所选锚点转换为尖角"按钮 ↖,也可以将其转换成没有控制柄的角点。

#### ⊙ 转换为两条控制柄不在一条直线上的角点

在工具栏中选择"锚点工具" ↳ (快捷键为Shift + C),然后拖动目标平滑点的其中一条控制柄,即可将平滑点转换为两条控制柄不在一条直线上的角点,如图5-78所示。

| 转换前 | 转换后 |
|---|---|

图5-78

## 5.3.3 简化与平滑路径

路径上的锚点数量较多,路径也会较为复杂,这时如果再使用"删除锚点工具" ✍ 或"钢笔工具" ✐ 简化路径显然不是一个明智的选择,可以通过"简化"命令来摆脱窘境。当然,如果觉得该操作依旧过于烦琐,我们也可以直接通过"平滑工具" ✐ 平滑处理路径,该操作和"简化"命令有着异曲同工之妙。

### 1.简化路径

"简化"命令能够删除路径中不必要的锚点,并且能够很好地保留路径形状。选中目标路径,执行"对象>路径>简化"菜单命令,此时会弹出一个路径简化控件,并默认自动简化了路径,如图5-79所示。另外,拖动路径简化控件中的滑块,可以调节简化后路径的锚点数量;单击"更多选项"按钮 ⋯,在弹出的"简化"对话框中可以更精准地简化路径,如图5-80所示。

自动简化

最少锚点数　　最大锚点数　更多选项　　简化前　简化后

图5-79

图5-80

**重要参数介绍**

◇ **简化曲线**：控制锚点的数量。向右拖动滑块将会增加锚点的数量，这时路径更接近于原始路径；向左拖动滑块将减少锚点的数量，这时路径与原始路径差别较大。

◇ **角点角度阈值**：控制路径中角点的平滑度，向右拖动滑块将会使路径变得锐利，向左拖动滑块将会使路径变得平滑。

◇ **自动简化**：在保留路径形状的前提下尽可能减少的路径中的锚点。在"自动简化"按钮（自动简化）的左方还能够看到原始路径与简化后路径中锚点的数量。

◇ **转换为直线**：可以控制是否将原始路径变成由直线组成的路径。

◇ **显示原始路径**：可以控制是否在简化路径的过程中显示原始路径（红色的路径）。

◇ **保留我的最新设置并直接打开此对话框**：勾选后在执行"简化"命令时将不再显示路径简化控件，而是直接打开"简化"对话框，并且保留当前简化路径的设置。

## 2.平滑路径

选中目标路径，在工具栏中选择"平滑工具" ✐，在路径上拖动鼠标可对该路径进行平滑处理，如图5-81所示。这种操作往往需要重复多次才能达到我们预期的效果。另外，使用"画笔工具" ✐时按住Alt键可以临时调用"平滑工具" ✐。

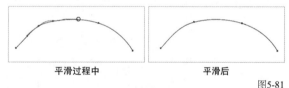

平滑过程中　　　　　　　平滑后

图5-81

### ■ 知识点：清理路径

清理路径能够清除图稿中的游离点、未上色对象和空文本路径，执行"对象>路径>清理"菜单命令，在弹出的"清理"对话框中选择想要清除的对象即可，如图5-82所示。该功能常用于图稿绘制完成后清理一些干扰对象。

图5-82

## 5.3.4 连接路径

▣ 视频云课堂：49 连接路径

在绘制路径的过程中，我们可能绘制了一些开放路径，但是随着工作的展开，就会想将这些开放路径连接

起来，目的是上色时更加方便。连接路径有3种方式，其中使用"连接工具" ✐连接路径会比较智能，因为它能够根据当前路径的走向进行计算，然后进行较为准确的连接。

## 1.使用"连接工具"

在工具栏中选择"连接工具" ✐后，将鼠标从开放路径一个端点处的锚点上拖动到另一个端点处的锚点上，松开鼠标左键即可完成连接，如图5-83所示。

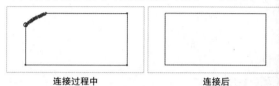

连接过程中　　　　　　　连接后

图5-83

## 2.使用"钢笔工具"

在工具栏中选择"钢笔工具" ✐（快捷键为P），然后单击目标路径的一个端点，接着将鼠标指针放置在这条路径的另一个端点或其他路径的端点上，待鼠标指针变成 ✐.或 ✐.时单击即可，如图5-84所示。在此过程中，可以使用"钢笔工具" ✐绘制新路径后再进行连接。

连接过程中　　　　　　　连接后

图5-84

## 3.执行菜单命令

选中想要连接的路径或两个端点，执行"对象>路径>连接"菜单命令（快捷键为Ctrl+J）即可连接路径，如图5-85所示。当选中路径进行连接时，如果只选择一条路径，那么该命令会将这条路径变成闭合路径；如果选择了多条路径，那么该命令会连接路径与路径较近一端的锚点。

连接前　　　　　　　连接后

图5-85

## 5.3.5 擦除与分割路径

▣ 视频云课堂：50 擦除与分割路径

有时我们绘制的某一段路径可能不符合预期，且对其调整耗时费力，这时便可以擦除这一段不理想的路径，

而擦除路径主要使用"路径橡皮擦工具" ✐和"橡皮擦工具" ◈。它们的作用相似，区别在于"路径橡皮擦工具" ✐的作用范围局限于某一条路径，而"橡皮擦工具" ◈的作用范围可以是图稿所在的区域。

另外，有时我们还会遇到这样一种情况，即可能并不想擦除路径，而只是想将路径分割开。这时可以使用"剪刀工具" ✂或"美工刀" ✐对路径进行分割。它们的作用相似，区别在于"剪刀工具" ✂能够分割任意一条路径，而"美工刀" ✐只能够对闭合路径进行分割。

## 1.擦除路径

擦除路径可用"路径橡皮擦工具" ✐和"橡皮擦工具" ◈这两种工具来实现。

### ⊙ 路径橡皮擦工具

选中目标路径，在工具栏中选择"路径橡皮擦工具" ✐，沿想要删除的某一段路径拖动鼠标，即可将该段路径擦除，如图5-86所示。

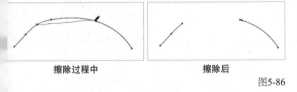

擦除过程中　　　　擦除后

图5-86

### ⊙ 橡皮擦工具

在工具栏中选择"橡皮擦工具" ◈（快捷键为Shift+E），在想要擦除的区域拖动鼠标即可，如图5-87所示。在此过程中，按住Shift键拖动鼠标可以将擦除的角度限制为45°的倍数；按住Alt键拖动鼠标可以擦除拖动鼠标所框选的区域；如果想将选框限制为正方形，那么可以按住Shift + Alt键拖动鼠标。

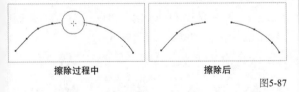

擦除过程中　　　　擦除后

图5-87

为了更精准地擦除路径，可在工具栏中双击"橡皮擦工具" ◈，在弹出的"橡皮擦工具选项"对话框中设置"角度""圆度"和"大小"等选项，如图5-88所示，如果读者有数位板，那么还可以对这些选项进行更进一步的设置。

图5-88

## 2.分割路径

分割路径可用"剪刀工具" ✂和"美工刀" ✐这两种工具来实现。

### ⊙ 剪刀工具

在工具栏中选择"剪刀工具" ✂（快捷键为C），在目标路径上单击，即可将该路径进行分割，分割完成后，在分割处会创建两个重合的锚点，如图5-89所示。

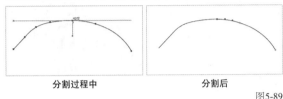

分割过程中　　　　分割后

图5-89

### ⊙ 美工刀

在工具栏中选择"美工刀" ✐，在闭合的目标路径上拖动鼠标即可完成分割，如图5-90所示。在此过程中，按住Alt键拖动鼠标可以直线来分割路径；按住Shift + Alt键拖动鼠标可将直线的角度限制为45°的倍数。

分割过程中　　　　分割后

图5-90

🖳 课堂案例

## 通过编辑路径绘制球鞋

| 素材位置 | 素材文件>CH05>课堂案例：通过编辑路径绘制球鞋 |
|---|---|
| 实例位置 | 实例文件>CH05>课堂案例：通过编辑路径绘制球鞋 |
| 教学视频 | 课堂案例：通过编辑路径绘制球鞋.mp4 |
| 学习目标 | 熟练掌握路径工具的用法、静物的绘制方法 |

本例的最终效果如图5-91所示。

图5-91

01 新建一个500px×500px的画板，然后置入"素材文件>CH05>课堂案例：通过编辑路径绘制球鞋>鞋子.png"。接着在"图层"面板中双击"图层1"，在弹出的"图层选项"对话框中勾选"锁定"和"变暗图像至"选项，并设置"变暗图像至"为50%，单击"确定"按钮，参数及效果如图5-92所示。

图5-92

02 在"图层"面板中新建一个图层，然后使用"铅笔工具" 沿鞋子的外轮廓绘制路径，接着使用"平滑工具" 对绘制的路径进行平滑处理，效果如图5-93所示。

图5-93

03 使用"美工刀" 沿鞋底的边缘线的路径进行分割，使其分割为鞋身和鞋底两部分，然后设置鞋身的"填色"为深灰色（R:53，G:53，B:53），鞋底的"填色"为浅灰色（R:234，G:234，B:234），如图5-94所示。

04 隐藏鞋身和鞋底，然后使用"铅笔工具" 沿鞋舌边缘线绘制路径，完成鞋舌的绘制，接着设置"填色"为深灰色（R:53，G:53，B:53），如图5-95所示。

图5-94　　图5-95

05 选中步骤04创建的路径并设置"绘图模式"为"内部绘图" ，然后使用"铅笔工具" 沿鞋舌的上端绘制一条闭合路径，设置"填色"为黑灰色（R:35，

G:35，B:35），如图5-96所示。使用"铅笔工具" ，再次沿鞋舌的上端绘制一条开放路径，然后在"描边"面板中勾选"虚线"选项，并设置"虚线"和"间隙"均为2pt，最后设置"描边"为白色，完成鞋舌细节的绘制，如图5-97所示。

图5-96

图5-97

06 隐藏鞋舌，然后使用"椭圆工具" 在画板中绘制一个圆，并设置"宽度"和"高度"均为10px，"填色"为"无"，"描边"为暗灰色（R:76，G:76，B:76），"描边粗细"为2pt，作为球鞋的鞋带孔，并根据实物图的鞋带孔数量将其复制出多份，接着分别对这些圆进行适当的变换，使鞋带孔的形状更加自然，最后将这些椭圆放置到合适的位置并进行编组，如图5-98所示。

图5-98

**07** 隐藏鞋带孔，然后使用"铅笔工具" ✏️ 沿鞋带边缘依次绘制路径，再设置"填色"为浅灰色（R:234，G:234，B:234），"描边"为"无"，最后对这些路径进行编组，完成鞋带的绘制，如图5-99所示。

图5-99

**08** 隐藏鞋带，然后使用"铅笔工具" ✏️ 沿鞋头绘制一条闭合路径，设置"填色"为黑灰色（R:35，G:35，B:35）。再次使用"铅笔工具" ✏️ 绘制一条路径，在"描边"面板中勾选"虚线"选项，并设置"虚线"和"间隙"都为2pt，同时设置路径的"描边"为白色，最后将其复制出一份并放置在适当的位置，完成鞋头的绘制，如图5-100所示。

图5-100

📝 **技巧与提示**

这几条路径不用绘制得很精细，将鞋头区域覆盖完整即可。

**09** 完善球鞋的细节部分。使用和上面相同的方法绘制鞋身细节，沿鞋身轮廓线依次绘制路径，并分别对它们进行编组，然后适当调整这些路径的堆叠顺序，最后选中这些路径编组再次进行编组，如图5-101所示。

图5-101

图5-101（续）

**10** 显示出鞋身并复制，使用快捷键Ctrl + F将其原位粘贴在鞋身细节所在图层的上一层，接着选中它们并执行"对象>剪切蒙版>建立"菜单命令创建剪切蒙版，如图5-102所示。

图5-102

**11** 显示出所有的路径，并适当调整它们之间的堆叠顺序，如图5-103所示。

图5-103

103

⑫ 使用"铅笔工具" ✐沿鞋后帮轮廓线绘制路径，设置"填色"为深灰色（R:96，G:96，B:96），最后将其所在图层置于底层，如图5-104所示。

图5-104

⑬ 选中所有的路径并将其隐藏，然后使用"铅笔工具" ✐沿鞋底的轮廓线依次绘制路径，最后选中这些路径并编组，完成鞋底细节的绘制，如图5-105所示。

R:0 G:0 B:0

R:179 G:74 B:88　　R:255 G:255 B:255

图5-105

⑭ 显示出鞋底并复制，使用快捷键Ctrl + F将其原位粘贴在鞋底细节所在图层的上一层，接着选中它们并执行"对象>剪切蒙版>建立"菜单命令创建剪切蒙版，如图5-106所示。

图5-106

⑮ 显示出所有的路径并隐藏"图层1"，然后使用"矩形工具" ▢绘制一个矩形，并设置"宽度"为500px，"高度"为500px，"填色"为黄色（R:255，G:239，B:41），"描边"为"无"，将其放置在底层，同时与画板对齐，作为本例的背景。使用"椭圆工具" ⬭绘制一个黑色的椭圆，进行适当的变换后将其所在图层置于黄色矩形所在图层的上层，并放置在整个球鞋的下层，作为球鞋的投影，完成案例的制作，最终效果如图5-107所示。

图5-107

💬 课堂练习

## 绘制卡通头像

| 素材位置 | 素材文件>CH05>课堂练习：绘制卡通头像 |
|---|---|
| 实例位置 | 实例文件>CH05>课堂练习：绘制卡通头像 |
| 教学视频 | 课堂练习：绘制卡通头像.mp4 |
| 学习目标 | 熟练掌握编辑路径的方法、头像的绘制思路 |

本例的最终效果如图5-108所示。

图5-108

① 新建一个尺寸为500px×500px的画板，然后执行"文件>置入"菜单命令，置入素材"素材文件>CH05>课堂练习：绘制卡通头像>人像.jpg"，接着在"变换"面板中设置"宽度"为500px，最后将其锁定🔒，如图5-109所示。

图5-109

**02** 使用"铅笔工具" ✐ 沿人物的头部轮廓绘制一条闭合路径，大致形状如图5-110所示，然后设置"填色"为黄色（R:254，G:200，B:156），"描边"为"无"。

**03** 隐藏步骤02中的路径，使用"铅笔工具" ✐ 沿发际线绘制一条闭合路径，大致形状如图5-111所示，然后设置"填色"为深蓝色（R:51，G:88，B:159），"描边"为"无"。

图5-110　　　　　　　　　图5-111

**04** 显示出步骤02中的路径并复制出一份，同时将复制得到的路径放置在步骤03绘制的路径的上层，然后选中所有的图形并执行"对象>剪切蒙版>建立"菜单命令创建剪切蒙版，完成头部的绘制，如图5-112所示。

图5-112

**05** 隐藏步骤04所绘路径，然后使用"铅笔工具" ✐ 沿眉毛的轮廓绘制两条闭合路径，大致形状如图5-113所示，接着设置"填色"为深灰色（R:30，G:30，B:30），"描边"为"无"。

**06** 使用"椭圆工具" ◯ 绘制一个椭圆，并设置"宽度"为30px，"高度"为15px，"填色"为浅灰色（R:239，G:239，B:239），"描边"为"无"，如图5-114所示。

图5-113　　　　　　　　　图5-114

**07** 使用"直接选择工具" ▷ 选中步骤06中的椭圆，单击左右两侧的锚点，接着在控制栏中单击"将所选锚点转换为尖角"按钮 ⌐ 将它们转换为角点，在控制栏中设置"圆角半径"为1px，如图5-115所示。

图5-115

**08** 使用"椭圆工具" ◯ 在步骤07创建的图形中绘制一个圆，并设置"宽度"和"高度"均为12px，"填色"为深灰色（R:13，G:41，B:50），"描边"为"无"，如图5-116所示。

**09** 使用"椭圆工具" ◯ 在步骤08创建的图形中绘制一个圆，并设置"宽度"和"高度"均为8px，"填色"为暗灰色（R:76，G:76，B:76），"描边"为"无"，如图5-117所示。

图5-116　　　　　　　　　图5-117

**10** 使用"椭圆工具" ◯ 在步骤09创建的图形中绘制一个圆，并设置"宽度"和"高度"均为4px，"填色"为浅灰色（R:226，G:226，B:226），"描边"为"无"，完成眼睛的绘制，如图5-118所示。

图5-118

**11** 选中组成眼睛的所有组件并进行编组，然后将该编组复制出一份并放置在另一只眼睛的位置，如图5-119所示。

图5-119

⑫ 使用"铅笔工具" ✐ 沿鼻子的轮廓绘制两条闭合路径，然后设置"填色"为深灰色（R:30，G:30，B:30），"描边"为"无"，如图5-120所示。

⑬ 使用"铅笔工具" ✐ 沿鼻子轮廓绘制一条闭合路径，然后设置"填色"为暗黄色（R:221，G:174，B:140），"描边"为"无"，如图5-121所示。

图5-120　　　　　　　　　　图5-121

⑭ 使用"铅笔工具" ✐ 绘制两条闭合路径，大致形状如图5-122所示，并设置"填色"为深灰色（R:30，G:30，B:30），"描边"为"无"，完成鼻子的绘制。

⑮ 使用"铅笔工具" ✐ 沿嘴巴轮廓绘制一条闭合路径，然后设置"填色"为暗黄色（R:221，G:174，B:140），"描边"为"无"，如图5-123所示。

图5-122　　　　　　　　　　图5-123

⑯ 使用"铅笔工具" ✐ 在步骤15绘制的图形中绘制一条闭合路径，并设置"填色"为深灰色（R:30，G:30，B:30），"描边"为"无"，如图5-124所示。

图5-124

⑰ 使用"铅笔工具" ✐ 沿人物左耳轮廓绘制两条闭合路径，然后设置"填色"为暗黄色（R:221，G:174，B:140），"描边"为"无"，如图5-125所示。

⑱ 使用"铅笔工具" ✐ 沿人物右耳轮廓绘制两条闭合路径，然后设置"填色"为暗黄色（R:221，G:174，B:140），"描边"为"无"，如图5-126所示。

图5-125　　　　　　　　　　图5-126

⑲ 显示所有被隐藏的路径，同时选中画板上的所有路径并进行编组，如图5-127所示。

图5-127

⑳ 使用"椭圆工具" ⬭ 在"头部"之下绘制一个椭圆，并设置"宽度"为150px，"高度"为110px，"填色"为浅灰色（R:242，G:242，B:242），"描边"为"无"，如图5-128所示。

图5-128

㉑ 使用"椭圆工具" ⬭ 绘制一个圆，并设置"宽度"和"高度"均为68px，"填色"为浅紫色（R:182，G:171，B:244），"描边"为"无"，复制后使用快捷键Ctrl＋F将其原位粘贴，在"变换"面板中设置"宽度"为48px，如图5-129所示。

图5-129

㉒ 选中步骤20和步骤21创建的图形，然后使用"Shaper工具" ✎ 将它们切除，完成胸部的绘制，效果如图5-130所示。

㉓ 使用"矩形工具" ▢ 在头部和胸部之间绘制一个矩形，并设置"宽度"为42px，"高度"为44px，"填色"为暗黄色（R:240，G:191，B:151），"描边"为"无"。调整该矩形的堆叠顺序，将其置于头部的下一层，完成脖子的绘制，如图5-131所示。

图5-130

图5-131

㉔ 使用"椭圆工具" ◯ 在画板中绘制一个圆，并设置"宽度"和"高度"均为310px，去除填色和描边，如图5-132所示。

图5-132

㉕ 选中所有的路径并执行"对象>剪切蒙版>建立"菜单命令创建剪切蒙版，如图5-133所示。

图5-133

㉖ 按快捷键Ctrl+C复制图形，按快捷键Ctrl+V贴在后面，设置"填色"为红色（R:218，G:56，B:63），效果如图5-134所示。

图5-134

㉗ 隐藏置入的素材图像，然后使用"矩形工具" ▢ 在画板中绘制一个矩形，并设置"宽度"为500px，"高度"为500px，"填色"为深蓝色（R:51，G:88，B:159），

"描边"为"无"，最后将其放置在"剪切组"的下层，最后将"剪切组"相对于画板居中对齐，如图5-135所示。

㉘ 双击"剪切组"进入隔离模式，将头部进行适当的旋转，完成卡通头像的绘制，最终效果如图5-136所示。

图5-135

图5-136

技巧与提示

在做完本例的图形后，读者也可以按照同样的方法为自己绘制一个自画像。

# 5.4 合并路径

合并路径的方法主要有两种：一种是通过"形状生成器工具" ◔ 进行合并，这种方式的操作比较高效，但是该操作是不可逆的，即路径合并后便不可释放；另一种是使用"路径查找器"面板进行合并，这种方式相较于使用"形状生成器工具" ◔ 合并更加灵活，因为它的实现方法更加多样，而且还能够完成"形状生成器工具" ◔ 完成不了的一些合并操作。

**本节重点内容**

| 重点内容 | 说明 | 重要程度 |
|---|---|---|
| 形状生成器工具 | 合并路径 | 高 |
| "路径查找器"面板 | 合并路径 | 高 |

## 5.4.1 形状生成器工具

▣ 视频云课堂: 51 形状生成器工具

"形状生成器工具" ◔ 可以便捷地对多条路径进行合并，它的用途非常广泛。对于UI设计师来说，他们可能会使用"形状生成器工具" ◔ 来绘制图标；对于字体设计师来说，他们可能会使用"形状生成器工具" ◔ 来修饰设计好的字体，使其具有个性；对于插画师来说，他们可能会使用"形状生成器工具" ◔ 配合"斑点画笔工具" ✎ 进行上色，可以说"形状生成器工具" ◔ 是大多数设计师都喜欢使用的工具。

选中目标路径，在工具栏中选择"形状生成器工具"（快捷键为Shift＋M），这时直接在路径之间拖动鼠标或按住Shift键框选，可以将指定区域合并，如图5-137所示；如果按住Alt键在路径之间拖动鼠标或按住Shift＋Alt键框选，则可以将指定区域切除，如图5-138所示。

合并过程中

合并后

图5-137

切除过程中

切除后

图5-138

在工具栏中双击"形状生成器工具"，可在弹出的"形状生成器工具选项"对话框中设置形状生成器工具的相关参数，如图5-139所示。

图5-139

**重要参数介绍**

◇ **间隙检测**：控制是否检测间隙并允许进行合并。

◇ **拾色来源**：控制合并后路径的颜色。

» **颜色色板**：合并后路径的填充颜色可以在色板中指定，而描边颜色与开始拖动鼠标时所在路径的描边颜色保持一致。

» **图稿**：合并后路径的填色和描边与开始拖动鼠标

时所在路径的填色和描边一致。

◇ **高光**：控制使用"形状生成器工具"合并路径时选中的区域的显示效果。

### 知识点：通过"斑点画笔工具"合并路径

使用"斑点画笔工具"也可以对路径进行合并。因此可以结合"斑点画笔工具"和"形状生成器工具"进行上色。但值得注意的是，"斑点画笔工具"只能合并填色与当前描边颜色相同且不具有描边的路径，如图5-140所示。

图5-140

进行合并操作时，只需在工具栏中选择"斑点画笔工具"，然后设置当前描边颜色与目标路径的填色一致，在绘制时就能将绘制出的路径与目标路径合并。另外，在一些特殊情况下，为了避免在操作过程中与其他路径产生干扰，可以在"斑点画笔工具选项"对话框中勾选"保持选定"和"仅与选区合并"选项，以限定只有选中的路径才会与绘制的路径进行合并。

### 课堂案例

## 使用"形状生成器工具"绘制滑板车

| | |
|---|---|
| 素材位置 | 无 |
| 实例位置 | 实例文件>CH05>课堂案例：使用"形状生成器工具"绘制滑板车 |
| 教学视频 | 课堂案例：使用"形状生成器工具"绘制滑板车.mp4 |
| 学习目标 | 掌握"形状生成器工具"的用法 |

本例的最终效果如图5-141所示。

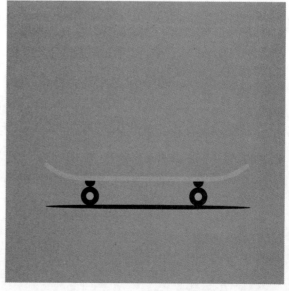

图5-141

01 新建一个尺寸为800px×600px的画板，然后使用"矩形工具" ▣ 在画板中绘制一个矩形，并设置"宽度"为800px，"高度"为600px，"填色"为蓝色（R:61，G:214，B:234），"描边"为"无"，最后将其与画板对齐，如图5-142所示。

02 使用"椭圆工具" ◯ 在画板中绘制一个圆，并设置"宽度"和"高度"均为240px，"填色"为"无"，"描边"为黑色，复制后使用快捷键Ctrl+F将其原位粘贴，调整其"宽度"和"高度"均为220px，如图5-143所示。

图5-142　　　　　　　　　　图5-143

03 将步骤02创建的图形编组后复制出一份，并适当地调整图形的位置，使其与步骤02创建的图形相切，如图5-144所示。

04 使用"钢笔工具" ✐ 分别在步骤04创建的图形中沿大圆的下边缘和小圆的下边缘绘制一条直线，该直线均与圆相切，如图5-145所示。

图5-144　　　　　　　　　　图5-145

05 使用"钢笔工具" ✐ 绘制一条水平直线路径，并将其放置在合适的位置，如图5-146所示。

06 选中绘制好的图形，使用"形状生成器工具" ◔ 将不需要的部分切除，再将需要的部分合并，效果如图5-147所示。

07 选中步骤06创建的图形，使用"直接选择工具" ▷ 选中两端的锚点，在控制栏中设置"圆角半径"为5pt，"填色"为黄色（R:242，G:200，B:65），"描边"为"无"，完成板身的绘制，如图5-148所示。

图5-146　　　　　　　　　　图5-148

08 使用"椭圆工具" ◯ 绘制一个圆，并设置"宽度"和"高度"均为20px，"填色"为黑色（R:0，G:0，B:0），"描边"为"无"，并将其放置在板身的下方，如图5-149所示。

图5-149

09 使用"椭圆工具" ◯ 绘制一个圆，并设置"宽度"和"高度"均为35px，"填色"为黑色，"描边"为"无"，复制后使用快捷键Ctrl+F将其原位粘贴，接着设置其"宽度"和"高度"均为15px，"填色"为黄色（R:242，G:200，B:65），最后将这些圆编组，完成轮子的绘制，如图5-150所示。

图5-150

10 将轮子编组复制出一份并放置在合适的位置，完成滑板车的绘制，如图5-151所示。

11 使用"椭圆工具" ◯ 绘制一个椭圆，并设置"宽度"为395px，"高度"为8px，"填色"为黑色，"描边"为"无"，然后将其放置在滑板车的底部并进行适当的变换，作为滑板车的投影，完成案例的绘制，最终效果如图5-152所示。

图5-151　　　　　　　　　　图5-152

## 5.4.2 "路径查找器"面板

⊡ 视频云课堂：52 "路径查找器"面板

使用"路径查找器"面板可以通过对路径进行运算，从而将路径合并。执行"窗口>路径查找器"菜单命令（快捷键为Shift + Ctrl + F9）可以显示或隐藏"路径查找器"面板。"路径查找器"面板如图5-153所示。其中"形状模式"选项组包括"联集""减去顶层""交集""差集"4种运算方式，主要用于创建复合形状；"路径查找器"选项组包括"分割""修边""合并""裁剪""轮廓""减去后方对象"6种运算方式，可用于其他操作。

图5-153

### 1.创建复合形状

选中要创建为复合形状的路径，按住Alt键并在"路径查找器"面板中单击"形状模式"选项组中相应的运算方式即可完成创建。

"联集" 可对所有路径进行合并，如图5-154所示；"减去顶层" 可以从下层路径中减去上层路径，如图5-155所示；"交集" 可删除非重叠区域的路径，如图5-156所示；"差集" 可删除重叠区域的路径，如图5-157所示。

图5-154

图5-155

图5-156

图5-157

释放复合形状可将原有的图形还原。选中要释放的复合形状，在"路径查找器"面板菜单中执行"释放复合形状"命令即可完成释放，如图5-158所示。

图5-158

扩展复合形状可将复合形状转化为一个与当前外观一致的图形。选中要扩展的复合形状，在"路径查找器"面板中单击"扩展"按钮 扩展 或在"路径查找器"面板菜单中执行"扩展复合形状"命令即可完成扩展，如图5-159所示。

图5-159

### ▋ 知识点：复合路径

建立复合路径也可以对路径进行合并，但是复合路径与复合形状有着本质的区别，建立复合路径仅删除最下层中重叠区域路径的填色，如图5-160所示。如果要创建复合路径，只需选中目标路径，执行"对象>复合路径>建立"菜单命令（快捷键为Ctrl + 8）即可；当创建了复合路径之后，如果想释放复合路径，只需执行"对象>复合路径>释放"菜单命令（快捷键为Alt + Shift + Ctrl + 8）即可。

创建前　　　　　　　　　　创建后

图5-160

## 2.应用路径查找器效果

选中想要应用路径查找器效果的路径，在"路径查找器"面板中单击"路径查找器"选项组中相应的运算方式即可对路径应用路径查找器效果。

### ⊙ 分割

"分割" ▣ 用于对路径进行分割，如图5-161所示。

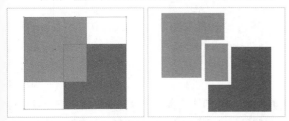

图5-161

### ⊙ 修边

"修边" ▣ 用于删除被遮挡住的部分路径和所有描边，如图5-162所示。

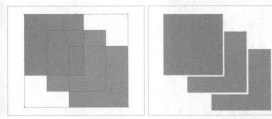

图5-162

### ⊙ 合并

"合并" ▣ 用于删除被遮挡住的部分路径和所有描边并合并填色相同的路径，如图5-163所示。

图5-163

### ⊙ 裁剪

"裁剪" ▣ 用于对路径进行分割，同时删除除最上

层路径之外的所有路径和所有描边，同时保留重叠区域的底层路径的填色，如图5-164所示。

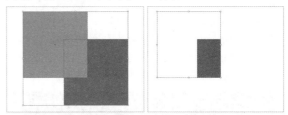

图5-164

### ⊙ 轮廓

"轮廓" ▣ 用于对路径进行分割并删除填色或描边，如图5-165所示。

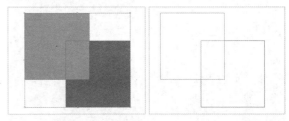

图5-165

### ⊙ 减去后方对象

"减去后方对象" ▣ 用于从上层路径中减去下层路径，如图5-166所示。

图5-166

## 3.设置路径查找器选项

在"路径查找器"面板菜单中执行"路径查找器选项"命令，在弹出的"路径查找器选项"对话框中可对路径查找器选项进行设置，如图5-167所示。

图5-167

### 重要参数介绍

◇ **精度**：控制应用路径查找器效果时的计算精度。

◇ **删除冗余点**：在应用路径查找器效果时删除一些不必要的锚点。

◇ **分割和轮廓将删除未上色图稿**：在应用"分割" ▣ 和"轮廓" ▣ 时会删除未填色的路径。

📖 课堂案例

# 使用"路径查找器"面板制作广告灯箱标志

素材位置　素材文件>CH05>课堂案例：使用"路径查找器"面板制作广告灯箱标志
实例位置　实例文件>CH05>课堂案例：使用"路径查找器"面板制作广告灯箱标志
教学视频　课堂案例：使用"路径查找器"面板制作广告灯箱标志.mp4
学习目标　掌握"路径查找器"面板的用法

　　本例的最终效果如图5-168所示。

图5-168

01 新建一个尺寸为1000px×1000px的画板，然后使用"椭圆工具"◯在画板中分别绘制"直径"为160px和80px的两个同心圆，使用"选择工具"▶将其选中，进行水平居中对齐♣和垂直居中对齐♣，并进行编组，如图5-169所示。

图5-169

02 按住Alt键拖动复制出步骤01创建的图形，放置在合适的位置，然后选中这两个编组并进行水平居中对齐♣，如图5-170所示。

03 使用快捷键Ctrl＋Y进入轮廓预览模式，然后选择"矩形工具"▢，按住Shift＋Alt键分别从两个圆环的中心点向外绘制两个"宽度"和"高度"均为160px的正方形，如图5-171所示。

图5-170　　　　　　　　　　　图5-171

04 使用"钢笔工具"✒沿两个圆环的内圈的上下边缘绘制两条水平直线路径，再次沿两个圆环的内圈的左右边缘绘制两条垂直直线路径，如图5-172所示。

图5-172

05 使用"钢笔工具"✒分别从矩形的4个对角出发绘制直线路径，然后选中绘制好的路径进行编组，使用快捷键Ctrl＋Y退出轮廓预览模式，如图5-173所示。

图5-173

06 将步骤05创建的路径编组复制出4份，然后选中所有的路径编组并调整它们之间的间距，接着执行"视图>参考线>建立参考线"菜单命令将这些路径转换为参考线，如图5-174所示。

图5-174

07 使用"钢笔工具" ✎沿参考线依次绘制"FIBER"字样的路径，如图5-175所示。

图5-175

08 使用"钢笔工具" ✎在"B"和"R"字样的路径上绘制3个矩形，如图5-176所示。

图5-176

09 执行"窗口>路径查找器"菜单命令，打开"路径查找器"面板，分别选中"B"和"R"字样的路径和上方的矩形，应用"减去顶层" 🔲来创建复合形状，然后隐藏参考线，如图5-177所示。

图5-177

10 适当调整各个字符之间的距离，然后将这些字符进行"锁定" 🔒，接着使用"钢笔工具" ✎绘制一个三角形将字母"B"的切口补齐，如图5-178所示。

图5-178

11 使用快捷键Ctrl + Y进入轮廓预览模式，然后将步骤08绘制的三角形复制出多份，并放置在图5-179所示的位置。

图5-179

12 使用快捷键Ctrl + Y退出轮廓预览模式，选中全部图形并在"路径查找器"面板应用"修边" 🔲，然后使用"直接选择工具" ▷选中多余的部分并删除，最后再次选中这些图形，效果如图5-180所示。

图5-180

13 执行"文件>置入"菜单命令，置入素材"素材文件>CH05>课堂案例：使用"路径查找器"面板制作广告灯箱标志>背景.png"图片，然后将背景与画板对齐并放置在底层，进行"锁定" 🔒，如图5-181所示。

图5-181

14 选中"FIBER"字样并设置"填色"为白色，然后使用"矩形工具" 🔲在"F"字样上绘制一个矩形，并设置"宽度"为200px，"高度"为280px，"填色"为紫色（R:175，G:77，B:232），"描边"为"无"，同时适当地调整该矩形的位置和堆叠顺序，如图5-182所示。

15 选中这些图形并进行适当的缩放，然后双击图形进入隔离模式，调整字符之间的距离，完成案例的制作，最终效果如图5-183所示。

图5-182                    图5-183

## 5.5 图像描摹

"图像描摹"能够识别位图的主体边缘并将其转化为Illustrator可以编辑的矢量路径，即将位图转化为矢量图。该命令常常被应用于插画绘制的工作中。插画师一般先会在纸上绘制好线稿，然后通过拍照或扫描的方式将线稿导入Illustrator中，接着通过"图像描摹"将线稿转化为矢量路径，最后只需要适当地编辑这些路径并上色即可完成插画绘制。

**本节重点内容**

| 重点内容 | 说明 | 重要程度 |
| --- | --- | --- |
| 图像描摹 | 描摹位图轮廓 | 高 |

# 5.5.1 编辑原稿

"图像描摹"的作用原理是识别位图的主体边缘并将其转化为路径，为了更快、更准确地描摹出主体轮廓，在描摹位图前一般还需要在Photoshop等图像处理软件中加强位图的对比度，从而提高图像描摹的精确度。

将图像置入Illustrator后，选中链接图像并在控制栏中单击"在Photoshop中编辑"按钮 在 Photoshop 中编辑 或执行"编辑＞在Photoshop中编辑"菜单命令，即可进入Photoshop编辑该图像，如图5-184所示。

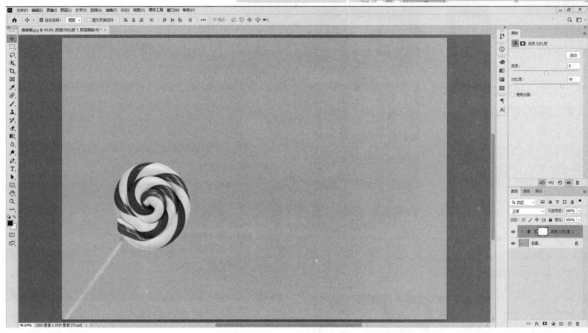

图5-184

**知识点：剪裁置入的图像**

将图像置入Illustrator后，通常会对图像进行剪裁，这里主要有两种方式。第1种方式是在置入图像后，单击控制栏中的"裁剪图像"按钮 裁剪图像 或执行"对象＞裁剪图像"菜单命令进行裁剪，然后在控制栏中单击"应用" 应用 按钮或按Enter键确认，如图5-185所示。

第2种方式是在置入图像后，单击控制栏中的"蒙版"按钮 蒙版 ，这时系统会自动创建一个与图像大小相同的剪切蒙版，调小蒙版即会遮住置入图像的外围部分，如图5-186所示。在实际的应用中常常会使用这一种方式。

调整前　　　　　　调整后　　　　　　调整前　　　　　　调整后

图5-185　　　　　　　　　　　　　　　　图5-186

## 5.5.2 描摹图像

视频云课堂：53 描摹图像

使用Illustrator将位图转化为矢量图，对于不需要追求细节的场景，我们可能只需要绘制出图像的主体轮廓，这时候通过图像描摹来操作就相对比较简单，例如描摹一辆车，由于汽车的轮廓能够被轻易地识别，因此只需加大汽车轮廓的对比度描摹出汽车轮廓即可，大可不必将所有细节都描摹成路径；对于需要追求细节的应用场景，我们需要保证描摹到更多的路径，这时候描摹的难度会有所增加，但是我们也不必担心，只需要掌握图像描摹的各项参数，便能轻而易举地描摹出各种图像的路径。

> 📝 技巧与提示
>
> 使用"图像描摹"来绘制图像的轮廓占用计算机内存较多，因此我们只需要保证能够描摹出想要的路径即可，不必过分追求细节。

### 1. "图像描摹"面板

选中置入的图像，在控制栏中单击"图像描摹"按钮 图像描摹 开始进行图像描摹，然后单击"图像描摹面板"按钮，在弹出的"图像描摹"面板中进行参数的设置，如图5-187所示，这时已经描摹成功。

图5-187

#### 重要参数介绍

◇ **预设**：指定描摹预设对图像进行描摹。

◇ **视图**：指定查看描摹结果的方式。

◇ **模式**：指定进行图像描摹时的颜色模式，如图5-188所示。

彩色　　　　　灰度　　　　　黑白

图5-188

» **彩色**：描摹结果将显示为彩色图像，这时可以在"调板"下拉列表中指定颜色的来源方式，同时还可以调整"颜色"滑块来控制颜色的数量，但是，如果"调板"选择的是"文档库"，那么颜色的数量将从色板中选取，因此颜色数量会是固定的。

» **灰度**：描摹结果显示为灰度图像，这时可以拖动"灰度"滑块，调整允许存在的灰度级别。

» **黑白**：描摹结果显示为黑白图像，这时可以调整"阈值"滑块，使亮度级别比阈值小的像素都变成黑色。

◇ **路径**：指定描摹出的路径与原始图像之间的拟合程度。

◇ **边角**：指定圆角半径处的锚点为角点的可能性。

◇ **杂色**：指定描摹时忽略的区域，较高的值说明杂色较少。

◇ **管理预设** ≡：单击该按钮，可进行预设的存储、删除和重命名等管理操作。

> 📝 技巧与提示
>
> 除了上面介绍的方法外，选中置入的图像后，执行"对象>图像描摹>建立"菜单命令也可以对图像进行描摹，这时系统会自动以默认的预设进行描摹，如果想更改预设，那么需要在控制栏中设置，如图5-189所示。

图5-189

### 2.扩展描摹结果

扩展描摹结果可以将描摹结果转换为路径，如图5-190所示。选中图像描摹后的结果，在控制栏中单击"扩展"按钮 扩展 或执行"对象>图像描摹>扩展"菜单命令即可完成扩展。

图5-190

## 3.释放描摹结果

释放描摹结果可以将描摹后的图像进行还原。选中图像描摹后的结果，执行"对象>图像描摹>释放"菜单命令即可完成释放，如图5-191所示。

图5-191

| 📰 课堂案例 | |
|---|---|
| **使用图像描摹制作名片纹路** | |
| 素材位置 | 素材文件>CH05>课堂案例：使用图像描摹制作名片纹路 |
| 实例位置 | 实例文件>CH05>课堂案例：使用图像描摹制作名片纹路 |
| 教学视频 | 课堂案例：使用图像描摹制作名片纹路.mp4 |
| 学习目标 | 掌握图像描摹的用法 |

本例的最终效果如图5-192所示。

图5-192

**01** 新建一个尺寸为800px×600px的画板，然后使用"矩形工具" ▣在画板中绘制一个矩形，并设置"宽度"为800px，"高度"为600px，"填色"为浅灰色（R:234，G:234，B:234），"描边"为"无"，最后将其与画板对齐，如图5-193所示。

**02** 执行"文件>置入"菜单命令，置入素材"素材文件>CH05>课堂案例：使用图像描摹制作名片纹路>纹路.png"，然后单击"嵌入"按钮 嵌入 将提供的素材图片嵌入画板中，同时适当调整该图片的大小，如图5-194所示。

图5-193 图5-1

**03** 选中嵌入的图片，在控制栏中单击"图像描摹"钮 图像描摹 ，然后在"图像描摹"面板中设置"模式"为"彩色"，"调板"为"自动"，这时素材图片已经摹成功。接着在控制栏中单击"扩展"按钮 扩展 将摹结果扩展成路径，如图5-195所示。

图5-19

**04** 选中扩展得到的路径，设置"填色"为"无"，"描边"为蓝色（R:33，G:108，B:216），"描边细"为5pt，如图5-196所示。

**05** 使用"矩形工具" ▣在画板中绘制一个矩形，并设置"宽度"为250px，"高度"为400px，然后将其放置在步骤03描摹出的纹路的上一层，同时选中它们，执行"对象剪切蒙版>建立"菜单命令建立剪切蒙版，如图5-197所示。

图5-196 图5-19

**06** 在"变换"面板中确认没有勾选"缩放描边和效果"选项，然后双击"剪切组"进入隔离模式，对纹路行适当的变换，调整成图5-198所示的形态。

▶ 使用"矩形工具"▢在画板中绘制一个矩形，并设 "宽度"为250px，"高度"为400px，"填色"为淡 色（R:248，G:249，B:225），"描边"为"无"，并 其放置在"剪切组"的下层，效果如图5-199所示。

图5-198          图5-199

⑧ 按住Alt键拖动复制出步骤07绘制的矩形，并适当地 整它们之间的位置，如图5-200所示。

⑨ 执行"文件>置入"菜单命令，置入素材"素材文 牛>CH05>课堂案例：使用图像描摹制作名片纹路>投 影.png"，并将其放置在矩形的下一层，同时进行适当的 换，使其作为卡片的投影，最后将调整好的投影复制出 一份并放置在另外一个矩形的下一层，如图5-201所示。

图5-200          图5-201

⑩ 执行"文件>置入"菜单命令，置入素材"素材文 牛>CH05>课堂案例：使用图像描摹制作名片纹路>文 字.ai"，将该文档中的文字复制到当前文档中，并适当地 进行变换，完成案例的制作，最终效果如图5-202所示。

图5-202

# 5.6 本章小结

本章主要介绍了使用各种工具绘制路径的方法及多 项编辑路径的操作，掌握好这些知识基本上就能够绘制 大多数图稿了。

在介绍绘图的基础知识时，讲解了对象具有填色和 描边这两个基本的外观属性，以及不同的绘图模式。我 们需要重点掌握各种绘图模式的特点，以便有针对性地 选择绘图模式进行绘制，这在一定程度上能够简化许多 操作步骤，提高工作效率。另外，我们还需要重点掌握 "剪切蒙版"的应用，它能实现与"内部绘图"模式◉ 相似的效果。在绘图过程中往往会忘记使用"内部绘 图"模式，这时使用剪切蒙版即可轻松解决问题。

在介绍路径的绘制方法时，介绍了使用"钢笔工 具"✏、"曲率工具"✒、"画笔工具"🖌、"铅笔工 具"✐和"斑点画笔工具"🖊等绘制路径的方法。我们 需要重点掌握"钢笔工具"✏的用法，原因主要体现在 两个方面：一是使用"钢笔工具"✏绘制路径的可控性 较强，同时还能结合一些快捷键实现在绘制过程中编辑 路径的操作；二是这个工具在一些主流的视频处理软件 和三维设计软件中也会有所应用，熟练掌握后也能够为 学习这些软件奠定基础。

在介绍编辑路径时，讲解了简化与平滑路径、连接 路径、擦除与分割路径等多项操作。这里提到的每一种 操作都可以由多种方法来实现，在具体的应用中我们需 要区分各种方法的使用条件，合理应用方法才能高效地 绘制出各种图稿。另外，我们需要重点掌握合并路径的 方法，无论是使用"形状生成器工具"◉进行合并，还 是使用"路径查找器"面板进行合并，这些操作都会在 图稿的创作中被频繁用到，如果不熟悉这些操作，那么 就容易四处碰壁。与此同时，"图像描摹"也是一项需 要重点掌握的操作，因为它能够将位图矢量化，在很多 工作流程中都有所涉及。

# 5.7 课后习题

本节安排了两个课后习题供读者练习，这两个习题 综合考查了本章知识。读者在练习时如果有疑问，可以 一边观看教学视频，一边学习复杂图形的绘制技巧。

## 5.7.1 制作粉色衣服

| | |
|---|---|
| 素材位置 | 素材文件>CH05>课后习题：制作粉色衣服 |
| 实例位置 | 实例文件>CH05>课后习题：制作粉色衣服 |
| 教学视频 | 课后习题：制作粉色衣服.mp4 |
| 学习目标 | 掌握绘制路径及编辑路径的方法 |

本例的最终效果如图5-203所示。

图5-203

## 5.7.2 工作室标志设计

| | |
|---|---|
| 素材位置 | 无 |
| 实例位置 | 实例文件>CH05>课后习题：工作室标志设计 |
| 教学视频 | 课后习题：工作室标志设计.mp4 |
| 学习目标 | 掌握绘制路径及编辑路径的方法 |

本例的最终效果如图5-204所示。

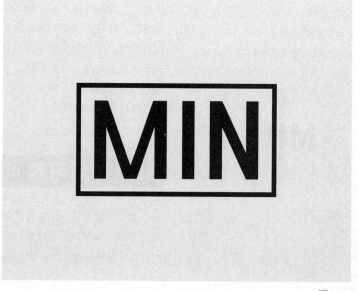

图5-204

第 **6** 章

# 对象外观的变化

给对象的填色和描边应用纯色是非常基础的用法，要想制作外观复杂、层次丰富的图形还需要掌握更多关于图形外观的知识。本章将会介绍应用复杂外观属性的方法和编辑图稿颜色的方法。在学习相关面板的使用方法时，读者可以对比各个面板之间的差异，如果仔细进行观察就会发现，这些操作和之前学过的某些面板没有多大差别，只需稍加练习即可掌握。

## 课堂学习目标

◇ 了解对象的外观属性

◇ 掌握渐变的调节方法

◇ 掌握实时上色的应用

◇ 掌握网格工具的应用

# 6.1 对象的外观属性

对象的外观属性主要包括填色、描边、不透明度和效果，其中，填色和描边在第5章已经有所介绍，不过，除了使用纯色对图形进行填充和描边外，还可以使用渐变、图案等方式对图形进行填充和描边；不透明度也是一个十分重要的外观属性，在绘制图稿时可以通过修改对象的不透明度使位于下层的对象得以显示出来，此外创建的不透明度蒙版还可以控制对象局部的不透明度；效果的应用将单独在第9章进行详解，因此在介绍外观属性时不会进行阐述。

**本节重点内容**

| 重点内容 | 说明 | 重要程度 |
|---|---|---|
| "外观"面板 | 管理和编辑对象的外观属性 | 高 |
| "色板"面板 | 编辑对象的颜色属性 | 中 |
| "颜色参考"面板 | 创建颜色组 | 中 |
| "渐变"面板 | 编辑对象的渐变属性 | 高 |
| 图案 | 编辑重复单元的图稿 | 高 |
| "透明度"面板 | 使重叠的对象呈现特殊的外观属性 | 高 |

## 6.1.1 "外观"面板

▣ 视频云课堂：54 "外观"面板

"外观"面板主要用于管理和编辑对象的外观属性。执行"窗口>外观"菜单命令（快捷键为Shift+F6）可以显示或隐藏"外观"面板。"外观"面板如图6-1所示。与"图层"面板的用法相似，我们能在"外观"面板中对外观属性进行添加、复制和删除等多项操作。在一些特殊的情况下，需要给对象添加多个填色或描边，这些操作可以借助"外观"面板来实现。单击"外观"面板右上角的按钮 ☰，在弹出的菜单中执行相应的命令，可以进行更多的操作。

外观属性缩略图
外观属性可见性指示
效果
添加新描边
添加新填色
添加新效果
删除所选项目
复制所选项目
清除外观

图6-1

**重要参数介绍**

◇ **外观属性缩略图：**将外观属性指定给对象。将缩略图拖动到目标对象上即可完成指定。

◇ **添加新填色** ▣：为目标外观属性添加新填色。

◇ **添加新描边** ▢：为目标外观属性添加新描边。

◇ **复制所选项目** ▣：对目标外观属性进行复制。

◇ **删除所选项目** ▥：仅删除选中的外观属性。

◇ **清除外观** ◎：删除所有的外观属性。

> 📝 **技巧与提示**
>
> 如果想删除除填色和描边之外的所有外观属性，那么可以在"外观"面板菜单中选择"简化至基本外观"命令，如图6-2所示。
>
>
>
> 删除前　　　　删除后
>
> 图6-2

### ■ 知识点：在对象之间复制外观属性

在绘制图稿的过程中，可能有时候就需要将某一对象的外观属性复制到另外一个对象上，这样就节省花在再次调整外观上的大量时间。要实现在对象之间复制外观属性，可以通过两种方法来完成。

第1种方式：在"图层"面板中复制。"图层"面板的"选定目标"按钮可以指示对象是否具有外观属性，其4种显示状态分别为"除单一填色和单一描边外无别的外观属性" ○、"具有外观属性" ◉、"除单一填色和单一描边外无别的外观属性且被选定" ◎、"具有外观属性且被选定" ◉。按住Alt键拖动某一对象的"选定目标"按钮到目标对象的"选定目标"按钮上便可完成复制，如图6-3所示。另外，若想将某一对象的外观属性移动到别的对象上，拖动该对象的"选定目标"按钮到目标对象的"选定目标"按钮上即可，如图6-4所示。

复制过程中

复制后

图6-3

移动过程中

移动后

图6-4

第2种方式：使用"吸管工具" ![]复制。选中目标对象后使用"吸管工具" ![]单击某一对象即可将该对象的填色和描边外观属性指定给目标对象，如图6-5所示。在选中某一对象后，使用"吸管工具" ![]按住Alt键单击目标对象同样也可以将该对象的填色和描边外观属性指定给目标对象。

图6-5

另外，当对象中含有渐变或图案时，如果仅想对渐变或图案中的纯色进行取样，那么在选中目标对象之后，使用"吸管工具" ![]按住Shift键单击渐变或图案中的预期颜色即可完成应用，如图6-6所示。最后值得一提的是，在工具栏中双击"吸管工具" ![]可以在弹出的"吸管选项"对话框中指定取样区域的大小和能够复制的属性，如图6-7所示。

图6-6

图6-7

## 6.1.2 编辑颜色

视频云课堂：55 编辑颜色

在创作的过程中，假如我们已经完成了图稿的绘制，但是对图稿的颜色并不满意，就要面临对图稿中的颜色进行修改的问题。如果我们对每一个对象的填色和描边都逐一进行修改，可想而知这是一项多么艰巨的任务。针对上述问题，我们可以通过"重新着色图稿"命令解决。不过，在此之前我们还需要掌握"色板"面板、"颜色参考"面板的使用方法，这样当我们在使用"重新着色图稿"命令时就能够快速指定颜色对图稿重新进行着色了。

### 1."色板"面板

色板就是颜色、渐变和图案等外观属性的预设，使用"色板"面板能够快速将颜色、渐变和图案等外观属性的预设应用给对象，这也是常用的颜色编辑方式。

⊙ **认识"色板"面板**

"色板"面板主要用于色板的管理和编辑。执行"窗口>色板"菜单命令可以显示或隐藏"色板"面板。"色板"面板如图6-8所示。单击该面板右上角的按钮 ，在弹出的菜单中执行相应的命令，可以进行更多的操作。

"色板库"菜单 ———— 删除色板
显示"色板类型"菜单 ———— 新建色板
色板选项 ———— 新建颜色组

图6-8

**重要参数介绍**

◇ **新建色板** □：单击此按钮，在弹出的"新建色板"对话框中设置相关选项后，单击"确定"按钮即可完成色板的新建，如图6-9所示。

» **印刷色**：通过青色、品红色、黄色和黑色4种标准印刷颜色混合出颜色。

» **专色**：使用预先混合好的颜色，不会再使用青色、品红色、黄色和黑色这4种标准印刷颜色混合出颜色。

图6-9

» **全局色**：控制色板是否为全局色色板。对全局色色板的编辑操作将在应用了该色板的图稿中实时更新，在"色板"面板中显示为 。注意，所有的专色色板都是全局色色板，在"色板"面板中显示为 。此外，如果想对全局色色板进行合并，那么可以选中想要合并的全局色色板，在"色板"面板菜单中选择"合并色板"命令。需要特别注意，只有全局色色板才能进行合并。

◇ **"色板库"菜单** ▶.：内置了各种类型的色板，如图6-10所示。另外，在"色板库"菜单中选择"存储色板"命令可对色板进行存储，选择"其他库"命令可对色板进行导入。

图6-10

◇ **色板选项** ▤：单击此按钮，在弹出的"色板选项"对话框中可对色板的各个属性进行更改，如图6-11所示。

图6-11

◇ **新建颜色组** ▣：对颜色色板进行编组。

◇ **显示"色板类型"菜单** ▦.：显示特定类型的色板。

⊙ **替换色板**

按住Alt键从工具栏或"颜色"面板中拖动"填色"方框或"描边"方框到目标色板上即可，如图6-12所示。

图6-12

⊙ **将图稿中的颜色添加到色板**

当"色板"面板中的颜色不能完全包含整个文档中的颜色时，在"色板"面板菜单中选择"添加使用的颜色"命令，即可将整个文档中的颜色全部添加到"色板"面板，如图6-13所示。选中目标图稿，在"色板"面板中单击"新建颜色组"按钮 或在面板菜单中选择"新建颜色组"或"添加选中的颜色"命令，可将目标图稿中的颜色添加到"色板"面板，如图6-14所示。

图6-13

图6-14

## 2. "颜色参考"面板

在绘制插画时，使用"颜色参考"面板能够给我们的配色提供参考。

### ⊙ 认识"颜色参考"面板

"颜色参考"面板能够基于某一特定的颜色指定一种协调规则来创建颜色组，因此它主要用于给配色提供参考。执行"窗口>颜色参考"菜单命令（快捷键为Shift+F3）可显示或隐藏"颜色参考"面板。"颜色参考"面板如图6-15所示。单击该面板右上角的▤按钮，在弹出的菜单中执行相应的命令，可以进行更多的操作。

图6-15

#### 重要参数介绍

◇ **协调规则** ⌄：指定按照"单色""互补色"和"对比色"等颜色协调规则组合在一起的颜色组，如图6-16所示。

◇ **将基色设置为当前颜色** ▤：将当前颜色指定为基础色并按指定的协调规则创建颜色组。

图6-16

◇ **将颜色保存到"色板"面板** ▣：将现用颜色组添加到"色板"面板。

◇ **编辑或应用颜色** ⊙：编辑或应用现用颜色组。

### ⊙ 设置参考选项

在"颜色参考"面板菜单中选择"颜色参考选项"命令，可在打开的"颜色参考选项"对话框中对颜色的参考选项进行设置，如图6-17所示。

图6-17

#### 重要参数介绍

◇ **步骤**：指定"颜色参考"面板现用颜色组中每种颜色的左侧和右侧具有的相关颜色数目取值范围为3~20。

◇ **变量数**：指定相关颜色的变化范围。如果数值较小，那么相关颜色与现用颜色较为近似；如果数值较大，那么相关颜色与现用颜色相差较大。取值范围为0%~100%。

## 3. 重新着色图稿

选中目标图稿，在控制栏中单击"重新着色图稿"按钮⊙或执行"编辑 > 编辑颜色 > 重新着色图稿"菜单命令，在弹出的"重新着色图稿"对话框中指定并编辑颜色组，即可对图稿重新着色，如图6-18所示。

图6-18

#### 重要参数介绍

◇ **还原更改** ↶：还原对图稿颜色做出的更改。

◇ **重做更改** ↷：还原对图稿颜色做出的更改后重做更改。

◇ **重置** 重置 ：恢复图稿最初的颜色。

◇ **颜色库**：显示"色板库"中预设的"颜色组"，以供我们快速指定。如果想指定"色板库"列表中的"颜色组"，直接在"色板库"下拉列表中单击对应选项即可完成指定。

◇ **颜色**：可以控制图稿中显示的颜色数量。

◇ **颜色主题拾取器** ✐：能够将其他图稿的主要颜色重新着色于当前图稿中。如果想执行此操作，可以单击该控件之后，在想要拾取颜色的图稿中单击或拖动选择，如图6-19所示；另外，如果想将多张图稿的颜色重新着色于当前图稿，可以按住Shift键依次单击图稿或直接拖动选择多张图稿，如图6-20所示。

着色前

着色后

图6-19

着色前

着色后

图6-20

◇ **存储颜色** ：将编辑完成的颜色组存储到"色板"面板中，其中"存储所有颜色"会保存当前图稿中的所有颜色，"存储重要颜色"则只会保存当前图稿的重要颜色。

此外，如果想精细地编辑当前图稿中的颜色，可以在"重新着色图稿"对话框中单击"高级选项"按钮 高级选项... ，此时会弹出高级"重新着色图稿"对话框，如图6-21所示，该对话框提供了更加丰富的颜色控件，能够精细化地编辑图稿中的各个颜色。

图6-21

**重要参数介绍**

◇ **将当前颜色设置为基色** ：将当前选中的颜色作为基础色并按指定的协调规则重新着色于当前图稿。

◇ **颜色组** ：显示"色板"面板中具有的颜色组，以供我们快速指定。如果想指定颜色组列表中的颜色组重新着色于当前图稿，那么可以直接在颜色组列表中单击该颜色组完成指定。

◇ **隐藏颜色组存储区** ◀ **/显示颜色组存储区** ▶：隐藏或显示"颜色组"列表。

◇ **将更改保存到颜色组** ：用编辑好的颜色组覆盖当前"颜色组"列表中选中的颜色组。

◇ **新建颜色组** ：将编辑好的颜色组添加到"颜色组"列表。

⊙ **高级"重新着色图稿"对话框的"编辑"选项卡**

"编辑"选项卡主要用来编辑当前图稿中的颜色，如图6-22所示。该选项卡下的色轮可以清晰地显示各个颜色之间的协调关系，该选项卡还提供了丰富的颜色控件，提高了添加和删除颜色、调整颜色属性、预览当前图稿的颜色等操作的便捷性。

切换视图控件　颜色标记

全局调整颜色控件　　　编辑颜色控件
　　　　指定颜色调整滑块模式

图6-22

晰呈现颜色的替换关系，还可以指定某一种颜色来替换掉当前图稿中的多种颜色以减少当前图稿中的颜色数量。

当前颜色　　　新建颜色

编辑当前颜色控件　　　编辑新建颜色控件

图6-24

## 重要参数介绍

» **颜色标记**：选择某一颜色标记后，可以通过移动手柄或双击以启动手柄来更改颜色。在非基色的颜色标记上右击，会弹出图6-23所示的菜单，选择其中的"选择底纹"命令，会弹出对话框，可以只对颜色的饱和度、亮度进行调整。

图6-23

◇ **切换视图控件**：切换编辑视图，有"显示平滑的色轮" ○、"显示分段的色轮" ❀ 和"显示颜色条" ▥ 3种视图。

◇ **编辑颜色控件**：可用于编辑颜色组。

» **添加颜色工具** ♂：单击该按钮后在色轮上单击可添加颜色标记。

» **移去颜色工具** ♂：单击该按钮后选择非基色的颜色标记可将其删除。

» **链接协调颜色** ⬚：指定是否按照当前颜色的协调关系编辑颜色，如果指定了该选项，拖动某一颜色标记会更改颜色组中所有颜色的色相；如果取消了该选项，那么拖动某一颜色标记只会更改该颜色标记的色相。

◇ **全部调整颜色控件**：全局调整颜色。

» **在色轮上显示亮度和色相** ◉：决定了下方的滑块是否调整亮度，拖动下方的滑块即可完成全局调整。

» **在色轮上显示饱和度和色相** ◉：决定了下方的滑块是否调整饱和度，拖动下方的滑块即可完成全局调整。

◇ **指定颜色调整滑块模式** ≡：可调整模式为"全局调整"，拖动相应颜色属性的滑块可以完成全局调整。

⊙ **高级"重新着色图稿"对话框的"指定"选项卡**

"指定"选项卡如图6-24所示。在该选项卡下可以清

## 重要参数介绍

◇ **新建**：在当前颜色的"新建"区域右击并选择"添加新颜色"或"移去颜色"命令可添加或删除颜色；双击当前颜色的"新建"区域或在"新建"区域右击选择"拾色器"命令可在弹出的对话框中更改新建颜色的色相。

📝 **技巧与提示**

当不想用新建颜色对图稿重新进行着色时，可以单击"当前颜色"和"新建颜色"之间的 → 进行控制。

◇ **编辑新建颜色控件**：对新建颜色进行编辑。

» **随机更改颜色顺序** ⣿：随机调整新建颜色的排列顺序。

» **随机更改饱和度和亮度** ⣿：随机更改新建颜色的饱和度。

» **单击上面的颜色以在图稿中查找它们** ⬚：查看图稿中的初始颜色。单击该按钮后选择某一行颜色进行查找。

◇ **编辑当前颜色控件**：控制重新着色的方式。

» **将颜色合并到一行中** ▥：将多个当前颜色合并到一行，可使用同一颜色重新着色。单击该按钮，按住Shift键可选择多个当前颜色进行合并。另外，拖动某一当前颜色到另一当前颜色上或在"颜色数"中指定一个数值更小的选项也可以对当前颜色进行合并。

📝 **技巧与提示**

当对当前颜色进行合并后，可以在与该当前颜色对应的新建颜色上右击并选择"着色方法"命令或单击新建颜色后方的 ⬚ 按钮对着色方法进行更改。

» 将颜色分离到不同的行中 ▥：将合并后的当前颜色进行分离。单击当前颜色前方的▯按钮，然后选中需要分离的当前颜色，最后单击该按钮即可。

» 排除选定的颜色以便不会将它们重新着色 ▨：排除某一当前颜色而使其不重新着色。

» 新建行 ▤：新建一个当前颜色行。

### 课堂案例

## 使用合适的色板库填充颜色

| | |
|---|---|
| 素材位置 | 素材文件>CH06>课堂案例：使用合适的色板库填充颜色 |
| 实例位置 | 实例文件>CH06>课堂案例：使用合适的色板库填充颜色 |
| 教学视频 | 课堂案例：使用合适的色板库填充颜色.mp4 |
| 学习目标 | 掌握使用色板库填充颜色的方法 |

本例的最终效果如图6-25所示。

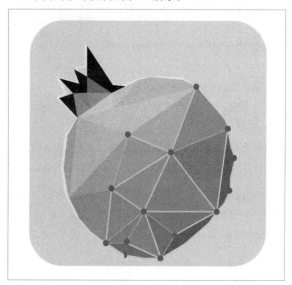

图6-25

**01** 新建一个尺寸为800px×600px的画板，执行"文件>置入"菜单命令，置入素材"素材文件>CH06>课堂案例：使用合适的色板库填充颜色>石榴.jpg"，在"图层"面板中将其锁定，效果如图6-26所示。

**02** 在"图层"面板中新建一个图层，选择"钢笔工具" ✐，在画板中沿着素材的外边缘绘制一个大致的轮廓，如图6-27所示，在工具栏中设置"描边"为白色，"填色"为"无"，按快捷键Ctrl+3将路径隐藏。

图6-26

图6-27

**03** 在工具栏中设置"描边"和"填色"均为"无"，使用"钢笔工具" ✐在画板上根据素材的明暗关系绘制一条封闭路径，如图6-28所示。

图6-28

**04** 执行"窗口>色板库>色标簿>PANTONE + Solid Uncoated"菜单命令，弹出"PANTONE + Solid Uncoated"面板，如图6-29所示。在该面板中选择一种与步骤03中所绘制区域内的素材颜色相近的粉色，该区域的填充颜色发生改变，效果如图6-30所示。

**05** 使用"钢笔工具" ✐按住Shift键在步骤03绘制的封闭路径的右下角的锚点上单击，之后松开Shift键，绘制另一个封闭路径，并在"PANTONE + Solid Uncoated"面板中选择与素材颜色相近的粉色进行填充，如图6-31所示。

图6-29

图6-30

图6-31

**06** 使用同样的方法绘制多条封闭路径，并分别在"PANTONE+Solid Uncoated"面板中选择与素材颜色相近的粉色进行填充，完成"石榴"的"球形果"的绘制，效果如图6-32所示。

**07** 使用"钢笔工具" ✐，沿着石榴"嘴"绘制多条封闭路径，并分别在"PANTONE + Solid Uncoated"面板中选择与素材颜色相近的棕色进行填充，最后隐藏素材所在的"图层1"，效果如图6-33所示。

图6-32

图6-33

08 在"图层"面板中新建一个图层,并将其下移一个图层。选中该图层,选择"圆角矩形工具" □,在画板中绘制一个比"石榴"图形略大的圆角正方形,在控制栏中设置"圆角半径"为30px,在工具栏中设置"填色"为米黄色(R:250,G:236,B:185),效果如图6-34所示。

09 至此绘制的图形显得有些单调,因此选中暗部的部分色块,在工具栏设置"描边"为白色,效果如图6-35所示。

图6-34　　　　　　　　　　　　　图6-35

10 选择"椭圆工具" ◯,在控制栏中设置"高度"和"宽度"均为5px,在工具栏中单击"填充"方框,在"PANTONE + Solid Uncoated"面板中选择一个深一点的橘红色,在画板中被描边图形的一个端点处单击,然后将其复制出多份,并分别放置在其他端点处,最后将步骤02中隐藏的路径进行显示,最终效果如图6-36所示。

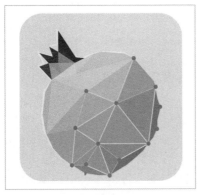

图6-36

# 6.1.3 渐变

▶ 视频云课堂:56 渐变

　　渐变是通过多种颜色进行平滑过渡所呈现出的外观效果,它是除纯色之外较为常用的一种外观属性。Illustrator中提供了"线性渐变" ■、"径向渐变" ■、"任意形状渐变" ■这3种类型的渐变效果,如图6-37所示。我们能够使用"渐变工具" ■和"渐变"面板对渐变进行创建和编辑。

线性渐变　　　径向渐变　　　任意形状渐变

图6-37

## 1. "渐变工具"的使用

　　使用"渐变工具" ■创建和编辑渐变会较为直观。选中需要创建渐变的图形对象,在"标准颜色控件"中单击"填色"方框将其置于前方,接着使用"渐变工具" ■单击图形,这时会为图形创建一个默认的黑白的线性渐变,在图形中还会显示一个用于控制渐变颜色、角度和位置的控制器,即"渐变批注者",如图6-38所示。此时,使用"渐变批注者"可以进一步编辑渐变,在控制栏中可以对渐变的类型进行更改,如图6-39所示。

图6-38

图6-39

### 📝 技巧与提示

　　若要为描边创建渐变填色,可以选中图形对象后在"标准颜色控件"中单击"描边"方框将其置于前方,此时会给图形的描边创建一个默认的黑白的线性渐变描边。若想编辑描边的渐变的话,需要在"渐变"面板中才能完成。

### ■ 知识点:使用"渐变批注者"编辑渐变

　　"渐变批注者"仅会在渐变类型为"线性渐变"和"径向渐变"的图形中显示,且针对这两种渐变类型的使用方式没有本质上的差异。

　　双击"渐变批注者"中的色标可在弹出的面板中重新指定颜色,默认情况下在该面板中只能设置黑白灰的颜色,若要设置彩色,可以单击面板菜单按钮 ≡,在弹出的菜单中选择"灰度"以外的模式,如图6-40所示。以设置CMYK模式颜色为例,在面板菜单中选择"CMYK"后,在面板下方的色域中拾取一种颜色,在所选颜色的基础上拖动相应颜色滑块更改颜色,直至达到合适的效果,如图6-41所示。另外,还可以单击"色板" ■在色板中指定颜色,或者单击"拾色器" ✏在其他图稿中指定颜色。

图6-40

图6-41

将鼠标移动到"渐变批注者"的控制条下方，待指针变为 ▶ 时单击可以添加色标，如图6-42所示。若想删除色标，可以拖动色标离出控制条。拖动控制条上的菱形控制点则可以调整各个颜色在渐变中的占比，如图6-43所示。

图6-42　　　　　图6-43

在"渐变批注者"中拖动左部小圆形黑点可以移动"渐变批注者"的位置，如图6-44所示。将鼠标指针移动至方形黑点处，当鼠标指针变为 ▶ 状时拖动，能够调整"渐变批注者"的长度，如图6-45所示。将鼠标指针移动至方形黑点右方不远处，当鼠标指针变为 ↻ 状时拖动，可以调整线性渐变的角度，如图6-46所示。

图6-44　　　　图6-45　　　　图6-46

## 2. "渐变"面板的使用

除了"渐变工具" ■ 之外，使用"渐变"面板也可以创建和编辑渐变，不同的是"渐变"面板对渐变效果的控制会更加精细。"渐变"面板如图6-47所示。选中需要创建渐变的图形对象，在"标准颜色控件"中单击"填色"或"描边"方框将其置于前方，接着在"渐变"面板中单击"渐变缩略图"，即可为该图形对象创建渐变。随后，可以在"渐变"面板中调整对应参数对渐变进行编辑。

图6-47

### 重要参数介绍

◇ 渐变缩略图：用于创建渐变或将当前渐变添加到色板。拖动工具栏中的"渐变"方框或"描边"方框到"色板"面板中即可将渐变添加到色板中。

◇ 类型：为当前图形指定"线性渐变" ■ 、"径向渐变" ▨ 、"任意形状渐变" ▨ 3种渐变类型中的一种。

### ■ 知识点：任意形状渐变的创建和编辑

"任意形状渐变" ▨ 有"点"模式和"线"模式这两种形式，"点"模式的色标相互独立，而"线"模式的色标通过线条连接并且相互之间是有关联的，如图6-48所示。另外值得注意的是，图形的描边不能使用"任意形状渐变"这种渐变类型。

点　　　　　线

图6-48

若要创建"点"模式的任意形状渐变,可以在选中图形对象之后,将工具切换为"渐变工具" ■,接着在控制栏中单击"任意形状渐变"按钮 ■ 完成创建;除此之外,选中图形对象之后,直接在"渐变"面板中单击"任意形状渐变"按钮 ■ 也可以完成创建,如图6-49所示。

图6-49

此时图形中的各个色标的颜色是随机生成的,若想更改色标的颜色,可以双击色标,在弹出的面板中重新指定颜色。另外,在图形的任意位置单击可以添加色标,选中色标后按Delete键或将色标拖动到图形区域之外可以删除色标。

将鼠标放置在色标上之后,色标周围会出现一个环形区域,如图6-50所示。此时拖动色标可以调整色标的位置,从而使图形呈现出不同的渐变效果,如图6-51所示;拖动环形上的黑点可以控制当前色标颜色的扩散程度,如图6-52所示。

图6-50

移动前      移动后

图6-51

扩散前      扩散后

图6-52

若要创建"线"模式的任意形状渐变,可以在选中图形对象之后,将工具切换为"渐变工具" ■,接着在控制栏中单击"任意形状渐变"按钮 ■ 并设置"绘制"为"线",此时图形中会出现4个色标,单击某一色标后会出现一条线段,依次单击其余色标可以将它们连接起来,按Esc键完成创建,如图6-53所示。在一个图形中可以创建多条"线"模式的任意形状渐变,如图6-54所示。

图6-53         图6-54

若想编辑"线"模式的任意形状渐变,其方法和"点"模式的任意形状渐变基本类似,不过"线"模式的任意形状渐变色标不可以调整扩展值。

◇ **编辑渐变**:在图形中显示"渐变批注者"或"任意形状渐变"的色标。

◇ **描边**:设置渐变描边的形式,有"在描边中应用渐变" ■、"沿描边应用渐变" ■、"跨描边应用渐变" ■ 3种形式,渐变效果如图6-55所示。

在描边中应用渐变    沿描边应用渐变    跨描边应用渐变

图6-55

◇**反向渐变**:对渐变进行反向,前后对比效果如图6-56所示。

反向渐变前      反向渐变后

图6-56

◇ **角度** ◢:调整渐变的角度。

◇ **长宽比** ◨:调整渐变的长宽比。只有"径向渐变"才可以调整"长宽比"。

◇ **渐变滑块**:指定各个颜色在渐变中的占比。

◇ **色标**:调整当前色标的颜色、不透明度和位置,其调整方式与"渐变批注者"当中的色标基本相似。

### 技巧与提示

若要设置多种颜色的渐变效果，就需要在原来的基础上添加色标。色标的添加有两种方式。一种是将鼠标指针移动到渐变滑块的下方，待鼠标变为 时单击即可添加色标，如图6-57所示。另一种是从"色板"面板中选择一种颜色，将其拖动到"渐变"面板中的渐变滑块上，松开鼠标左键即可完成色标的添加，如图6-58所示。

添加前　　　　　　　　　　添加后

图6-57

添加前

添加后

图6-58

若要删除不需要的色标，选中它单击"删除色标"按钮 即可（当只有两个色标时，色标将不能够被删除），如图6-59所示。此外，在需要删除的色标上按住鼠标左键将其向渐变滑块外侧拖动也可删除色标。

删除前　　　　　　　　删除后

图6-59

◇ **不透明度**：调整色标的不透明度。

◇ **位置**：指定色标及渐变滑块的位置。选中色标或渐变滑块后，在"位置"的文本框中输入参数即可对其位置进行更改。另外，拖动色标或渐变滑块同样也能够进行调整。

### 课堂案例

#### 使用线性渐变制作海报

| | |
|---|---|
| 素材位置 | 素材文件>CH06>课堂案例：使用线性渐变制作海报 |
| 实例位置 | 实例文件>CH06>课堂案例：使用线性渐变制作海报 |
| 教学视频 | 课堂案例：使用线性渐变制作海报.mp4 |
| 学习目标 | 掌握线性渐变的使用方法 |

本例的最终效果如图6-60所示。

图6-60

**01** 新建一个尺寸为A4的画板，然后使用"矩形工具" 在画板中绘制一个矩形，并设置"宽度"为210cm，"高度"为297cm，"描边"和"填色"为"无"。在工具栏中将"填色"方框 置于前方，选择"渐变工具" ，并执行"窗口>渐变"菜单命令，在弹出的"渐变"面板中单击"线性渐变"按钮 ，双击渐变滑块左端的色标，接着在弹出的面板中单击面板菜单安钮目，设置颜色模式为RGB，待颜色信息显示后，设置为红色（R:198，G:33，B:30），如图6-61所示。按照同样的方式，设置渐变滑块右端的色标的颜色为青色（R:123，G:192，B:177），如图6-62所示。这时矩形已经应用了调整后的渐变颜色。

图6-61

图6-62

**02** 在"渐变"面板中单击"编辑渐变"按钮 编辑渐变 ，矩形上会出现"渐变批注者"，将鼠标指针放到右端方形黑点右方不远处，当鼠标指针变为↻状时拖动鼠标顺时针旋转90°。然后适当地调整"渐变批注者"的位置，使渐变从红色到青色进行过渡（按照从上到下的顺序），如图6-63所示。

**03** 使用"矩形工具" 在画板中绘制一个正方形，并设置"宽度"和"高度"均为50px，这时该图形将继承上一个步骤填充的渐变颜色，如图6-64所示。

图6-63　　　　图6-64

**04** 选中步骤03创建的图形，然后使用"直接选择工具" 选中右侧的两个锚点，接着按住鼠标左键将其中一个锚点向上拖动，使图形发生一定的倾斜，如图6-65所示。

**05** 复制步骤04创建的图形后使用快捷键Ctrl + F将其原位粘贴在上方。使用"直接选择工具" 选中右侧的两个锚点，按住鼠标左键将其中一个锚点向下拖动，使图形发

生一定的倾斜。与上一步操作不同的是，在倾斜该图形的同时还需要将其向右侧拉长，最后在"渐变"面板中设置"角度"为180°，如图6-66所示。

图6-65　　　　图6-66

**06** 复制步骤05创建的图形后使用快捷键Ctrl + F将其原位粘贴在上方。使用"直接选择工具" 选中左侧的两个锚点，按住鼠标左键将其中一个锚点向下拖动，使图形发生一定的倾斜，并将该图形向左侧拉长，最后在"渐变"面板中设置"角度"为0°，如图6-67所示。

图6-67

**07** 使用与步骤05同样的制作方式绘制图形，如图6-68所示；使用与步骤06同样的制作方式绘制图形，如图6-69所示。

图6-68

图6-69

08. 使用"直接选择工具" ▷选中步骤03～步骤07中绘制的所有图形,在控制栏中设置"圆角半径"为20px,效果如图6-70所示。接着调整它们之间的位置,使其重合一部分,并进行适当的变换,效果如图6-71所示。

图6-70                    图6-71

09. 选中底层的背景,复制后使用快捷键Ctrl + F将其原位粘贴在上方,然后适当地缩小,并设置"描边"为本例使用的渐变,"描边粗细"为3pt,接着将其放置在画板的中心。按照同样的方式再复制出一份,适当地缩小,并放置在画板的中心,如图6-72所示。

10. 执行"文件>置入"菜单命令,置入素材"素材文件>CH06>课堂案例:使用线性渐变制作海报>生日快乐.png",然后将其放置在画面的底部,完成案例的制作,最终效果如图6-73所示。

图6-72                    图6-73

# 6.1.4 图案

视频云课堂:57 图案

图案能够将特定的图稿作为重复单元并按一定规律排列在一起,其中作为重复单元的图稿则被称为图案拼贴。当我们需要对某一图稿进行多次复用时,如果都通过手动复制并逐个进行排列,会非常费时费力,因此可以通过应用图案来解决这一问题。我们可以先将需要进行多次复用的图稿定义为图案,此后只需在"色板"面板中指定该图案对新绘制的对象进行填充,便能够达到复用的目的。

## 1.创建图案

创建图案有两种方式,一种是使用"色板"面板进行创建,另一种是执行菜单命令进行创建。当图案创建完成后,该图案将作为色板出现在"色板"面板中。

⊙ **使用"色板"面板定义图案**

使用"矩形工具" ▢绘制一个无填色和描边的矩形,该矩形将作为定界框,然后将其放置在需要定义图案的图稿下。选中绘制的矩形和需要定义成图案的图稿,将它们拖动到"色板"面板中即可完成图案的创建。图稿和定界框如图6-74所示,图案填充后的效果如图6-75所示。

图6-74

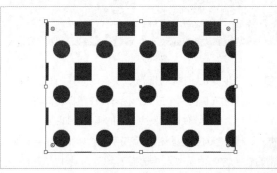

图6-75

使用这种方式需要我们预先知道该矩形用于界定图案拼贴的大小。

## 执行菜单命令创建图案

选中图稿，然后执行"对象>图案>建立"菜单命令，在弹出的"图案选项"面板中设置相关选项后即可完成图案的创建，如图6-76所示。

图6-76

技巧与提示

执行"对象>图案>建立"菜单命令后，会弹出"在图案编辑模式下做出的任何更改都会在退出该模式时应用于色板"的提示，此时单击"确定"按钮即可，如图6-77所示。

图6-77

### 重要参数介绍

◇ **图案拼贴工具**：对图案拼贴的大小进行调整。

◇ **拼贴类型**：指定图案拼贴的排列方式。选择"砖形（按列）/（按行）"方式后，可在"砖形位移"下拉列表中指定相邻列或行会相对地错开当前图案拼贴的宽度或高度的多少。

◇ **宽度/高度**：控制图案拼贴的大小。

◇ **将拼贴调整为图稿大小**：使图案拼贴的大小和图稿的大小一致，勾选该选项后可激活"水平间距"和"垂直间距"选项，用于控制各个图案拼贴之间的间距。

◇ **将拼贴与图稿一起移动**：使用"选择工具"移动图稿时，图案拼贴也会随之一起移动。

◇ **重叠**：指定当图案拼贴重叠时哪个拼贴位于上层。

◇ **份数**：指定在设置图案选项时显示多少图案拼贴。

## 2.编辑图案

在"色板"面板中双击目标图案，在弹出的"图案选项"面板中可对该图案的选项进行设置，如图6-78所示。如果想修改图案拼贴，可以从"色板"面板中将目标图案拼贴拖动到画板上，如图6-79所示，然后使用相关工具或命令对其进行修改，最后按住Alt键将修改后的图案拼贴拖动到原有的图案拼贴上进行替换，如图6-80所示。

图6-78

图6-79

修改图案

覆盖原有图案

图6-80

📇 课堂案例

# 使用图案填充制作食品包装袋背景

| 素材位置 | 素材文件>CH06>课堂案例：使用图案填充制作食品包装袋背景 |
| --- | --- |
| 实例位置 | 实例文件>CH06>课堂案例：使用图案填充制作食品包装袋背景 |
| 教学视频 | 课堂案例：使用图案填充制作食品包装袋背景.mp4 |
| 学习目标 | 掌握图案的应用方法 |

本例的最终效果如图6-81所示。

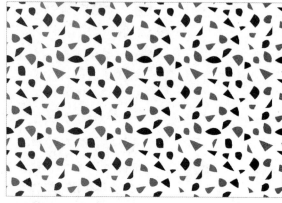

图6-81

**01** 新建一个尺寸为800px×600px的画板，然后使用"矩形工具" ■ 在画板中绘制一个正方形，并设置"长度"和"宽度"均为200px，"填色"为"无"，"描边"为黑色，如图6-82所示。

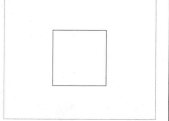

图6-82

**02** 使用"钢笔工具" ✐ 在矩形中随机地绘制一些黑色色块，并用这些色块充满步骤01绘制的正方形，如图6-83所示。

图6-83

📝 **技巧与提示**

读者可以将色块绘制到超出矩形框外的区域。

**03** 选中步骤02创建的色块，执行"对象>路径>简化"菜单命令，在弹出的对话框中单击右端的"更多选项"按钮 ⋯，在弹出的"简化"对话框中设置"简化曲线"为20%，"角点角度阈值"为5°，单击"确定"按钮，参数设置及效果如图6-84所示。

图6-84

**04** 对简化后的色块进行分别变换。执行"对象>变换>分别变换"菜单命令，在弹出的"分别变换"对话框中设置"缩放"选项组的"水平"为50%，"垂直"为40%，"移动"选项组的"水平"为10px，"旋转"选项组的"角度"为60°，勾选"选项"选项组的随机等选项后单击"确定"按钮完成，参数设置及效果如图6-85所示。

图6-85

**05** 打开"素材文件>CH06>课堂案例：使用图案填充制作食品包装袋背景>色板.ai"，然后在"色板"面板中导入准备好的色板，接着随机使用这些色板为各个色块进行填色，如图6-86所示。

图6-86

**06** 设置步骤01绘制的正方形的"描边"为"无",然后选中正方形和色块,执行"对象>图案>建立"菜单命令,此时位于矩形上的图案已铺满整个画板。最后使用"选择工具"▶适当地调整色块的位置和大小,如图6-87所示。

图6-87

**07** 使用"矩形工具"■在画板中绘制一个矩形,并设置"宽度"为800px,"高度"为600px,"填色"为刚刚创建完成的图案,"描边"为"无",完成案例的制作,最终效果如图6-88所示。

图6-88

# 6.1.5 不透明度与混合模式

视频云课堂: 58 不透明度与混合模式

当对象重叠时,修改上层对象的不透明度可以使下层对象显示出来,该特征常常被应用到图稿的绘制过程中。执行"窗口>透明度"菜单命令(快捷键为Shift+Ctrl+F10)可以显示或隐藏"透明度"面板。"透明度"面板如图6-89所示。单击该面板右上角的▤按钮,在弹出的菜单中执行相应的命令,可以进行更多的操作。

混合模式

图6-89

**重要参数介绍**

◇ 混合模式:使对象之间产生混合效果,有"正常""正片叠底""叠加"等一共16种混合模式。

## 1.调整对象的不透明度

调整对象的不透明度有3种方式:第1种方式是使用"透明度"面板调整对象的不透明度;第2种方式是通过控制栏调整对象的不透明度;第3种方式是通过"外观"面板调整对象的不透明度。它们的操作方式相差不大,都需要先选中目标对象,然后在相应的面板或控制栏中找到"不透明度"文本框输入数值即可。

## 2.应用不透明度蒙版

通过"透明度"面板,我们还可以通过建立不透明度蒙版来对对象的局部透明度进行控制。在使用不透明度蒙版时,我们需要注意,控制蒙版对象颜色的灰度,实质上就是在调整被蒙版对象的不透明度。

如果想创建不透明度蒙版,那么可以将蒙版对象放置在被蒙版对象的上一层,同时选中这些对象,在"透明度"面板中单击"制作蒙版"按钮 制作蒙版,应用效果如图6-90所示。

| 创建前 | 创建后 |
|---|---|

图6-90

在创建了不透明度蒙版之后,"透明度"面板中的一些控件将被激活,这时单击相应的控件可对不透明度蒙版进行调整,如图6-91所示。

混合模式
被蒙版对象缩略图
单击或按住Alt键单击以编辑不透明度蒙版
蒙版缩略图
指示不透明度蒙版链接到图稿

图6-91

**重要参数介绍**

◇ **被蒙版对象缩略图**：创建不透明度蒙版后便可使用相关工具对不透明度蒙版的大小进行调整，按住Alt键单击"被蒙版对象缩略图"可以直接对被蒙版对象进行编辑。

◇ **指示不透明度蒙版链接到图稿▣**：暂时停用或重新启用不透明度蒙版。

◇ **单击或按住Alt键单击以编辑不透明度蒙版（蒙版缩略图）**：单击该控件后，可使用相关工具对不透明度蒙版的大小进行调整。按住Alt键单击该控件可以直接对蒙版对象进行编辑。

◇ **释放**：将不透明度蒙版进行释放，即还原原有图形。

◇ **剪切**：取消勾选该选项可控制不透明度蒙版仅调整被蒙版对象被遮住部分的不透明度，而不会对被蒙版对象进行裁剪。

◇ **反相蒙版**：将不透明度蒙版进行反相。

> 📝 **技巧与提示**
>
> 调节蒙版对象颜色的灰度能够控制被蒙版对象的不透明度，其中黑色使被蒙版对象变得完全透明，灰色使被蒙版对象变得半透明，白色使被蒙版对象变得完全不透明。另外，如果蒙版对象是彩色的，那么在创建不透明度蒙版时会使用这些颜色的同等灰度来调整被蒙版对象的不透明度。

## 3.应用混合模式

混合模式能够使对象之间产生混合效果，除"正常"模式之外一共有15种混合模式，这些混合模式可以分为变暗组、变亮组、加深和减淡组、色值运算组和颜色属性组共5个组别，处于同一组别的混合模式的差别主要体现在幅度大小上。例如，青色和品红色的两个稍有重叠的圆形在使用"正片叠底"混合模式后，重叠区域将产生混合并呈现蓝色；而绿色和红色的两个稍有重叠的圆形在使用"滤色"混合模式后，重叠区域将产生混合并呈现黄色，如图6-92所示。

正片叠底

滤色

图6-92

变暗组会对上层对象和下层对象的颜色信息进行识别并计算，使颜色变暗，其结果类似于减色混合；变亮组会对上层对象和下层对象的颜色信息进行识别并计

算，使颜色变亮，其结果类似于加色混合；加深和减淡组会对上层对象和下层对象的颜色信息进行识别并计算，并将颜色与50%灰度（R:128，G:128，B:128）的颜色值进行对比，比50%灰度亮的颜色将变亮，比50%灰度暗的颜色将变暗；色值运算组会对上层对象和下层对象的颜色信息进行识别并进行相减计算；颜色属性组会对上层对象和下层对象的颜色信息进行识别，并且上层对象和下层对象的颜色属性按指定的混合模式进行组合得到新的颜色。

📄 **课堂案例**

### 使用不透明度制作煎蛋

| 素材位置 | 无 |
|---|---|
| 实例位置 | 实例文件>CH06>课堂案例：使用不透明度制作煎蛋 |
| 教学视频 | 课堂案例：使用不透明度制作煎蛋.mp4 |
| 学习目标 | 掌握路径的绘制方法、不透明度的用法 |

本例的最终效果如图6-93所示。

图6-93

**01** 新建一个尺寸为800px×600px的画板，然后使用"矩形工具"▢沿画板边线绘制一个矩形，并设置"填色"为浅蓝色（R:228，G:233，B:241），"描边"为"无"，最后将其与画板对齐，如图6-94所示。

**02** 使用"钢笔工具"✒️在画板中绘制一条由直线路径组成的闭合路径，同时设置"填色"为白色，"描边"为黑色，如图6-95所示。

图6-94                              图6-95

**03** 使用"直接选择工具"▷选中该路径的所有锚点，在控制栏中设置"圆角半径"为17px，复制该路径后使用快捷键Ctrl + F将其原位粘贴在上方，再将原路径隐藏，如图6-96所示。

图6-96

**04** 选中调整后的路径并切换为"内部绘图"模式 ◉，然后使用"钢笔工具" ✎沿该路径的右下边缘绘制一条闭合路径，同时设置"填色"为深灰色（R:104，G:104，B:104），"描边"为"无"，"不透明度"为30%，如图6-97所示。

图6-97

**05** 使用"钢笔工具" ✎依次绘制出以下线条路径，并设置"描边"为深灰色（R:104，G:104，B:104），然后对这些路径进行编组，如图6-98所示。

图6-98

**06** 将步骤05绘制的路径的"透明度"设置为30%，使用"宽度工具" ✎依次调整这些路径，并进行适当的变换，如图6-99所示。

图6-99

**07** 使用"椭圆工具" ⬭在画板中绘制一个圆，并设置"宽度"为60px，"高度"为60px，"填色"为"无"，"描边"为黑色，复制该圆后使用快捷键Ctrl + F将其原位粘贴在上方。接着设置复制得到的圆的"填色"为黄色（R:255，G:212，B:31），"描边"为"无"，并将其放置在原有圆的下一层，完成蛋黄的绘制，如图6-100所示。

图6-100

**08** 使用"剪刀工具" ✂将蛋黄的边缘路径分割为两段开放路径，使用"宽度工具" ✎适当地拖动这些路径，调整描边宽度，效果如图6-101所示。

**09** 使用"钢笔工具" ✎依次绘制出两条开放路径，并分别设置它们的"描边"为白色和深灰色（R:104，G:104，B:104），如图6-102所示。

图6-101 　　　　　　　　　　　　 图6-102

**10** 使用"宽度工具" ✎适当地调整步骤09绘制的两条路径的描边宽度，设置深灰色路径的"不透明度"为30%，如图6-103所示。

图6-103

**11** 显示步骤03隐藏的路径，并将该路径进行适当的变换，然后设置"填色"为深灰色（R:104，G:104，B:104），"描边"为"无"，"不透明度"为40%。最后，选中绘制完成的煎蛋，进行适当的变换，完成案例的制作。最终效果如图6-104所示。

图6-104

🖳 课堂练习

## 制作有质感的渐变Logo

| 素材位置 | 素材文件>CH06>课堂练习：制作有质感的渐变Logo |
|---|---|
| 实例位置 | 实例文件>CH06>课堂练习：制作有质感的渐变Logo |
| 教学视频 | 课堂练习：制作有质感的渐变Logo.mp4 |
| 学习目标 | 熟练掌握渐变、混合模式的用法 |

本例的最终效果如图6-105所示。

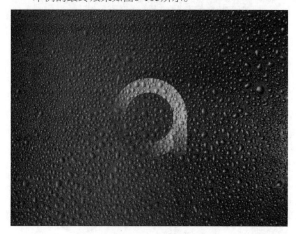

图6-105

**01** 新建一个尺寸为800px×600px的画板，然后使用"椭圆工具" ⬭ 在画板中绘制一个圆，并设置"宽度"和"高度"均为220px，"填色"为"无"，"描边"为黑色，如图6-106所示。

**02** 选中步骤01绘制的图形，复制后使用快捷键Ctrl+F原位粘贴在上方，然后设置第2个圆的"宽度"和"高度"均为140px。选中这两个圆，使用"形状生成器工具" 🖫（快捷键为Shift+M）按住Alt键单击中间的小圆部分将其切除，形成一个复合路径，如图6-107所示。

图6-106　　　　　　　　　　图6-107

**03** 使用"矩形工具" ▦ 在画板中绘制一个矩形，并设置"宽度"为40px，"高度"为110px，"填色"为"无"，"描边"为黑色。

**04** 使用"直接选择工具" ▷ 选择矩形下面的两个锚点，如图6-108所示。在控制栏中设置"圆角半径"为20pt，然后将矩形放置在图6-109所示的位置。

图6-108　　　　　　　　　　图6-109

**05** 选中图6-109中的全部图形，按快捷键Shift+X将填色和描边的颜色互换，单击"填色"方框将其置于前方，双击"渐变工具" ▦，在弹出的"渐变"面板中设置从深蓝色（R:85, G:96, B:255）到青色（R:21, G:255, B:166）的线性渐变，并设置"角度"为45°，适当地向左调整渐变滑块，效果如图6-110所示。

**06** 使用"矩形工具" ▦ 在画板中绘制一个矩形，并设置"宽度"为800px，"高度"为600px，然后按快捷键Shift+Ctrl+[将其放置在最后一层，并将其与画板对齐，接着在"渐变"面板中设置从绿色（R:122，G:245，B:161）到深蓝色（R:31，G:0，B:148）的线性渐变，并设置"角度"为0°，效果如图6-111所示。

图6-110　　　　　　　　　　图6-111

**07** 执行"文件>置入"菜单命令，置入素材"素材文件>CH06>课堂练习：制作有质感的渐变Logo>背景.jpg"，不对其进行任何变换，直接放置在画板上，然后执行"窗口>透明度"菜单命令，在弹出的"透明度"面板中设置"混合模式"为"强光"。接着使用"矩形工具" ▦ 创建一个与画板等大的矩形，并设置任意一个填色。最后选择全部对象，执行"对象>剪切蒙版>建立"菜单命令剪切画板以外的部分，完成渐变Logo的制作，最终效果如图6-112所示。

图6-112

# 6.2 实时上色组的应用

使用"实时上色工具" 🖾可以便捷地为图稿上色，这与使用"填色"和"描边"对图稿上色有着很大的区别。在使用"填色"和"描边"对图稿进行上色时，实质上是对各个对象分别上色，再对其堆叠顺序进行调整，从而使图稿呈现出一个整体的外观效果。而在应用"实时上色工具" 🖾进行上色时，能够指定颜色对路径围成的每一个区域进行上色，系统会将所有路径视为一个整体，因此不会区分路径的层级关系。简单地说，通过"实时上色工具" 🖾来上色就好比在纸上使用颜料对图稿上色一样。

## 本节重点内容

| 重点内容 | 说明 | 重要程度 |
|---|---|---|
| 实时上色工具 | 为图稿上色 | 中 |

## 6.2.1 使用"实时上色工具"

📹 视频云课堂: 59 使用"实时上色工具"

"实时上色工具" 🖾能够创建实时上色组并进行上色。当使用"实时上色工具" 🖾对实时上色组进行上色时，可以预先将需要应用的颜色添加到"色板"面板，这样才能够快速指定想要的颜色；同时还需要注意区分对各个区域上色的方法，以便快速地完成上色。

## 1.创建实时上色组

选中图稿内容，在工具栏中选择"实时上色工具" 🖾（快捷键为K），然后单击图稿中的上色区域即可创建实时上色组，应用效果如图6-113所示。另外，当选中需要进行实时上色的图稿之后，执行"对象>实时上色>建立"菜单命令（快捷键为Alt+Ctrl+X）同样也能创建实时上色组。在工具栏中双击"实时上色工具" 🖾可打开"实时上色工具选项"对话框，如图6-114所示。

图6-113　　　　　图6-114

### 重要参数介绍

◇ 选项：用于控制使用"实时上色工具" 🖾上色时是否显示鼠标指针预览，以及是否能够对上色区域或描边进行上色。

» 填充上色：对由路径围成的区域进行填色。

» 描边上色：对路径进行描边。使用"实时上色工具" 🖾时按住Shift键可以临时启用该选项。

» 光标色板预览：控制是否显示"实时上色工具" 🖾鼠标指针上的色板 🐾 及选择状态。

◇ 突出显示：使用"实时上色工具" 🖾上色时是否使用轮廓线突出显示上色区域，勾选该选项后可以继续指定轮廓线的颜色及宽度。

## 2.上色

在色板中指定颜色并使用"实时上色工具" 🖾单击实时上色组中的某一区域即可进行上色，如图6-115所示。在此过程中，按←键或→键依次切换色板中的颜色，可快速指定颜色，同时可以通过"实时上色工具" 🖾鼠标指针上的色板 🐾 查看颜色的选择状态；拖动鼠标跨越多个区域，可快速对相邻的多个区域进行上色。

图6-115

## 6.2.2 编辑实时上色组

📹 视频云课堂: 60 编辑实时上色组

在实时上色的过程中，可能会发现各种各样的问题，最常见的就是在绘制线稿时有的地方并没有绘制，而我们在上色时才发现这个问题。由于此时已经创建了实时上色组，就需要在"实时上色组"中添加路径。我们可以通过"图层"面板定位并移动新绘制的路径到"实时上色组"中进行解决，这样虽能达到目的，但相较于使用"合并实时上色组"命令而言会耗费很多时间。因此我们应该学会编辑实时上色组的各项操作，这样才能够高效地对图稿进行上色。

### 1.选择上色区域

在工具栏中选择"实时上色选择工具" 🖾（快捷键为Shift+L），在图形上单击或框选即可对实时上色组的上色区域进行选择，如图6-116所示。在此过程中，按住Shift键单击或框选目标上色区域可加选或减选。

图6-116

## 2.添加和删除路径

在使用相关工具绘制路径后，选中新绘制的路径和实时上色组，在控制栏中单击"合并实时上色"按钮 合并实时上色 即可向实时上色组中添加路径。

在使用相关工具或"图层"面板定位目标路径后可删除实时上色组中的路径，但是当删除某一路径之后，会根据被该路径分割的填色区域的大小决定扩展哪一个区域的颜色对新组成的区域进行填色，较大填色区域的颜色将被扩展，如图6-117所示。

删除前　　　　　　　删除后

图6-117

## 3.检测和封闭实时上色组的间隙

我们可能无法及时观测到实时上色组之间的间隙，因此可以通过系统对这类问题进行检测和封闭。选中目标实时上色组，执行"对象>实时上色>间隙选项"菜单命令，在弹出的"间隙选项"对话框中指定相应的选项即可，如图6-118所示。

图6-118

**重要参数介绍**

◇ **间隙检测**：是否检测实时上色组中的间隙，以便对具有间隙的区域进行上色。

» **上色停止在**：指定使用"实时上色工具" 上色时允许存在的间隙大小。

» **间隙预览颜色**：指定预览间隙时的颜色。

» **用路径封闭间隙**：将实时上色组中的间隙封闭。

## 4.扩展或释放实时上色组

释放实时上色组可以将原有路径还原。选中目标实时上色组之后，执行"对象>实时上色>释放"菜单命令即可完成释放，如图6-119所示。

图6-119

扩展实时上色组可以将实时上色组转化为一个与原有外观一致的图形编组。选中目标实时上色组后，在控制栏中单击"扩展"按钮 扩展 或执行"对象>实时上色>扩展"菜单命令即可完成扩展，如图6-120所示。

图6-120

📖 课堂案例

**应用实时上色制作个性名字**

| 素材位置 | 无 |
|---|---|
| 实例位置 | 实例文件>CH06>课堂案例：应用实时上色制作个性名字 |
| 教学视频 | 课堂案例：应用实时上色制作个性名字.mp4 |
| 学习目标 | 掌握"实时上色工具"的用法 |

本例的最终效果如图6-121所示。

图6-121

**01** 新建一个尺寸为800px×600px的画板，然后使用"矩形工具" 在画板中绘制一个矩形，并设置"宽度"为800px，"高度"为600px，"填色"为浅灰色（R:238，G:238，B:238），"描边"为"无"，接着使其与画板对齐，如图6-122所示。

图6-122

**02** 使用"矩形工具" ■ 在画板中绘制一个正方形，并设置"宽度"和"高度"均为500px，"填色"为"无"，"描边"为黑色。然后执行"对象>路径>分割为网格"菜单命令，在弹出的"分割为网格"对话框中指定网格的"行"的"数量"和"列"的"数量"均为25，单击"确定"按钮，参数及效果如图6-123所示。

图6-123

**03** 本例需要制作两个文字，因此将创建完成的网格复制出一份，然后选择"实时上色工具" ■ （快捷键为K），设置"填色"为黑色，接着分别在两个网格上绘制出"亚"和"瑟"字样，如图6-124所示。

图6-124

**04** 分别选中步骤03制作的两个实时上色组，在控制栏中单击"扩展"按钮 扩展 ，然后在"图层"面板中分别将扩展出的"亚"字和"瑟"字从编组中移出，接着按Delete键删除网格，最后将"亚"字和"瑟"字并排放在一起，如图6-125所示。

图6-125

**05** 使用"钢笔工具" ■ 在画板中绘制一个直角三角形，并设置"填色"为黑色，"描边"为"无"，然后将其放置在"亚"字的左上角，如图6-126所示。

**06** 将步骤05绘制的三角形复制出7份，然后分别对这些三角形进行位置变换，并放置在两个字的左、右上角和左、右下角，最终效果如图6-127所示。

图6-126          图6-127

📖 课堂练习

## 品牌标志设计

| | |
|---|---|
| 素材位置 | 无 |
| 实例位置 | 实例文件>CH06>课堂练习：品牌标志设计 |
| 教学视频 | 课堂练习：品牌标志设计.mp4 |
| 学习目标 | 掌握实时上色组的应用 |

本例的最终效果如图6-128所示。

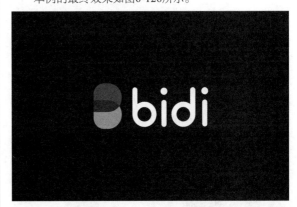

图6-128

**01** 新建一个尺寸为800px×600px的画板，并使用"矩形工具" ■ 在画板中绘制一个正方形，设置"宽度"和"高度"均为80px，"填色"为"无"，"描边"为黑色，如图6-129所示。

**02** 使用"直接选择工具" ■ 选择矩形右侧的两个锚点，在控制栏中设置"圆角半径"为40px，效果如图6-130所示。

图6-129          图6-130

**03** 按住Alt键拖动复制出调整后的矩形，使复制得到的矩形与原矩形重合一部分，如图6-131所示。

图6-131

04. 使用"直接选择工具" 选择步骤02绘制的矩形左上角的锚点，在控制栏中设置"圆角半径"为30px，效果如图6-132所示。

05. 使用"直接选择工具" 选择步骤03绘制的矩形左下角的锚点，在控制栏中设置"圆角半径"为30px，效果如图6-133所示。

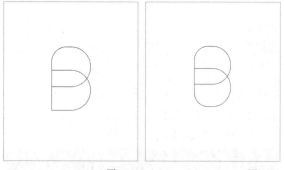

图6-132          图6-133

06. 选中这两个矩形，使用"实时上色工具" 在其上单击，创建实时上色组。然后执行"窗口>色板"菜单命令，在弹出的"色板"面板中指定"填色"为红色（R:238，G:72，B:149）色板，在画板中单击由这两个矩形路径围成的上方区域进行上色，如图6-134所示。

图6-134

07. 在"色板"面板中指定"填色"为紫色（R:120，G:83，B:214）色板，在画板中单击由这两个矩形路径围成的中间区域进行上色，如图6-135所示。

图6-135

08. 在"色板"面板中指定"填色"为青色（R:84，G:225，B:216）色板，在画板中单击由这两个矩形路径围成的下方区域进行上色，如图6-136所示。

图6-136

09. 选中上色完成的实时上色组，在控制栏中单击"扩展"按钮 扩展 ，将实时上色组进行扩展。然后在"图层"面板中将扩展出的填色路径移出原有编组，移动到图6-137所示的位置，并隐藏原有的编组。

图6-137

10. 使用"椭圆工具" 在画板中绘制一个圆，并设置"宽度"和"高度"均为40px，"填色"为黑色，"描边"为"无"，如图6-138所示。

图6-138

11. 将上一步绘制的圆形复制后使用快捷键Ctrl+F将其原位粘贴在上方，然后在"变换"面板中单击"约束宽度和高度比例"按钮 ，同时设置"椭圆宽度"为70px，如图6-139所示。

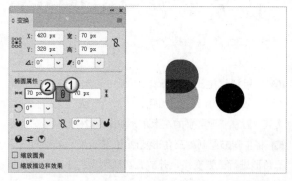

图6-139

⑫ 选中这两个圆，使用"形状生成器工具" 按住Alt 键将较小的圆切除，得到一个圆环，如图6-140所示。

⑬ 使用"矩形工具" 在画板中绘制一个矩形，并设置 "宽度"为15px，"高度"为80px，"填色"为黑色， "描边"为"无"，然后根据智能参考线将该矩形与圆环 组合在一起，完成字母"b"的绘制，如图6-141所示。

图6-140 图6-141

⑭ 将刚刚绘制的矩形复制出一份，并根据智能参考线 将其放置在字母"b"的右边，如图6-142所示。

⑮ 使用"椭圆工具" 在画板中绘制一个圆，并设置 "宽度"和"高度"均为20px，"填色"为黑色，"描 边"为无，然后将该圆放置在图6-143所示的位置，完成 字母"i"的绘制。

图6-142 图6-143

⑯ 选中组成字母"b"的所有图形进行编组，然后选中 组成字母"i"的所有图形同样也进行编组，如图6-144 所示。

图6-144

⑰ 在字母"b"的路径编组中，使用"直接选择工 具" 选中矩形上方的两个锚点，在控制栏中设置"圆 角半径"为7.5px，效果如图6-145所示。

⑱ 在字母"i"的路径编组中，使用"直接选择工 具" 选中矩形的4个锚点，在控制栏中设置"圆角半 径"为7.5px，效果如图6-146所示。

图6-145 图6-146

⑲ 选中字母"b"的路径编组并将其复制出一份，然后 选中复制得到的字母"b"，执行"对象>变换>镜像" 菜单命令，在弹出的"镜像"对话框中选中"垂直"选 项，单击"确定"按钮，最后将调整完成的图形放置在 字母"i"的右边，如图6-147所示。

图6-147

⑳ 选中字母"i"的路径编组并将其复制出一份，然后将复 制得到的图形放置在字母"d"的右边，如图6-148所示。

图6-148

㉑ 使用"矩形工具" 在画板中绘制一个矩形，并设置 "宽度"为800px，"高度"为600px，"填色"为深蓝 色（R:44，G:44，B:63），"描边"为"无"，然后按 快捷键Shift+Ctrl+[将其放置在底层，如图6-149所示。

图6-149

**22** 使用"选择工具" ▶ 调整各个字母之间的间距，选中它们设置"填色"为白色，然后选中这些字母和图形并进行编组，接着将编组后的图形放置在画板的中心，完成品牌标志的制作，最终效果如图6-150所示。

图6-150

# 6.3 网格的应用

网格对象是一种由网格点和网格线组成的对象，我们可以为网格点指定颜色，如图6-151所示。不同网格点的颜色会进行平滑过渡，从而使网格对象具有类似于渐变的外观效果，通过移动网格点可使各个网格点之间的颜色过渡发生变化。因此，有的创作者便利用网格对象的这些特征，将其应用到了写实插画的创作中。

图6-151

**本节重点内容**

| 重点内容 | 说明 | 重要程度 |
|---|---|---|
| 网格工具 | 填充复杂的表面颜色 | 高 |

## 6.3.1 创建网格对象

视频云课堂：61 创建网格对象

无论是单色填充、渐变填充还是图案填充，基本上是比较规则的填充方式。在绘制一些较为写实的元素时，其对象表面的颜色可能非常复杂，这种复杂颜色的填充效果是无法使用前面学到的规则填充方式完成的，这时就需要用到网格对象。创建网格对象有两种方式，一种是使用"网格工具" 进行创建，另一种是通过执行菜单命令进行创建。

使用"网格工具"不仅可以进行复杂的颜色设置，还可以更改图形的外观。

第1种方式：使用"网格工具" 创建网格对象。在工具栏中选择"网格工具" ，在目标对象上单击即可创建一个网格点，继续在目标对象上单击可创建另一个网格点，待网格点达到预期数量时即完成网格对象的创建，如图6-152所示。

创建前　　　　　创建后

图6-152

第2种方式：通过执行菜单命令创建网格对象。选中目标对象，执行"对象>创建渐变网格"菜单命令，在弹出的"创建渐变网格"对话框中设置相关选项后单击"确定"按钮即可完成创建，如图6-153所示。

图6-153

**重要参数介绍**

◇ **外观**：指定高光的创建区域。

» **平淡色**：不创建高光，如图6-154所示。

» **至中心**：将在目标对象的中心创建高光，如图6-155所示。

图6-154　　　　　图6-155

» **至边缘**：将在目标对象的边缘创建高光，如图6-156所示。

图6-156

◇ **高光**：控制高光的强度。

# 6.3.2 编辑网格对象

视频云课堂：62 编辑网格对象

创建完网格对象后，怎样使网格对象呈现出预期的外观效果是我们最关心的问题，要解决这个问题就需要掌握编辑网格对象的操作，其中主要包括添加、删除和移动网格点，以及更改网格点的颜色。

## 1.添加或删除网格点

使用"网格工具"在目标对象上单击可添加网格点，如图6-157所示；使用"网格工具"按住Alt键单击目标网格点可将该网格点删除，如图6-158所示。

添加前　　　　　添加后

图6-157

删除前　　　　　删除后

图6-158

## 2.移动网格点

使用"网格工具"或"直接选择工具"拖动目标网格点可将其移动，如图6-159所示。除此之外，还可以拖动网格点上的控制柄对网格线的曲率进行调整。当使用"网格工具"移动网格点时，按住Shift键拖动可以将网格点限制在网格线上。

移动前　　　　　移动后

图6-159

## 3.更改网格点的颜色

使用"直接选择工具"选中目标网格点，在"拾色器"或相关面板中指定一种颜色即可对该网格点的颜色进行更改，如图6-160所示。

更改前　　　　　更改后

图6-160

课堂案例

### 使用"网格工具"制作系列配图

| 素材位置 | 无 |
|---|---|
| 实例位置 | 实例文件>CH06>课堂案例：使用"网格工具"制作系列配图 |
| 教学视频 | 课堂案例：使用"网格工具"制作系列配图.mp4 |
| 学习目标 | 掌握"网格工具"的用法 |

本例的最终效果如图6-161所示。

图6-161

01 新建3个尺寸为600px×800px的画板，如图6-162所示。

图6-162

02 使用"矩形工具"在第1个画板中绘制一个矩形，并设置"宽度"为600px，"高度"为800px，"填色"为浅紫色（R:206，G:218，B:239），"描边"为"无"，并将其与画板对齐，如图6-163所示。

03 使用"网格工具"在第1个画板的左侧和上侧分别单击两次，创建出4条网格线，如图6-164所示。

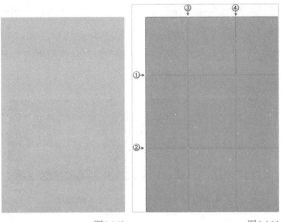

图6-163                    图6-164

**04** 使用"直接选择工具" ▷ 选中右下方的网格点，并设置"填色"为红色（R:230, G:76, B:105）；使用"直接选择工具" ▷ 选中左上方的网格点，并设置"填色"为浅青色（R:233，G:245，B:244），如图6-165所示。

图6-165

**05** 使用"直接选择工具" ▷ 选中左上方的网格点并向右拖动，使用"直接选择工具" ▷ 选中右下方的网格点并向左拖动，如图6-166所示。

图6-166

**技巧与提示**

拖动的时候需要平稳地操作鼠标，不要出现一些过度弯曲的曲线，如图6-167所示。

图6-167

**06** 使用"矩形工具" ▭ 沿第2个画板边线绘制一个矩形，并设置"填色"为浅绿色（R:228，G:241，B:221），"描边"为"无"。接着使用"网格工具" ▧ 在画板左上方处单击，创建两条网格线，如图6-168所示。

**07** 使用"直接选择工具" ▷ ，选中创建的网格点，然后设置"填色"为红色（R:235, G:103, B:102），如图6-169所示。

图6-168                    图6-169

**08** 使用"直接选择工具" ▷ 选中创建的网格点并向右拖动，效果如图6-170所示。

**09** 将步骤06创建的矩形复制出一份，然后将复制得到的图形缩小，并将其放置在画板的中心，如图6-171所示。

图6-170                    图6-171

⑩ 按照同样的方式，再复制出两个矩形并缩小到不同程度，放置在画板的中心，效果如图6-172所示。

⑪ 使用"矩形工具" ▢ 沿第3个画板边线绘制一个矩形，并设置"填色"为白色，"描边"为"无"。接着使用"网格工具" ▨ 在图6-173所示的位置单击，创建3条网格线。

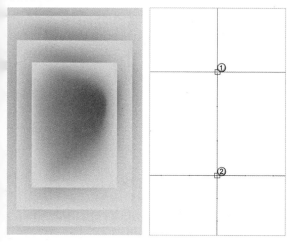

图6-172                图6-173

⑫ 使用"直接选择工具" ▷ 选中上方的网格点，并设置"填色"为浅蓝色（R:192，G:228，B:237）；使用"直接选择工具" ▷ 选中下方的网格点，并设置"填色"为品红色（R:208，G:143，B:188），效果如图6-174所示。

⑬ 使用"直接选择工具" ▷ 选中下方的网格点并向上拖动，使用"直接选择工具" ▷ 选中上方的网格点并向下拖动，如图6-175所示。

图6-174                图6-175

⑭ 使用"网格工具" ▨ 创建图6-176所示的两个网格点，然后使用"直接选择工具" ▷ 选中上方新创建的网格点，接着使用"吸管工具" ✒ 吸取步骤12中创建的下方网格点的外观属性，效果如图6-177所示。

图6-176                图6-177

⑮ 将步骤14中的矩形复制出一份，然后将复制得到的图形缩小，并放置在画板的中心，如图6-178所示。

图6-178

⑯ 系列配图已经绘制完成，如图6-179所示。除了可将这些图形作为配图使用，还可更改画板尺寸将上述绘制的图形作为手机的锁屏图案。

图6-179

💢 课堂练习

# 制作渐变流体海报

| | |
|---|---|
| 素材位置 | 素材文件>CH06>课堂练习：制作渐变流体海报 |
| 实例位置 | 实例文件>CH06>课堂练习：制作渐变流体海报 |
| 教学视频 | 课堂练习：制作渐变流体海报.mp4 |
| 学习目标 | 熟练掌握制作渐变流体的方法 |

本例的最终效果如图6-180所示。

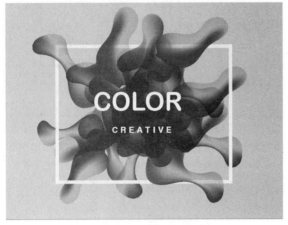

图6-180

01 新建一个800px×600px的画板，在"色板"面板中单击"色板库菜单"按钮 🔳，在弹出的菜单中选择"其他库"选项，载入"素材文件>CH06>课堂练习：制作渐变流体海报>色板.ai"。使用"矩形工具" 🔲 绘制3个等大的正方形，然后使用色板中的颜色分别对这3个正方形进行填色，如图6-181所示。

图6-181

02 使用"铅笔工具" ✏️ 在画板上绘制一个流体形状，并使用"吸管工具" ✏️ 吸取颜色为青色的正方形的外观属性，如图6-182所示。

图6-182

03 选中步骤02绘制的图形，执行"对象>创建渐变网格"菜单命令，在弹出的"创建渐变网格"对话框中指定网格的"行数"和"列数"均为3，"外观"为"至中心"，"高光"为40%，单击"确定"按钮，参数设置及效果如图6-183所示。

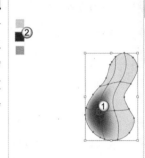

图6-183

04 使用"直接选择工具" ▷ 分别选中网格对象的部分网格点，并使用"吸管工具" ✏️ 吸取蓝色正方形的外观属性，对这些网格点进行填色，完成流体的绘制，效果如图6-184所示。

图6-184

图6-184（续）

**05** 渐变效果制作完成后，发现顶部的颜色"不透气"，因此使用"直接选择工具" ▷ 选中该点，然后拾取青色正方形的外观属性，如图6-185所示。接着对网格进行细微的调整，如图6-186所示。

图6-185

图6-186

**06** 使用相同的方法，在前面绘制的流体两侧再绘制出形状不同的两个流体，如图6-187所示。

图6-187

**07** 将创建完成的流体进行组合并编组，如图6-188所示。

**08** 将步骤07中编组的流体复制出多份，同时将复制出的流体适当变换后放置在合适的位置，最后进行编组，方便后期调节整体的效果，如图6-189所示。

图6-188　　　　　　　　　　　　　图6-189

**09** 使用"矩形工具" ▢ 在画板中绘制一个矩形，并设置"宽度"为800px，"高度"为600px，然后在"渐变"面板中设置"填色"为从"不透明度"为40%的青色（R:0，G:233，B:178）到"不透明度"为50%的紫色（R:188，G:147，B:255）的线性渐变，"描边"为"无"，最后将该矩形放置在底层作为海报的背景，如图6-190所示。

图6-190

**10** 使用"矩形工具" ▢ 在画板中绘制一个矩形，并设置"宽度"为500px，"高度"为375px，"填色"为"无"，"描边"为白色，"描边粗细"为10pt。然后适当地调整各个编组的堆叠顺序，确定顺序后选中所有的流体编组进行编组，最后在"透明度"面板中设置"混合模式"为"正片叠底"，使图形显得通透，如图6-191所示。

图6-191

**11** 打开"素材文件>CH06>课堂练习：制作渐变流体海报>文字.ai"，将该文档中的文案复制到当前文档中，根据构图需要将其放置在画板的中心位置，完成海报的制作，最终效果如图6-192所示。

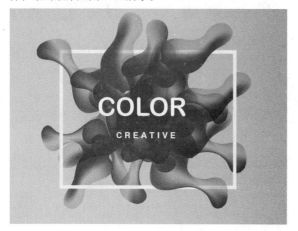

图6-192

# 6.4 本章小结

本章主要介绍了应用对象各种外观属性及编辑图稿颜色的方法，掌握了这些知识后，结合之前所学，我们便能够绘制出一些图稿并快速进行上色。

介绍对象的外观属性时，讲解了"外观"面板的使用方法及各种外观属性的创建和编辑。需要重点掌握"重新着色图稿"命令的使用方法，在创作插画的过程中使用该命令修改图稿的颜色会大大提高效率。

介绍实时上色组的应用时，讲解了怎样使用实时上色组高效便捷地对图稿进行上色。另外，对于某些图形来说，如果直接使用相关工具进行绘制，可能得到的图形并不标准，甚至达不到预期，这时可以先绘制参考路径，完成图形的绘制后再进行实时上色，最后对实时上色组进行扩展。

介绍网格的应用时，讲解了网格对象的创建和编辑方法，因为其能够处理外观较为复杂的对象，所以常常被创作者应用到写实插画中。

# 6.5 课后习题

本节安排了两个课后习题供读者练习，这两个习题综合考查了本章知识。读者在练习时如果有疑问，可以一边观看教学视频，一边学习对象外观的变化技巧。

## 6.5.1 制作胶带图案

| 素材位置 | 无 |
| --- | --- |
| 实例位置 | 实例文件>CH06>课后习题：制作胶带图案 |
| 教学视频 | 课后习题：制作胶带图案.mp4 |
| 学习目标 | 熟练掌握图案的用法 |

本例的最终效果如图6-193所示。

图6-193

## 6.5.2 制作H5界面背景

| 素材位置 | 无 |
| --- | --- |
| 实例位置 | 实例文件>CH06>课后习题：制作H5界面背景 |
| 教学视频 | 课后习题：制作H5界面背景.mp4 |
| 学习目标 | 熟练掌握网格的应用方法 |

本例的最终效果如图6-194所示。

图6-194

第 **7** 章

# 对象形状的变化

按照工作流程，接下来将学习如何对已经上色的图稿进行修改，因为在绘制图稿的过程中，难免会有考虑不周的地方，这时如果删掉重新绘制的话，显然会浪费大量时间。本章将介绍使用扭曲对象和符号工具来对图稿进行修改的方法，其中会用到多种工具和面板，在学习的时候要注意区分各自的特征。本章还会介绍混合对象，可对对象的形状进行艺术化变形。

## 课堂学习目标

◇ 掌握扭曲对象的应用

◇ 掌握混合对象的应用

◇ 掌握符号工具的应用

# 7.1 扭曲对象

Illustrator提供了多种方式可对对象进行扭曲，如果只想调整对象的透视，那么可以使用"自由变换工具" ，但是，如果想实现更加个性化的扭曲效果，使用"自由变换工具" 可能就显得有些捉襟见肘，这时不妨考虑使用"液化""操纵变形""封套扭曲"等相对复杂的扭曲方式。在绘图之前，若我们能熟练地区分各种扭曲方式的特征，便能有意识地选择扭曲方式了。要想扭曲对象，可通过液化工具组、自由变换工具组和"对象>封套扭曲"子菜单中的命令进行操作，如图7-1和图7-2所示。

图7-1

图7-2

## 本节重点内容

| 重点内容 | 说明 | 重要程度 |
| --- | --- | --- |
| 自由变换工具 | 变换对象 | 高 |
| 变形工具 | 对图形对象进行变形扭曲 | 高 |
| 旋转扭曲工具 | 对图形对象进行旋转扭曲 | 中 |
| 缩拢工具 | 向内收缩图形对象 | 中 |
| 膨胀工具 | 向外扩展图形对象 | 中 |
| 扇贝工具 | 向内收缩图形对象，同时使图稿边缘呈现锐利的外观 | 中 |
| 晶格化工具 | 向外扩展图形对象，同时使图稿边缘呈现锐利的外观 | 中 |
| 皱褶工具 | 使图形对象的边缘呈现高低起伏的皱褶 | 中 |
| 操纵变形工具 | 通过创建操控点对图形对象进行扭曲 | 中 |
| 封套扭曲 | 通过创建封套对图形对象进行扭曲 | 高 |

## 7.1.1 自由扭曲和透视扭曲

▷ 视频云课堂：63 自由扭曲和透视扭曲

"自由变换工具" 除了能对对象进行移动、缩放、旋转和倾斜等变换操作外，还可以对对象进行自由扭曲和透视扭曲。选中图形对象，在工具栏中选择"自由变换工具" （快捷键为E），可在弹出的子工具栏中选择对应的工具，如图7-3所示，在对象上拖动即可对该对象进行扭曲。

图7-3

### 1.透视扭曲

在"自由变换工具" 的子工具栏中单击"透视扭曲"按钮 ，然后拖动某一锚点即可对该对象进行透视扭曲，如图7-4所示。

图7-4

### 2.自由扭曲

在"自由变换工具" 的子工具栏中单击"自由扭曲"按钮 ，然后拖动某一锚点即可对该对象进行自由扭曲，如图7-5所示。

图7-5

> 📝 **技巧与提示**
>
> 在激活了"自由变换工具" 后，拖动某一锚点的同时按住Ctrl键可对对象进行自由扭曲，拖动某一锚点的同时使用快捷键Alt+Shift+Ctrl可对对象进行透视扭曲。

## 7.1.2 液化

▷ 视频云课堂：64 液化

使用液化工具扭曲对象具有较大的灵活性，主要原因是液化工具的数量相对较多，每一个工具对对象进行扭曲的形式都有所不同，其中包括旋转扭曲、缩拢、膨胀和皱褶等多种液化形式，因此液化工具常被用于修改图稿，使其更具艺术感。

选中图形对象，在工具栏中长按"宽度工具" ，在弹出的工具组中选择相应的工具，在对象上单击或拖动即可将该对象进行液化。在此过程中，双击任一液化工具都可以在弹出的对应的选项对话框中设置该液化工具的工具选项，其中所有工具的"全局画笔尺寸"的参数都是相同的（包括"宽度""高度""角度""强度""使用压感笔"等基础选项），但是各个工具的扭曲属性会有所不同，下面分别对这些液化工具的参数和扭曲效果进行介绍。

## 1.变形工具

"变形工具" 可对图稿进行变形扭曲。选择"变形工具" 后，在图稿上拖动鼠标即可，扭曲效果如图7-6所示。"变形工具选项"对话框如图7-7所示。

图7-6　　　　　　　　　　　图7-7

**重要参数介绍**

◇ **细节**：指定引入对象轮廓的各点的间距，数值越大，距离越小。

◇ **简化**：在扭曲的同时控制锚点数量。

## 2.旋转扭曲工具

"旋转扭曲工具" 可对图稿进行旋转扭曲。选择"旋转扭曲工具" ，在图稿上拖动鼠标即可，扭曲效果如图7-8所示。"旋转扭曲工具选项"对话框如图7-9所示。

图7-8　　　　　　　　　　　图7-9

**重要参数介绍**

◇ **旋转扭曲速率**：调整旋转扭曲的速度。当数值为负数时，对象将以顺时针方向进行旋转扭曲；当数值为正数时，对象将以逆时针方向进行旋转扭曲。

## 3.缩拢工具

"缩拢工具" 可将图稿向内进行收缩。选择"缩拢工具" ，在图稿上拖动鼠标即可，扭曲效果如图7-10所示。"收缩工具选项"对话框如图7-11所示。

图7-10　　　　　　　　　　图7-11

## 4.膨胀工具

"膨胀工具" 可将图稿向外进行扩展。选择"膨胀工具" ，在图稿上拖动鼠标即可，扭曲效果如图7-12所示。"膨胀工具选项"对话框如图7-13所示。

图7-12　　　　　　　　　　图7-13

### 5.扇贝工具

"扇贝工具" 可将图稿向内进行收缩，同时使图稿的边缘呈现锐利的外观。选择"扇贝工具" ，在图稿上拖动鼠标即可，扭曲效果如图7-14所示。"扇贝工具选项"对话框如图7-15所示。

图7-14　　　　　图7-15

**重要参数介绍**

◇ **复杂性**：控制图稿边缘锐利外观的数量。

### 6.晶格化工具

"晶格化工具" 可将图稿向外进行扩张，同时使图稿的边缘呈现锐利的外观。选择"晶格化工具" ，在图稿上拖动鼠标即可，扭曲效果如图7-16所示。"晶格化工具选项"对话框如图7-17所示。

图7-16　　　　　图7-17

### 7.皱褶工具

"皱褶工具" 可使图稿的边缘呈现高低起伏的褶皱。选择"皱褶工具" ，在图稿上拖动鼠标即可，扭曲效果如图7-18所示。"皱褶工具选项"对话框如图7-19所示。

图7-18　　　　　图7-19

**重要参数介绍**

◇ **水平**：控制水平方向上的扭曲程度。
◇ **垂直**：控制垂直方向上的扭曲程度。

**课堂案例**

### "熊出没"字体设计

| | |
|---|---|
| 素材位置 | 无 |
| 实例位置 | 实例文件>CH07>课堂案例："熊出没"字体设计 |
| 教学视频 | 课堂案例："熊出没"字体设计.mp4 |
| 学习目标 | 掌握扭曲对象的方法、字体的设计思路 |

本例的最终效果如图7-20所示。

图7-20

**01** 新建一个尺寸为800px×600px的画板，然后使用
"矩形工具" ■在画板中绘制一个矩形，并设置"宽
度"为800px，"高度"为
600px，"填色"为浅灰色
（R:239，G:239，B:239），
"描边"为"无"，使其与
画板对齐，如图7-21所示。

图7-21

**02** 使用"矩形工具" ■绘制一个矩形，并设置"宽
度"为185px，"高度"为235px，"填色"为"无"，
"描边"为黑色，然后将该矩形复制出两份。接着将这
些矩形框并排放置在一起并进行"锁定" 🔒，用于界定
文字的间距和大小，如图7-22所示。

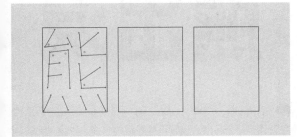

图7-22

**03** 使用"钢笔工具" ✎在第1个矩形框中依次绘制路
径，使这些路径组成"熊"字，如图7-23所示。

图7-23

**04** 使用"钢笔工具" ✎在第2个矩形框中依次绘制路
径，使这些路径组成"出"字，如图7-24所示。

图7-24

**05** 使用"钢笔工具" ✎在第3个矩形框中依次绘制路
径，使这些路径组成"没"字，如图7-25所示。

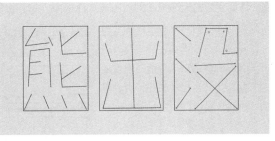

图7-25

**06** 使用"矩形工具" ■在画板中绘制一个矩形，并设
置"宽度"为295px，"高度"为9px，"填色"为黑
色，"描边"为"无"，如图7-26所示。

图7-26

**07** 在工具栏中双击"皱褶工具" ✎，在弹出的"皱褶工具选
项"对话框中设置"宽
度"为28px，"高度"
为34px，"水平"为
100%，"垂直"为0%，
"复杂性"为2，"细
节"为2，然后单击"确
定"按钮退出设置。
接着，在选择了"皱
褶工具" ✎的情况下，
拖动矩形的首尾两
端，使其成为皱褶状
态，如图7-27所示。

图7-27

08 将调整后的矩形拖动到"画笔"面板中，在弹出的"新建画笔"对话框中将其定义为"艺术画笔"并确认，接着在弹出的"艺术画笔选项"对话框中设置"方法"为"色相转换"，最后单击"确定"按钮，如图7-28所示。

图7-28

09 隐藏步骤08用到的矩形，然后选中"熊出没"字样的路径，在"画笔"面板中选择步骤08定义的艺术画笔，这时原来的文字路径已经被创建的艺术画笔替换了，接着在控制栏中设置"描边粗细"为3pt，效果如图7-29所示。

图7-29

10 使用"直接选择工具" ▷.依次调整路径或锚点的位置，使"熊"字的笔画不再发生重叠且占满整个矩形框，如图7-30所示。

图7-30

11 使用"直接选择工具" ▷.依次调整路径或锚点的位置，使"出"字的笔画占满整个矩形框，如图7-31所示。

图7-31

12 使用"直接选择工具" ▷.依次调整路径或锚点的位置，使"没"字的笔画不再发生重叠且占满整个矩形框，如图7-32所示。

图7-32

13 隐藏3个矩形框，分别将组成"熊""出""没"3个字的路径进行编组，效果如图7-33所示。

图7-33

14 选中"熊""出""没"3个字并执行"对象>扩展外观"菜单命令，然后设置这些路径的"描边"为"无"，接着执行"窗口>路径查找器"菜单命令，在弹出的"路径查找器"面板中应用"联集" ■，效果如图7-34所示。

图7-34

15 适当地调整"熊""出""没"3个字的间距，然后在"渐变"面板中设置"填色"为从黄色（R:255，G:178，B:42）到橙色（R:240，G:139，B:74）的线性渐变，并设置"角度"为68°，如图7-35所示。

图7-35

⓰ 将"熊出没"路径进行编组并复制出一份,设置"填色"为黑色,然后将复制得到的路径编组放置在"熊出没"编组的下一层,再按→键和↓键进行移动,使上方的文字具有投影效果,轮廓更加突出,最终效果如图7-36所示。

图7-36

## 7.1.3 操控变形

自由变换工具组中的"操控变形工具" ★ 可实现图形的操控变形。与液化工具组中的工具相比,"操控变形工具" ★ 能够在对象上添加操控点,并通过拖动操控点对对象进行扭曲变形,使用这种方式操作的扭曲部分看起来比较自然,而且可控性较高,因此该工具也常用于图稿的变形。

选中图形对象,在工具栏中选择"操控变形工具" ★ ,在对象上单击即可添加一个操控点,重复操作直至操控点的数量达到预期后,将鼠标指针放置在操控点上,待鼠标指针变成 ◈ 时拖动操控点即可对对象进行扭曲,如图7-37所示。在此过程中,选中想要删除的操控点后按Delete键即可将其删除;如果想将扭曲限制在一个操控点周围,那么可以按住Alt键拖动。

扭曲前　　　　　　　扭曲后
图7-37

## 7.1.4 封套扭曲

▶ 视频云课堂:65 封套扭曲

封套能够按照一定规则对选定对象进行扭曲,而封套对象就是按照特定规则扭曲之后得到的对象。将图形放置在特定的封套中并对封套进行变形,图形呈现出的外观也会发生变化;而一旦去除了封套,对象便会恢复到原本的形态。

### 1.创建封套对象

我们可以使用3种方法来创建封套对象,分别为"用变形建立""用网格建立"和"用顶层对象建立"。使用不同方法建立的封套对象,其特征会有差异,因此在创建封套前,我们应该根据预期效果来选择创建封套对象的方法。

#### ⊙ 用变形建立

选中图形对象,执行"对象>封套扭曲>用变形建立"菜单命令(快捷键为Alt+Shift+Ctrl+W),在"变形选项"对话框中指定相关参数即可,扭曲效果如图7-38所示,"变形选项"对话框如图7-39所示。

创建前　　　　　　　创建后
图7-38

图7-39

**重要参数介绍**

◇ **样式:**指定变形的样式,有"弧形""旗形""拱形""鱼眼"等。

◇ **水平/垂直:**设置对象扭曲的方向是水平还是垂直。

◇ **弯曲:**设置对象的弯曲程度。

◇ **水平:**设置对象水平方向的透视扭曲变形的程度。

◇ **垂直:**设置对象垂直方向的透视扭曲变形的程度。

⊙ **用网格建立**

选中图形对象，执行"对象>封套扭曲>用网格建立"菜单命令（快捷键为Alt+Ctrl+M），在"封套网格"对话框中指定网格的行数和列数即可，扭曲效果如图7-40所示，"封套网格"对话框如图7-41所示。

创建前　　　　　　　　　创建后

图7-40

图7-41

⊙ **用顶层对象建立**

"用顶层对象建立"命令是利用顶层对象的外形调整底层对象的形态，使之产生变化。要执行该操作，需要先使用相关工具在需要创建为封套的对象上层绘制一个形状作为变形的对象，然后同时选中这两个对象并执行"对象>封套扭曲>用顶层对象建立"菜单命令（快捷键为Alt+Ctrl+C）即可，扭曲效果如图7-42所示。

创建前　　　　　　　　创建后

图7-42

## 2.编辑封套

一个封套对象包含用于控制变形效果的封套部分和变形影响的内容部分。封套建立完成后，可以通过对封套形状的调整去编辑对象内部的形态。

⊙ **编辑封套或内容**

选中封套扭曲的对象，在控制栏中单击"编辑封套"按钮 或执行"对象>封套扭曲>编辑封套"菜单

命令，此时编辑的是封套对象，而不是内部的内容。在控制栏中可以对封套参数进行设置，使用"直接选择工具" 还可以对封套锚点进行调整，如图7-43所示。

图7-43

默认情况下，选择封套对象时，可以直接进行编辑的是封套部分。如果要对被扭曲的图形进行编辑，选中封套扭曲的对象，在控制栏中单击"编辑内容"按钮 或执行"对象>封套扭曲>编辑内容"菜单命令，接着使用"直接选择工具" 拖动封套的锚点即可对图形进行编辑，如图7-44所示，其中对于用网格建立的封套对象，还可以通过"网格工具" 进行相关的操作。

图7-44

⊙ **设置封套选项**

选中封套对象，在控制栏中单击"封套选项"按钮 或执行"对象>封套扭曲>封套选项"菜单命令，在"封套选项"对话框中指定相关选项即可完成设置，如图7-45所示。

图7-45

**重要参数介绍**

◇ **保真度**：拖动滑块可以控制封套扭曲的精确程度。

◇ **扭曲外观**：控制是否将对象的外观属性与对象一并进行扭曲。

◇ **扭曲线性渐变填充**：控制是否将对象的线性渐变填充与对象一并进行扭曲。

◇ **扭曲图案填充**：控制是否将对象的图案填充与对象一并进行扭曲。

⊙ **释放或扩展封套**

释放封套能够恢复原有图形，同时封套也会被保留。选中封套对象后，执行"对象>封套扭曲>释放"菜单命令可对封套进行释放。

扩展封套能够将封套对象转化为与当前外观一致的图形，执行"对象>封套扭曲>扩展"菜单命令可完成扩展，如图7-46所示。

**释放封套**

**扩展封套**

图7-46

⊙ **重置封套**

创建了封套扭曲后，如果想切换封套扭曲的创建形式，那么可以对封套进行重置。在选中封套对象之后，执行"对象>封套扭曲>用变形重置（或用网格重置）"菜单命令，在相应的对话框中指定相关参数即可，如图7-47所示。

图7-47

**📝 技巧与提示**

当使用网格重置时，在"重置封套网格"对话框中勾选"保持封套形状"选项，可以保留原有封套的扭曲形状。

**📖 课堂案例**

# 使用封套扭曲绘制"橙子"

| | |
|---|---|
| 素材位置 | 无 |
| 实例位置 | 实例文件>CH07>课堂案例：使用封套扭曲绘制"橙子" |
| 教学视频 | 课堂案例：使用封套扭曲绘制"橙子".mp4 |
| 学习目标 | 掌握封套扭曲的用法 |

本例的最终效果如图7-48所示。

图7-48

**01** 新建一个尺寸为800px×600px的画板，然后使用"矩形工具"■在画板中绘制一个矩形，并设置"填色"为淡橙色（R:255，G:230，B:215），"描边"为"无"，使其与画板对齐并进行"锁定" 🔒，如图7-49所示。

图7-49

**02** 使用"椭圆工具" ⬭在画板中绘制一个圆，并设置"高度"和"宽度"均为200px，"填色"为粉红色（R:255，G:142，B:213），"描边"为"无"，然后在"透明度"面板中设置"混合模式"为"正片叠底"，如图7-50所示。执行"对象>封套扭曲>用网格建立"菜单命令，在弹出的"封套网格"对话框中设置"行数"为8，"列数"为8，单击"确定"按钮退出设置。待封套网格生成后，使用"直接选择工具" ▷选中4个边缘的中点，然后将其向中心点拖动，如图7-51所示。

图7-50

图7-51

03 选中步骤02创建的图形后右击，在弹出的菜单中执行"变换>旋转"命令，如图7-52所示。接着在弹出的"旋转"对话框中设置"角度"为60°，单击"复制"按钮，如图7-53所示。

图7-52

图7-53

04 不进行其他操作，直接使用快捷键Ctrl+D执行"再次变换"命令，再执行一次该操作，效果如图7-54所示。

05 使用"椭圆工具"◯在步骤04创建的图形上绘制一个圆，并设置"高度"和"宽度"均为213.5px，"描边"为橙色（R:255，G:112，B:20），"填色"为"无"，然后将其与步骤04创建的图形的圆心对齐，如图7-55所示。

图7-54

图7-55

06 使用"椭圆工具"◯在步骤05创建的图形上绘制一个圆，并设置"高度"和"宽度"均为213.5px，"描边"为白色，"填色"为"无"，然后将其与步骤04创建的图形的圆心对齐，接着调整图层的堆叠顺序，使其在步骤05创建的图形的下一层，最后选中所有的图形并进行编组，如图7-56所示。

图7-56

07 使用"直线段工具"╱在步骤05创建的图形中绘制一条直线，并设置"描边"为白色，"长度"为步骤04创建的图形的直径，在绘制的时候穿过圆心即可。然后右击，在弹出的菜单中执行"变换>旋转"命令，在弹出的"旋转"对话框中设置"角度"为60°，单击"复制"按钮，接着使用快捷键Ctrl+D执行"再次变换"命令，最终效果如图7-57所示。

图7-57

📖 课堂练习

## 使用封套扭曲设计"BANANA"字体

| 素材位置 | 素材文件 > CH07 > 课堂练习：使用封套扭曲设计"BANANA"字体 |
| --- | --- |
| 实例位置 | 实例文件 > CH07 > 课堂练习：使用封套扭曲设计"BANANA"字体 |
| 教学视频 | 课堂练习：使用封套扭曲设计"BANANA"字体.mp4 |
| 学习目标 | 熟练掌握封套扭曲的用法、路径的绘制和编辑 |

本例的最终效果如图7-58所示。

图7-58

01 新建一个尺寸为800px×600px的画板，执行"文件>置入"菜单命令置入素材"素材文件 > CH07 > 课堂练习：使用封套扭曲设计'BANANA'字体 > 香蕉.png"文件，接着适当缩放置入的图片并将其与画板对齐，在"图层"面板中将其锁定，如图7-59所示。

图7-59

02 在工具栏中选中"钢笔工具" ✎，并设置当前的"填色"为"无"，"描边"为黑色，接着沿图片中的香蕉的边缘绘制路径，如图7-60所示。

图7-60

**03** 选中步骤02中绘制的路径，并设置"填色"为黑色，"描边"为"无"。接着在工具栏中选中"美工刀"✐，将该路径分割成3部分，如图7-61所示。

图7-61

**04** 在工具栏中选中"文字工具" **T** 并在画板上单击，此时在单击的位置上会出现一个闪动的光标，接着在键盘上输入单词"BANANA"，按Esc键完成输入，在控制栏的"字符"下拉菜单选择合适的字体，最后拖动"BANANA"的定界框适当缩放，如图7-62所示。

图7-62

**05** 选中步骤04中创建的"BANANA"部分，然后执行"对象>扩展"菜单命令，将其扩展成路径，接着将其放置于"香蕉"路径的下层，如图7-63所示。

图7-63

📝 **技巧与提示**

　　本例使用的字体为"思源黑体_粗"字体，其中文本的创建及格式调整将在第8章进行详细介绍。

**06** 选中步骤05中扩展得到的路径和"香蕉"路径的中间部分，执行"对象>封套扭曲>用顶层对象建立"菜单命令，如图7-64所示。

图7-64

**07** 分别选中"香蕉"路径左侧的部分和右侧的部分，对其位置进行适当的调整，让其不压字。选中封套对象，执行"对象>扩展"菜单命令对其进行扩展，如图7-65所示。

图7-65

**08** 选中绘制出来的所有图形进行编组，复制出一份，设置"填色"为橘红色（R:244，G:110，B:69），"描边"为"无"，将置入的图片隐藏，如图7-66所示。

图7-66

**09** 首先使用"矩形工具"▢在画板中绘制一个矩形，并设置"宽度"为800px，"高度"为600px，"填色"为淡黄色（R:239，G:223，B:182），"描边"为"无"，接着将其与画板进行对齐，最后将其置于最底层，完成"BANANA"字体的制作，最终效果如图7-67所示。

图7-67

# 7.2 重复对象

重复对象是按照特定的几何形式为某对象创建副本得到的对象。在重复对象中，只要对原始对象做出了更改，那么所有的副本也会实时进行更改，因此使用重复对象能够省去大量手动复制粘贴及调整对象的时间，除此之外，合理运用重复对象还能够绘制出极具视觉冲击力的图形。

## 7.2.1 创建重复对象

📹 视频云课堂：66 创建重复对象

重复对象总共有"径向""网格"和"镜像"3种类型，分别能够以旋转、平移、对称的几何形式对当前选定的对象进行复制。若想完成重复对象的创建，在"对象>重复"子菜单中选择预期类型即可，如图7-68所示。

图7-68

## 7.2.2 编辑重复对象

📹 视频云课堂：67 编辑重复对象

虽然通过旋转、平移、对称等变换操作能绘制出和创建重复对象相差无几的图形，但是如果想对绘制出图形进行调整，往往都会需要推倒重来。因此，创建重复对象相较于手动变换优势就在于，重复对象能够快速对原始对象的更改做出反应，并实时反映到对象的副本中，只需要调整重复控件或设置重复选项便能完成此操作。

## 1.使用重复控件

使用重复控件来编辑重复对象较为直观，可以直接在画布上对重复对象做出调整。当完成重复对象的创建后选定，重复控件便会显示在重复对象的定界框上，只是"径向""网格""镜像"重复的控件存在差异。

⊙ **径向重复控件**

"径向重复控件"可以控制径向重复对象中实例的数量、旋转半径、旋转角度，如图7-69所示。

图7-69

往上拖动实例控件可以增加实例数量，往下拖动实例控件则可以减少实例数量，拖动控件时鼠标指针旁会实时显示实例数量，如图7-70所示。在默认状态下，创建径向重复对象时会为原始对象创建7个副本，加上原始对象共有8个实例。

图7-70

往外拖动半径控件可以增大半径，反之则可以让半径减小，如图7-71所示。

图7-71

沿当前圆形定界框拖动角度控件可以控制旋转的角度范围。拖动角度控件后，圆形定界框一部分显示为实线，一部分显示为虚线，显示为虚线的角度范围将不再沿圆形定界框排列实例，如图7-72所示。

图7-72

⊙ **网格重复控件**

"网格重复控件"可以控制网格重复对象中实例的列数、行数、水平间距、垂直间距, 如图7-73所示。

图7-73

沿矩形定界框左右拖动水平间距控件, 可以减少或增加实例的水平间距, 如图7-74所示。

图7-74

沿矩形定界框垂直上下拖动垂直间距控件, 可以减少或增加实例垂直间距, 如图7-75所示。

图7-75

调整列数和行数的方法和调整间距的方法相似, 只需要在水平方向或在垂直方向上拖动相应控件即可, 如图7-76所示。

图7-76

⊙ **镜像重复控件**

"镜像重复控件"可以控制镜像重复对象中实例对称轴的位置和角度。值得注意的是, 这些控件只有在双击镜像重复对象进入隔离模式后才会显示, 如图7-77所示。

图7-77

沿水平方向左右拖动位置控件可以增加对称轴和原始对象之间的距离, 沿垂直方向上下拖动位置控件可以改变对称中心的位置, 如图7-78所示。

图7-78

拖动角度控件可以使对称轴旋转一定的角度, 此时鼠标指针旁会实时显示旋转的角度, 如图7-79所示。

图7-79

## 2.设置重复选项

通过设置重复选项来编辑重复对象较为精准，能够指定重复对象相关属性的具体参数。若想进行此操作，只需要执行"对象 > 重复 > 选项"菜单命令即可在弹出的"重复选项"对话框中对"径向""网格"和"镜像"这3种类型的重复对象进行调整，如图7-80所示。

图7-80

在"径向"选项卡中可以对径向重复对象的实例数量和半径进行更改，当实例产生堆叠时，勾选"反向重叠"可以对实例堆叠的顺序进行反向，即原本堆叠在上层的实例在调整后会堆叠在下层，如图7-81所示。

图7-81

在"网格"选项卡中可以对网格重复对象的实例间距、网格类型、排列方向进行更改，其中网格类型有"网格""砖形（按行）""砖形（按列）"3种，若选择"砖形"则上下行或者左右列实例之间会错开一定距离进行排列，如图7-82所示。

网格

砖形（按行）

砖形（按列）

图7-82

在"镜像"选项卡中可以对镜像重复对象的对称轴角度进行调整，如图7-83所示。

图7-83

## 3.释放重复对象

"释放"命令可以将重复对象还原为原始对象，若在创建完重复对象之后对原始对象进行过调整，那么重复对象将还原为调整后的状态。选中重复对象，执行"对象 > 重复 > 释放"菜单命令即可完成当前重复对象的释放，如图7-84所示。

图7-84

# 7.3 混合对象

混合对象能够在两个或多个对象之间创建出多个过渡对象，同时使这些对象成为一个整体。过渡对象除了会在形状上逐渐过渡外，还会在颜色上逐渐过渡。因其具有这样的特点，使用混合对象创作出的图稿往往都具有很强的形式美感。在"对象>混合"子菜单中可以看到"建立""混合选项""替换混合轴"等多种混合对象的命令，如图7-85所示。

图7-85

**本节重点内容**

| 重点内容 | 说明 | 重要程度 |
| --- | --- | --- |
| 混合工具 | 在两个或多个对象之间创建出多个过渡对象 | 高 |

## 7.3.1 创建混合对象

🔲 视频云课堂: 68 创建混合对象

创建混合对象有两种方法，一种就是使用"混合工具" 🔧 来进行创建，这种方法具有较大的灵活性，因此也是一个常用于创建混合对象的方法；另一种则是通过执行菜单命令来进行创建，对于混合开放路径来说，使用这种方法创建混合对象可以有效地避免过渡对象发生扭转。

第1种方式：使用混合工具创建混合对象。在工具栏中选择"混合工具" （快捷键为W），在某一对象上单击后，再单击另一个对象即可将这两个对象进行混合，同时会自动创建一条线作为对象的混合轴，应用效果如图7-86所示。

混合前

混合后

图7-86

第2种方式：通过执行菜单命令创建混合对象。选中图形对象，执行"对象>混合>建立"菜单命令（快捷键为Alt+Ctrl+B）即可。

📝 **技巧与提示**

当使用"混合工具" 🔹 对对象进行混合时，单击的位置会影响混合的效果，因此过渡对象很有可能会发生扭转的现象，如图7-87所示。为了避免这种情况的发生，我们可以在单击时尽量避开锚点：单击时要注意鼠标指针的变化，当鼠标指针在锚点附近显示为 ▪ 时单击即可。当然，执行菜单命令创建混合对象无疑是更稳妥的办法。

| 原始图形 | 使用工具可能会发生扭转 | 使用菜单命令不会发生扭转 |

图7-87

# 7.3.2 编辑混合对象

▶ 视频云课堂：69 编辑混合对象

创建了混合对象后，效果有时并不符合我们的预期，因此就需要对混合对象进行编辑，其中使用较为频繁的操作便是设置混合选项。

## 1.设置混合选项

在工具栏中双击"混合工具" 🔹 或执行"对象>混合>混合选项"菜单命令，都可以打开"混合选项"对话框，在其中设置相应的选项即可，如图7-88所示。

图7-88

**重要参数介绍**

◇ **间距**：指定创建过渡对象的方式及数量。

» **平滑颜色**：自动指定过渡对象的数量。

» **指定的步数**：在文本框中输入数值，可以指定过渡对象的数量。数值设置得越大，过渡对象就越多，如图7-89所示。

指定的步数为1

指定的步数为3

图7-89

» **指定的距离**：在文本框中输入数值，可以指定相邻对象之间的距离。数值越小，创建的过渡对象越多。

◇ **取向**：控制过渡对象的方向。

» **对齐页面**：过渡对象将垂直于水平方向。

» **对齐路径**：过渡对象将垂直于混合轴。

## 2.调整混合轴

执行"替换混合轴"命令可以指定一条绘制好的路径替换混合对象当前的混合轴，替换混合轴后，过渡对象将沿该路径重新排列；执行"反向混合轴"命令能够改变混合轴的方向，从而改变混合对象的混合方向。

⊙ **替换混合轴**

先绘制一条路径，这条路径将作为替换的新混合轴，然后同时选中这条路径和混合对象，执行"对象>混合>替换混合轴"菜单命令，替换效果如图7-90所示。

替换前

替换后

图7-90

#### ⊙ 反向混合轴

选中混合对象，执行"对象>混合>反向混合轴"菜单命令，即可将混合对象的混合轴进行反向，反向效果如图7-91所示。

反向前

反向后

图7-91

### 3.对堆叠顺序进行反向

选中混合对象并执行"对象>混合>反向堆叠"菜单命令，可对混合对象的堆叠顺序进行反向，反向效果如图7-92所示。

反向前

反向后

图7-92

### 4.释放和扩展混合对象

释放混合对象能够将原有对象进行还原，同时还会保留混合轴。选中目标对象后，执行"对象>混合>释放"菜单命令（快捷键为Alt+Shift+Ctrl+B）完成释放，这时混合对象将还原为原有对象，如图7-93所示。

释放前

释放后

图7-93

扩展混合对象能够将混合对象转化为与当前外观一致的路径编组。选中目标对象后，执行"对象>混合>扩展"菜单命令即完成扩展，如图7-94所示。

扩展前

扩展后

图7-94

#### 课堂案例

#### 使用"混合工具"制作立体字

| | |
|---|---|
| 素材位置 | 无 |
| 实例位置 | 实例文件>CH07>课堂案例：使用"混合工具"制作立体字 |
| 教学视频 | 课堂案例：使用"混合工具"制作立体字.mp4 |
| 学习目标 | 掌握"混合工具"的用法、立体字的制作方法 |

本例的最终效果如图7-95所示。

图7-95

**01** 新建一个尺寸为800px×600px的画板，然后使用"椭圆工具"  绘制直径分别为35px和75px的两个圆，同时应用从紫色（R:113，G:62，B:250）到青色（R:167，G:250，B:239）的线性渐变填色，并且不使用描边，最后将其放置在图7-96所示的位置。

图7-96

**02** 使用"混合工具"  按顺序单击步骤01绘制的两个对象，将这两个对象混合，效果如图7-97所示。

图7-97

**03** 双击"混合工具"  ，在弹出的"混合选项"对话框中设置"间距"为"指定的步数"，参数为1000，单击"确定"按钮，如图7-98所示。

图7-98

**04** 使用"铅笔工具"  在画板中绘制出"Light"字样的路径，如图7-99所示。

图7-99

✎ **技巧与提示**

读者不需要绘制得很精细，随意绘制该路径即可。

**05** 将步骤03创建的混合对象复制出一份，同时选中混合对象和代表字母"L"的路径，然后执行"对象>混合>替换混合轴"菜单命令，效果如图7-100所示。

图7-100

**06** 将步骤03创建的混合对象复制出一份，同时选中混合对象和代表字母"i"上半部分的路径，执行"对象>混合>替换混合轴"菜单命令，如图7-101所示。将步骤03创建的混合对象复制出一份，同时选中混合对象和代表字母"i"下半部分的路径，执行"对象>混合>替换混合轴"菜单命令，效果如图7-102所示。

图7-101        图7-102

**07** 将步骤03创建的混合对象复制出一份，同时选中混合对象和代表字母"g"的路径，执行"对象>混合>替换混合轴"菜单命令，效果如图7-103所示。

图7-103

**08** 将步骤03创建的混合对象复制出一份，同时选中混合对象和代表字母"h"的路径，执行"对象>混合>替换混合轴"菜单命令，效果如图7-104所示。

图7-104

**09** 将步骤03创建的混合对象复制出一份，同时选中混合对象和代表字母"t"横线部分的路径，执行"对象>混合>替换混合轴"菜单命令，如图7-105所示。将步骤03创建好的混合对象复制出一份，同时选中混合对象和代表字母"t"竖钩部分的路径，执行"对象>混合>替换混合轴"菜单命令，效果如图7-106所示。

图7-105

图7-106

**10** 使用"矩形工具" ▭在画板中绘制一个矩形，并设置"宽度"为800px，"高度"为600px，然后使用与混合对象相同的渐变颜色进行填色，将其与画板对齐，完成案例的制作，最终效果如图7-107所示。

图7-107

💻 课堂练习

## 使用"混合工具"制作"2022"立体字

| | |
|---|---|
| 素材位置 | 无 |
| 实例位置 | 实例文件 > CH07 > 课堂练习：使用"混合工具"制作"2022"立体字 |
| 教学视频 | 课堂练习：使用"混合工具"制作立体字.mp4 |
| 学习目标 | 熟练掌握"混合工具"的用法、立体字的制作方法 |

本例的最终效果如图7-108所示。

图7-108

**01** 新建一个尺寸为A4的画板，然后使用"矩形工具" ▭在画板中绘制一个矩形，并设置"宽度"为180mm，"高度"为60mm，"填色"为黑色，"描边"为"无"，将其放置在如图7-109所示的位置。

图7-109

**02** 再次使用"矩形工具" ▢ 在画板中绘制一个小矩形，并设置"宽度"为140mm，"高度"为2mm，"填色"为白色，"描边"为"无"，将其与步骤01中绘制的矩形顶部对齐，如图7-110所示。

**03** 选中步骤02中绘制完成的小矩形并将其复制出一份，将复制出来的小矩形与步骤01中的矩形底部对齐，如图7-111所示。

图7-110　　　　　　　图7-111

**04** 选中步骤02中绘制完成的小矩形并将其复制出两份，将复制出来的两个小矩形放置于上述步骤中两个小矩形之间，接着选中4个小矩形并进行垂直居中分布 ≡，如图7-112所示。

**05** 将第3个（从上往下数）小矩形沿水平方向移动到与大矩形的右边对齐，接着将顶部和底部的两个小矩形删除掉，最后选中绘制的图形，使用"形状生成器"工具 ◔ 按住Alt键将中间两个小矩形减去，绘制出"2"，如图7-113所示。

 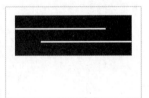

图7-112　　　　　　　图7-113

**06** 使用"直接选择工具" ▷ 选中图形右上角和左下角的锚点，在控制栏中设置"边角"为10mm。接着再次使用"直接选择工具" ▷ 选中图形左边第2个（从上往下数）锚点和右边第3个锚点，同样也在控制栏中设置"边角"为10mm，如图7-114所示。

**07** 重复步骤01和步骤02再次绘制一个大矩形和一个小矩形，接着选中这两个矩形之后进行水平居中对齐 ▤ 和垂直居中对齐 ▥，最后使用"形状生成器"工具 ◔ 按住Alt键将小矩形减去，绘制出"0"，如图7-115所示。

图7-114　　　　　　　图7-115

**08** 使用"直接选择工具" ▷ 选中步骤07中图形右上角和左下角的锚点，在控制栏中设置"边角"为10mm，如图7-116所示。

图7-116

**09** 将步骤06中绘制的"2"复制出两份，并按从上往下的顺序将图形排列成"2022"。接着选中画板上的4个图形进行水平居中对 ▤ 和垂直居中分布 ≡，最后将4个图形进行编组，如图7-117所示。

图7-117

**10** 将步骤09中绘制的"2022"复制出一份，并设置"填色"为深黄色（R:224，G:174，B:65），"描边"为灰色（R:239，G:239，B:239），"粗细"为5mm，将其向左上方移动一点，如图7-118所示。

**11** 使用"混合工具" ◔ 将绘制出的两个图形进行混合，并在"混合选项"中设置"间距"为"指定的步数"，参数为5。最后再双击混合对象进入隔离模式，将橙色的"2022"的位置进行适当调整，如图7-119所示。

图7-118

图7-119

⑫ 使用"矩形工具" ▣ 在画板中绘制一个矩形,并设置"宽度"为210mm,"高度"为297mm,"填色"为蓝黑色(R:55, G:63, B:92),"描边"为"无",然后将其与画板进行对齐,并放置在底层,完成"2022"立体字的制作,最终效果如图7-120所示。

图7-120

# 7.4 符号

如果要对某些图稿进行复用,我们除了可以使用之前学过的"图案"来实现,还可以使用"符号"来实现。相较于使用图案来复用图稿,通过符号来复用图稿的灵活性会更强,因为我们可以将符号置入画板中的任意位置上,这些符号被称为符号实例,符号实例将会实时更新对符号进行的各项编辑。因其具有这样的特点,所以常常被应用到品牌设计或插画设计中。在高级工具栏中长按"符号喷枪工具" 🖼,在弹出的工具组中可以看到总共有8种符号工具,如图7-121所示。

图7-121

## 本节重点内容

| 重点内容 | 说明 | 重要程度 |
|---|---|---|
| "符号"面板 | 管理和编辑符号 | 高 |
| 符号喷枪工具 | 创建符号组 | 中 |
| 符号移位器工具 | 移动符号组中的符号实例 | 中 |
| 符号紧缩器工具 | 缩小或者扩大符号组中符号实例之间的距离 | 中 |
| 符号缩放器工具 | 缩放符号组中的符号实例 | 中 |
| 符号旋转器工具 | 旋转符号组中的符号实例 | 中 |
| 符号着色器工具 | 改变符号组中的符号实例的颜色 | 中 |
| 符号滤色器工具 | 改变符号组中的符号实例的不透明度 | 中 |
| 符号样式器工具 | 将图形样式应用给符号组中的符号实例 | 中 |

## 7.4.1 "符号"面板

🔲 视频云课堂:70 "符号"面板

"符号"面板主要用于管理和编辑符号,可对符号进行基本的创建、复制、删除和编辑等多项操作。执行"窗口>符号"菜单命令(快捷键为Shift+Ctrl+F11)可显示或隐藏"符号"面板。"符号"面板如图7-122所示。在"符号"面板中双击想要编辑的符号,即可进入隔离模式,接下来就可以使用相关工具或菜单命令对符号进行编辑。

符号库菜单
置入符号实例
断开符号链接
删除符号
新建符号
符号选项

图7-122

### 重要参数介绍

◇ 新建符号 ⊞:将需要创建为符号的图稿拖动到"符号"面板中或选中图稿后在"符号"面板中单击该按钮,在弹出的"符号选项"对话框中指定相关选项并单击"确定"按钮可完成符号的创建,如图7-123所示。

图7-123

» 静态符号:不允许符号实例保留各自的配色。

» 动态符号:允许符号实例保留各自的配色。如果要更改符号实例中各个组件的颜色,可以使用"直接选择工具" ▷ 选中各个组件后进行更改。

» 套版色:指定符号实例的变换中心。

» 启用9格切片缩放的参考线:用于控制编辑符号时是否显示9格切片缩放的参考线。这些参考线将符号划分成9个区域,当缩放符号实例时,位于四角区域的部分将不会缩放,而是通过拉伸其他区域来完成缩放。

在"符号"面板中将目标符号拖动到"新建符号"按钮田上可完成复制。另外，选中目标符号后，在"符号"面板菜单中选择"复制符号"命令也可完成复制。

◇ **符号选项**：对目标符号的符号选项进行设置。

◇ **删除符号**：对目标符号进行删除。

◇ **符号库菜单**：在弹出菜单中选择"保存符号"命令可对目标符号进行保存，选择"其他库"命令可以导入符号。

◇ **置入符号实例**：将目标符号置入画板上。另外，将目标符号从"符号"面板中拖动到画板上也可完成置入。

◇ **断开符号链接**：断开目标符号与符号实例之间的链接。另外，选中符号实例后，执行"对象>扩展"菜单命令也可以断开符号链接。

置入符号实例后，若我们对符号进行了编辑，那么将会实时更新到该符号对应的符号实例上，因此，我们在编辑符号时，可以根据实际需求将一些符号实例和符号断开链接，这样这些符号实例就不会再实时更新对符号的编辑了。

## 知识点：全局编辑

在绘制图稿时将某一对象复制出了多个副本，若想对这些副本进行编辑，使用全局编辑将可以一次性对这些副本进行编辑，不再需要逐一编辑各个副本。并且，就算是对副本的大小、外观属性进行过更改，使用"全局编辑"依然能够统一对这些相似形状做出编辑。

在全局编辑之前，可以先指定相似形状的查找范围。在控制栏中单击"开始同时编辑所有相似形状"按钮的下拉菜单按钮打开"全局编辑选项"，在该下拉菜单中可以指定相似形状的匹配度和画板范围，如图7-124所示，其中在"匹配"选项组下可以指定查找当前画板范围内外观相同或大小相同的对象；在"以下画板上"选项组下可以指定在当前文档中哪些画板上查找相似形状，若勾选"包含画布上的对象"，那么即使对象在画板之外也能被查找到。

图7-124

与此相似的是，选中对象后在"属性"面板中单击"启动全局编辑"的下拉菜单按钮，同样也能打开"全局编辑选项"，如图7-125所示。

图7-125

当指定完相似形状的查找范围之后，只需要选中原始对象或其副本，在控制栏单击"开始同时编辑所有相似形状"按钮或在"属性"面板中单击"启动全局编辑"按钮即可启动全局编辑。此时，当前查找范围内所有相似形状将会被暂时转换为符号并被选定，如图7-126所示。接着，对当前选定对象进行缩放、旋转等变换操作，将会实时呈现在相似形状中，如图7-127所示。若不想对某特定对象进行编辑，可以按住Shift键单击该对象，此时该对象的定界框会变成橙色，并且在随后的全局编辑中该对象将不再实时做出更改，如图7-128所示。

启动全局编辑前

启动全局编辑后

图7-126

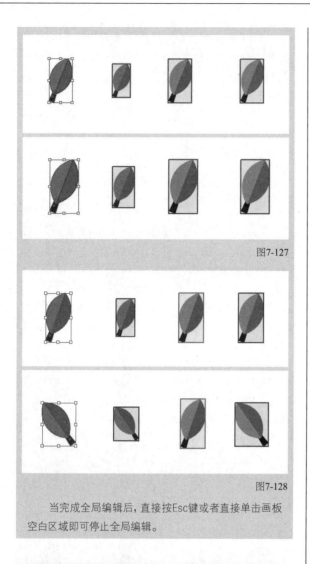

图7-127

图7-128

当完成全局编辑后，直接按Esc键或者直接单击画板空白区域即可停止全局编辑。

# 7.4.2 使用符号工具

📹 视频云课堂：71 使用符号工具

使用符号工具能够创建并编辑符号组，其中"符号喷枪工具" 📷 可以用来创建符号组，其他符号工具则用于对符号组进行移动、缩放、旋转和着色等多项操作。在绘制一些图稿时，合理地应用这些符号工具将会提高工作效率。

## 1.创建符号组

在创建符号组之前，可以先在工具栏中双击"符号喷枪工具" 📷，在弹出的"符号工具选项"对话框中设置符号工具的相关选项，其中在对话框的上半部分可以设置符号工具的直径、方法、强度和密度这些全局选项，在对话框的下半部分可以设置使用符号喷枪工具向符号组中添加符号实例时使用的方法，如图7-129所示。

图7-129

当设置了符号工具选项后，在"符号"面板中选中某一符号，在工具栏中选择"符号喷枪工具" 📷，在目标位置单击或拖动即可完成创建符号组，如图7-130所示。按住Alt键在符号组上单击或拖动可以减少符号组中的符号实例。

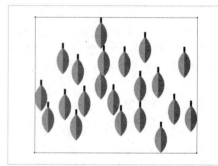

图7-130

📝 技巧与提示

在工具栏中双击符号工具组中任意一个工具，都会弹出"符号工具选项"对话框，然后便可以对相应的符号工具选项进行设置。如果想设置其他符号工具的选项，那么可以在"符号工具选项"对话框中单击相应工具的图标进行切换。

## 2.编辑符号组

在工具栏中选择除"符号喷枪工具" 📷 之外的其他任意一个符号工具，在符号组上单击或拖动鼠标可对符号组进行相应的操作。

### ⊙ 符号移位器工具

"符号移位器工具" 📷 可以移动符号实例。选择"符号移位器工具" 📷 后，在符号组上拖动可移动符号实例，如图7-131所示。如果有多个符号实例重叠，按住Shift键单击某一符号实例，可以将其向上移动一层；如果按住Alt+Shift键单击某一符号实例，可以将其向下移动一层。

编辑前　　　　　　　　　编辑后

图7-131

### ⊙ 符号紧缩器工具

"符号紧缩器工具" 🐝可以使各个符号实例之间的距离变小。选择"符号紧缩器工具" 🐝后，在符号组上单击或拖动鼠标可减小符号实例之间的距离；按住Alt键在符号组上单击或拖动鼠标可增大符号实例之间的距离，应用效果如图7-132所示。

编辑前　　　　　　　　　编辑后

图7-132

### ⊙ 符号缩放器工具

"符号缩放器工具" 🔍可以放大符号实例。选择"符号缩放器工具" 🔍后，在符号组上单击或拖动鼠标可放大符号实例；按住Alt键在符号组上单击或拖动鼠标可缩小符号实例，应用效果如图7-133所示。

编辑前　　　　　　　　　编辑后

图7-133

### ⊙ 符号旋转器工具

"符号旋转器工具" 🌀可以旋转符号实例。选择"符号旋转器工具" 🌀后，在符号组上拖动鼠标可旋转符号实例，应用效果如图7-134所示。

编辑前　　　　　　　　　编辑后

图7-134

### ⊙ 符号着色器工具

"符号着色器工具" 🎨可以将符号实例的颜色逐渐变成当前填色的颜色。选择"符号着色器工具" 🎨后，按住Alt键在符号组上单击或拖动鼠标可将符号实例的颜色逐渐还原成原始颜色，应用效果如图7-135所示。

编辑前　　　　　　　　　编辑后

图7-135

### ⊙ 符号滤色器工具

"符号滤色器工具" 🔲可以减小符号实例的不透明度。选择"符号滤色器工具" 🔲后，在符号组上单击或拖动鼠标可减小符号实例的不透明度；按住Alt键在符号组上单击或拖动鼠标可增大符号实例的不透明度，应用效果如图7-136所示。

编辑前　　　　　　　　　编辑后

图7-136

## ⊙ 符号样式器工具

选择"符号样式器工具" ，在"图形样式"面板中选中某一图形样式后，在符号组上单击或拖动鼠标，可以将该图形样式逐渐应用到符号实例上；如果按住Alt键在符号组上单击或拖动鼠标，可以将应用了该图形样式的符号实例逐渐还原成原始符号实例，应用效果如图7-137所示。

编辑前　　　　　　　　　编辑后

图7-137

### 课堂案例

#### 应用符号制作礼盒包装纸图案

| 素材位置 | 无 |
|---|---|
| 实例位置 | 实例文件>CH07>课堂案例：应用符号制作礼盒包装纸图案 |
| 教学视频 | 课堂案例：应用符号制作礼盒包装纸图案.mp4 |
| 学习目标 | 掌握符号工具的用法 |

本例的最终效果如图7-138所示。

图7-138

**01** 新建一个尺寸为800px×600px的画板，然后使用"矩形工具" 在画板中绘制一个矩形，并设置"宽度"为800px，"高度"为600px，"填色"为蓝黑色（R:55，G:54，B:66），"描边"为"无"，使其与画板对齐，如图7-139所示。

图7-139

**02** 使用"钢笔工具" 在画板中分别绘制出图7-140所示的图形，并设置"描边粗细"均为3pt。

**03** 选中步骤02绘制的图形，将其拖动到"符号"面板中，创建为一个符号，如图7-141所示。

图7-140　　　　　　　　　图7-141

**04** 在工具栏中双击"符号喷枪工具" ，在"符号工具选项"对话框中设置"直径"为500px，"强度"为8，"符号组密度"为2，接着单击"确定"按钮，最后在"符号"面板中选中新建的符号往画板上拖动，完成符号组的创建，如图7-142所示。

图7-142

**05** 选中创建的符号组，然后使用"符号移位器工具" 在该符号组上拖动，使符号实例的间隙相对匀称，整个构图看起来更加自然、舒适，如图7-143所示。

图7-143

**06** 选中调整后的符号组，然后使用"符号旋转器工具" 在该符号组上拖动，使该符号组中的符号实例排列得相对比较随机，如图7-144所示。

图7-144

**07** 选中调整后的符号组，然后使用"符号紧缩器工具" 按住Shift键在该符号组上拖动，适当地增大符号实例的间隙，如图7-145所示。

图7-145

**08** 使用"矩形工具" 在画板中绘制一个矩形，并设置"宽度"为800px，"高度"为600px，并将其与画板对齐。接着选中该矩形和符号组，执行"对象>剪切蒙版>建立"菜单命令创建剪切蒙版，隐藏超出画板区域的符号实例，如图7-146所示。

图7-146

# 7.5 本章小结

本章主要介绍了扭曲对象、重复对象、混合对象和符号的应用方法，虽然涉及较多工具，但是只要我们注意寻找规律，掌握这些工具也是非常容易的。

在介绍扭曲对象时，学习了多种扭曲形式的使用方法。需要重点掌握封套扭曲的应用，这种扭曲方式的自由度比较高，同时实现的效果也具有很强的视觉冲击力。

在介绍混合对象时，讲解了创建和编辑混合对象的方法。需要重点掌握对开放路径进行混合的方法，因为在使用"混合工具" 对开放路径进行混合的时候，如果稍微不注意，我们便会单击到路径上的锚点，这样就有可能会造成过渡路径的扭转，而这样的混合效果往往是不理想的。

在介绍符号时，讲解了"符号"面板及各种符号工具的使用方法。需要重点区分静态符号和动态符号。一般而言，我们在创建符号的时候都偏向于选择动态符号。另外，还需要掌握符号组的创建和编辑方法，因为我们可能会对一些图稿进行大量的复用，这时应用符号组是较好的选择。

# 7.6 课后习题

本节安排了两个课后习题供读者练习，这两个习题综合考查了本章知识。读者在练习时如果有疑问，可以一边观看教学视频，一边学习对象形状的变化技巧。

## 7.6.1 制作海报背景纹理

| 素材位置 | 无 |
| --- | --- |
| 实例位置 | 实例文件>CH07>课后习题：制作海报背景纹理 |
| 教学视频 | 课后习题：制作海报背景纹理.mp4 |
| 学习目标 | 熟练掌握封套扭曲的用法 |

本例的最终效果如图7-147所示。

图7-147

## 7.6.2 制作艺术字体

| 素材位置 | 无 |
| --- | --- |
| 实例位置 | 实例文件>CH07>课后习题：制作艺术字体 |
| 教学视频 | 课后习题：制作艺术字体.mp4 |
| 学习目标 | 熟练掌握混合对象的用法 |

本例的最终效果如图7-148所示。

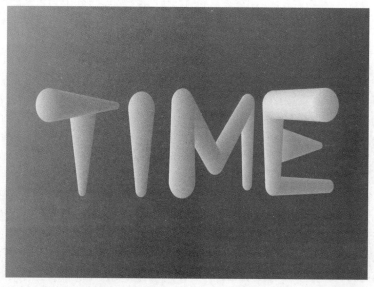

图7-148

第 **8** 章

# 文本的排列与编辑

当制作名片、海报或宣传册时，文本的排列与编辑是必不可少的操作，这就要求我们必须掌握创建文本、设置文本格式等各项知识。同时，还要注意字体的气质将在很大程度上影响作品的视觉效果。掌握了这些知识后，我们还需要掌握编辑文本的各项命令，这样在处理文本时就能够快速地完成各类文本的编排了。

## 课堂学习目标

◇ 掌握文本的创建方法

◇ 掌握文本格式的设置方法

◇ 掌握文本的编辑方法

# 8.1 创建文本

文本分为点文字、区域文字和路径文字3种类型，而每一种文本类型的排列形式又可以分为横排和直排两种。不同的文本类型有着不同的应用场景。当我们只需要创建少量文本时，使用点文字类型创建会更加便捷；当我们需要创建大量文本时，使用区域文字类型创建才能更好地解决问题；当要使文本的排列形式突破常规时，创建路径文字可能是较好的选择。同时，不同的文本排列形式也对应着不同的使用习惯，如横向排列的文本更符合人们的阅读习惯，我们日常接触到的书刊基本上采用了这一种排列形式；纵向排列的文本看起来会更加古朴，但是这种排列形式会给我们的阅读带来一定的困难，因此主要用于排列少量文本，如名片或海报上的信息。长按"文字工具" T ，在展开的工具组中可以看到总共有7个文字工具，如图8-1所示。

图8-1

**本节重点内容**

| 重点内容 | 说明 | 重要程度 |
| --- | --- | --- |
| 文字工具/直排文字工具 | 创建点文字 | 高 |
| 区域文字工具/直排区域文字工具 | 创建区域文字 | 高 |
| 路径文字工具/直排路径文字工具 | 创建路径文字 | 高 |

## 8.1.1 点文字

视频云课堂：72 点文字

点文字是少量横排或直排的文本，用于制作少量的文字。

### 1.文本的创建

点文字的创建方式非常简单，有以下两种。

第1种方式：在工具栏中选择"文字工具" T （快捷键为T），在要创建文本的位置上单击即可输入文字内容，在空白处单击或按Esc键即可完成横排点文字的创建，如图8-2所示。在此过程中，要从新的一行开始输入文本时，按Enter键换行即可；按住Ctrl键拖动文本可调整文本的位置。

图8-2

> **技巧与提示**
> "文字工具" T 是Illustrator中常见的创建文本的工

具，使用该工具可以按照横排的方式，从左至右进行文字的输入。

第2种方式：在工具栏中选择"直排文字工具" T ，在要创建文本的位置上单击即可输入文字内容，在空白处单击或按Esc键即可完成直排点文字的创建，如图8-3所示。在此过程中，要从新的一列开始输入文本时，按Enter键换列即可；按住Ctrl键拖动文本可调整文本的位置。

图8-3

> **技巧与提示**
> 在要创建文本的位置上单击，这时自动出现的一行文字是"占位符"，方便我们观察文字输入后的效果。此时的占位符处于被选中的状态，我们可以在控制栏中设置合适的字体、字号，并直接观察到效果，如图8-4所示。如果界面中没有显示控制栏，可以执行"窗口>控制"菜单命令将其显示。
> 调整到令人满意的视觉效果后，可以按Backspace键删除占位符，然后输入所需的文字，如图8-5所示。文字输入完毕后，按Esc键结束操作。

图8-4                图8-5

如果不想调出自动填充的文字占位符，只需执行"编辑>首选项>文字"菜单命令，在弹出的对话框中取消勾选"用占位符文本填充新文字对象"选项即可，下次使用"文字工具" T 输入文字时就不会自动出现文字了。

### 2.文本的变换

点文字中的每一行文本都是独立存在的，因此当我们使用"选择工具" 拖动点文字定界框上的手柄时，会直接对文本内容进行变换，效果如图8-6所示。此外，我们还可以在鼠标指针变为旋转图标时对文本内容进行旋转，效果如图8-7所示。

图8-6                图8-7

## 8.1.2 区域文字

视频云课堂：73 区域文字

区域文字是大量横排或直排的文本，用于制作正文类的大段文字。

### 1.文本的创建

区域文字的创建方式也不难，有以下两种。

第1种方式：通过拖动鼠标来创建区域文字。在工具栏中选择"文字工具"T或"直排文字工具"IT，在画板的空白处框选一个区域便可以进行文本的输入。文字内容输入完成后，在空白处单击或按Esc键即可完成横排或直排区域文字的创建，如图8-8所示。

图8-8

第2种方式：在形状中创建区域文字。使用相关工具绘制了形状后（圆形、矩形和星形都可以），在工具栏中选择"区域文字工具"或"直排区域文字工具"，在形状的路径上单击便可在该形状中进行文本的输入。文字内容输入完成后，按住Ctrl键在空白处单击即可在该形状中完成横排或直排区域文字的创建，如图8-9所示。

图8-9

技巧与提示

要在形状中创建区域文字，使用相关工具进行文本的输入时，必须单击形状路径，如图8-10所示。如果单击的是形状路径的内部区域，则会弹出必须单击非复合、非蒙版路径的提示，如图8-11所示，此时无法创建区域文字。

图8-10　　图8-11

### 2.文本的变换

区域文字与点文字不同，当文本内容到达文本定界框的边界时会自动换行，因此使用"选择工具"拖动文本定界框的边界时，区域文字会自适应文本区域的大小，如图8-12所示。使用"直接选择工具"拖动定界框上的控制手柄，可以对文本区域进行变形，如图8-13所示。

图8-12

图8-13

技巧与提示

在输入大量文本时，文本内容很容易超出当前区域的容许量而导致溢流，此时靠近文本定界框底部的位置会出现一个内含加号（＋）的小方块，同时文字未完全显示。我们可以通过调整文本区域的大小或扩展路径来显示溢流文本。当学习了文本格式的设置后，我们还可以采用更改文字大小或间距等方法避免出现文本溢流的问题。

如果想对文本进行缩放或旋转，还可以使用"自由变换工具"⊞或"旋转工具"↻，如图8-14所示。

图8-14

# 8.1.3 路径文字

▶ 视频云课堂：74 路径文字

路径文字是沿路径进行排列的文本。与前面介绍的两种文本类型不同，路径文字可以将文字排列为任意形状，常常用于制作艺术感比较强烈的文本。

## 1.文本的创建

在工具栏中选择"路径文字工具"❖或"直排路径文字工具"❖，在路径上单击即可进行文本的输入。文字内容输入完成后，按住Ctrl键在空白处单击即可在该路径上完成横排或直排文本的创建，如图8-15所示。

图8-15

> 📝 **技巧与提示**
>
> 使用"路径文字工具"❖创建路径文字时，字符的排列将与基线平行；使用"直排路径文字工具"❖创建路径文字时，字符的排列将与基线垂直。

## 2.文本的变换

当路径文字创建完成后，使用"选择工具"▶选中路径文字并拖动中点标记，可沿路径移动文本；拖动起点标记和终点标记，可对文本的起始点和终止点进行调整，如图8-16所示。

图8-16

使用"选择工具"▶选中路径文字并拖动中点标记到路径的另一侧即可将文本翻转到该侧，如图8-17所示。当然，使用"直接选择工具"▷拖动路径上的控制手柄，也可以对路径文字进行变形。

图8-17

### ■ 知识点：使用"修饰文字工具"

在文字工具组中还有一个"修饰文字工具"⊞，该工具能够单独对某一个字符进行自由移动、缩放和旋转。在处理少量文本信息时，如果想突出一些字符，那么使用该工具便能够高效地实现。在工具栏中选择"修饰文字工具"⊞（快捷键为Shift+T），在需要修饰的字符上单击，这时字符周围会出现一个变换框，拖动变换框上的控制手柄即可完成相应的调整，如图8-18所示。

图8-18

在此过程中，拖动字符或变换框左下角的控制手柄，可以对字符进行移动；拖动变换框左上角或右下角的控制手柄，可以对字符进行纵向或横向的缩放；拖动变换框右上角的控制手柄，可以对字符进行等比例缩放；拖动变换框上方的旋转手柄，可以对字符进行旋转。

📄 **课堂案例**

### 制作变形文字

| | |
|---|---|
| 素材位置 | 无 |
| 实例位置 | 实例文件＞CH08＞课堂案例：制作变形文字 |
| 教学视频 | 课堂案例：制作变形文字.mp4 |
| 学习目标 | 掌握文本的创建方法，以及对文字的变形处理 |

本例的最终效果如图8-19所示。

图8-19

**01** 新建一个尺寸为800px×600px的画板，然后使用"矩形工具"▭在画板中绘制一个矩形，并设置"宽度"为800px，"高度"为600px，"填色"为浅灰色（R:232，G:232，B:232），"描边"为"无"，然后将其与画板进行对齐，如图8-20所示。

**02** 使用"钢笔工具"✒在画板中绘制一条路径，并设置"填色"为"无"，"描边"为黑色，同时适当地调整路径的走向，如图8-21所示。

图8-20　　　　　　　图8-21

**03** 使用"路径文字工具"✏在步骤02所绘制的路径上单击，输入"随波逐流"创建路径文字，按Esc键完成输入，适当地调整路径文字的大小，如图8-22所示。

图8-22

技巧与提示

　　本例使用的字体为"思源黑体_粗"字体，由于还未讲解文本的格式，因此读者可以根据喜好选择其他合适的字体或由系统默认使用的字体。

**04** 选中步骤03创建完成的路径文字，执行"对象>封套扭曲>用网格建立"菜单命令，在弹出的"封套网格"对话框中设置网格的"行数"和"列数"均为6，最后单击"确定"按钮，如图8-23所示。

图8-23

**05** 使用"直接选择工具"▷对创建好的封套进行局部框选调整，如图8-24所示，接着适当地缩放，完成后的效果如图8-25所示。

图8-24　　　　　图8-25

**06** 选中步骤05中的封套对象，执行"对象>扩展"菜单命令对其进行扩展，接着将扩展出的对象进行适当的缩放，并设置"填色"为蓝色（R:52，G:52，B:224），最终效果如图8-26所示。

图8-26

🖳 课堂练习

## 制作电商Banner

| | |
|---|---|
| 素材位置 | 素材文件>CH08>课堂练习：制作电商Banner |
| 实例位置 | 实例文件>CH08>课堂练习：制作电商Banner |
| 教学视频 | 课堂练习：制作电商Banner.mp4 |
| 学习目标 | 掌握电商Banner的制作方法、文本在电商Banner中的应用 |

本例的最终效果如图8-27所示。

图8-27

**01** 新建一个尺寸为800px×350px的画板，然后使用"矩形工具" ▢ 在画板中绘制一个矩形，并设置"宽度"为800px，"高度"为350px，"填色"为从粉色（R:255，G:219，B:240）到紫色（R:192，G:162，B:255）的线性渐变，"描边"为"无"，接着将其与画板对齐并"锁定" 🔒 ，如图8-28所示。

图8-28

**02** 使用"椭圆工具" ◯ 在画板的左下角绘制一个圆，并设置"长度"为110px，"宽度"为110px，"填色"为从粉色（R:255，G:191，B:228）到紫色（R:192，G:148，B:255）的线性渐变，"描边"为"无"，如图8-29所示。

图8-29

**03** 将步骤02绘制的圆复制出一份，然后在"变换"面板中单击"约束宽度和高度比例"按钮 ⛓ ，并设置"宽度"为90px，最后将其适当旋转并放置在合适的位置，如图8-30所示。

图8-30

**04** 将步骤03创建的圆复制出一份，然后在"变换"面板中设置"宽度"为70px，最后将其适当旋转并放置在合适的位置，如图8-31所示。

图8-31

**05** 将步骤04创建的圆复制出一份，然后在"变换"面板中设置"宽度"为50px，最后将其适当旋转并放置在合适的位置，如图8-32所示。

图8-32

**06** 将步骤05创建的圆复制出一份，然后在"变换"面板中设置"宽度"为30px，接着将其适当旋转并放置在合适的位置，如图8-33所示。将所有的圆进行编组，再将该编组进行"锁定" 🔒 。

图8-33

**07** 执行"文件>置入"菜单命令，置入素材"素材文件>CH08>课堂练习：制作电商Banner>电商广告人像.png"，然后适当地调整该素材的大小，并将其放置在画板的左侧，最后将其进行"锁定" 🔒 ，如图8-34所示。

图8-34

**08** 使用"文字工具" T 创建点文字"顶尖好货"，按Esc键完成输入，设置文字的"填色"为白色，在控制栏中设置"字体系列"为Noto Sans S Chinese，"字体样式"为Black。接着使用"选择工具" ▶ 按住Shift键拖动文本定界框上的手柄，将点文字进行适当的缩放。最后将其放置在画板的右侧，如图8-35所示。

图8-35

09 使用"文字工具" T 创建点文字"抢券299减40",按Esc键完成输入,设置文字的"填色"为白色。然后使用"选择工具" ▶ 按住Shift键拖动文本定界框上的手柄,将点文字进行适当的缩放,接着将其放置在"顶尖好货"点文字的下方,最后将其与步骤08创建的文本进行编组,如图8-36所示。

10 将文字编组复制出一份,并调整复制得到的文字编组的颜色,设置"填色"为紫色(R:177, G:159, B:255)。然后适当地调整其位置并将其放置在原有文字编组的下一层,作为"顶尖好货"和"抢券299减40"点文字的投影,如图8-37所示。

图8-36 图8-37

11 使用"矩形工具" ▢ 在"抢券299减40"点文字的下方绘制一个矩形,设置"宽度"为165px,"高度"为40px,"填色"为白色,"描边"为"无",然后选择"直接选择工具" ▷。在控制栏中设置"圆角半径"为20px,效果如图8-38所示。

12 将步骤11创建的图形复制出一份,并设置矩形的"填色"为紫色(R:177, G:159, B:255),然后适当地调整其位置并将其放置在原有矩形的下一层,最后将这两个矩形进行编组,如图8-39所示。

图8-38 图8-39

13 使用"文字工具" T 在步骤11创建的图形中创建点文

字"立即抢购",按Esc键完成输入,设置文字的"填色"为紫色(R:140, G:108, B:255)。然后使用"选择工具" ▶ 拖动文本定界框上的手柄,将点文字进行适当的缩放,效果如图8-40所示。

14 使用"钢笔工具" ✐ 绘制">"图标,并设置"填色"为"无","描边"为紫色(R:140, G:108, B:255)。然后使用"选择工具" ▶ 将其放置在"立即抢购"点文字的右侧,最后将">"图标与"立即抢购"点文字进行编组,如图8-41所示。

图8-40 图8-41

15 使用"椭圆工具" ⬯ 在画板的右下角绘制一个圆,并设置"长度"为115px,"宽度"为115px,"填色"为黄色(R:255, G:227, B:110),"描边"为橘黄色(R:255, G:195, B:62),"描边粗细"为4pt,如图8-42所示。

图8-42

16 使用"文字工具" T 在步骤15绘制的图形中创建点文字"年中福利",将其填色设为橘色(R:234, G:166, B:68)。然后使用"选择工具" ▶ 拖动文本定界框上的手柄,将点文字进行适当的缩放和旋转,并将其与步骤15创建的图形进行编组,完成电商Banner的绘制,图层关系及最终效果如图8-43所示。

图8-43

# 8.2 设置文本格式

在生活中我们一定有过这样的感受，有的文本阅读起来比较容易，而有的文本只是看一眼便不想再阅读下去，这样的差异很多时候是由文本的字体、字距和行距等文本格式的不同造成的。文本格式主要是通过"字符"面板和"段落"面板设置的，因此想要编排出易于阅读的文本，就必须熟悉它们的使用方法。

## 8.2.1 设置字符格式

▣ 视频云课堂：75 设置字符格式

"字符"面板主要用于设置字符的格式，我们能在"字符"面板中对文本的细节和格式进行多项操作。执行"窗口>文字>字符"菜单命令（快捷键为Ctrl + T）可以显示或隐藏"字符"面板。"字符"面板如图8-44所示。在编排文本的过程中，字体系列、字体大小和行距往往都是需要调整的选项，而字符缩放、字符旋转在一般情况下是不会进行调整的。另外，比例间距和基线偏移的调整涉及一些字体设计的理论，感兴趣的读者可以查阅相关资料全面地了解这些知识。

图8-44

**重要参数介绍**

◇ **设置字体系列**：在该下拉列表框中可以选择文字的字体。

◇ **设置字体大小**：调整字体的大小。此外通过"设置字体大小"文本框前方的微调按钮也可以调整字体的大小。

◇ **垂直缩放/水平缩放**：水平或垂直缩放文本。

◇ **设置行距**：调整文本的行距。使用快捷键Alt + ↑/↓可以进行快捷调整。

◇ **设置所选字符的字距调整**：调整文本的字距。使用快捷键Alt + ←/→可以进行快捷调整。

◇ **设置两个字符间的字距微调**：微调两个字符间的距离。将光标放置在需要进行微调的两个字符之间，单击"设置两个字符间的字距微调"下拉按钮选择预期数值或在文本框中输入预期数值即可完成调整，此外使用快捷键Alt + ←/→可以进行快捷调整。

◇ **比例间距**：调整字符的比例间距。

图8-45

◇ **插入空格（左）/插入空格（右）**：在字符的左端或右端插入空格。

◇ **设置基线偏移**：基线是英文字符对齐的标准线，该选项可使字符的基线发生偏移，如图8-46所示。

图8-46

◇ **字符旋转**：使字符发生旋转。

◇ **全部大写字母/小型大写字母**：为文本应用全部大写字母或小型大写字母。另外，选中目标文本后，在"字符"面板菜单中执行"全部大小字母"或"小型大写字母"命令同样能够达到该目的。

◇ **上标/下标**：创建为上标或下标的字符。另外，选中目标字符后，在"字符"面板菜单中执行"上标"或"下标"命令同样能够达到该目的。

◇ **下划线/删除线**：为文本添加下划线或删除线。

◇ **设置消除锯齿方法**：可选择文字消除锯齿的方式。

◇ **语言**：用于设置文字的语言类型。

◇ **设置字体高度参考**：该选项需要在"字符"面板菜单中勾选"显示字体高度选项"才会显示，它可以指定设置字符大小时所参考的字符标准线，如图8-47所示。其中"全角字框"（字面框）、"表意字框"（字身框）主要针对中文和日文等东亚字符所设置，当选择"全角字框"后，"设置字体大小"的参数即为字符字面框的高度；当选择"表意字框"后，"设置字体大小"的参数即为字符字身框的高度。

图8-47

◇ **对齐字形**：该选项需要在"字符"面板菜单中勾选"显示对齐字形选项"才会显示，它可以指定对齐字符时所参考的字符标准线，如图8-48所示。选择"全角字框"后，图形与字符将参考字面框的边界进行对齐；选择"全角字框，居中"后，那么图形与字符将参考字面框的上下中线进行对齐；选择"字形边界"后，图形与字符将参考字身框的边界进行对齐；选择"基线"后，图形与字符将参考字面框的基线进行对齐。另外针对一些特殊字符，比如"A"字母，指定"角度参考线""锚点"后，右击并执行"对齐字形"命令，在对齐时将会出现"A"字母的斜线角度或锚点的智能参考线，如图8-49所示。

图8-48　　　　　　　图8-49

单击"字符"面板右上角的≡按钮，在面板菜单中执行相应的命令，可以进行更多的操作，如图8-50所示。默认情况下该面板仅显示部分选项，在面板菜单中执行"显示选项"命令，即可显示全部的选项。此外"直排内横排"命令和"分行缩排"命令也值得注意。

图8-50

"直排内横排"命令可将直排文本中的一些字符变成横排字符，如图8-51所示。选中目标字符后，在"字符"面板菜单中选择"直排内横排设置"命令，可以对直排内横排字符位置做出调整。

"分行缩排"命令可使文本中一些字符缩小一定的百分比并按原来的排列方式排列在文本中，如图8-52所示。选中目标字符后，在"字符"面板菜单中选择"分行缩排设置"命令，在弹出的"分行缩排设置"对话框中可以调整分行缩排字符的格式。

图8-51　　图8-52

# 8.2.2 设置段落格式

视频云课堂：76 设置段落格式

"段落"面板主要用于设置文本段落的属性，与"字符"面板的用法相似，我们能在"段落"面板中设置对齐方式、缩进、段前或段后间距等操作。执行"窗口>文字>段落"菜单命令（快捷键为Alt+Ctrl+T）可以显示或隐藏"段落"面板。"段落"面板如图8-53所示。其中需要重点关注"避头尾集"和"标点挤压集"的应用方法，因为它们是针对中文等亚洲字符编排而设计的，通过设置这些选项可以更好地处理中文字符和西文字符之间的距离问题。

图8-53

**重要参数介绍**

◇ 对齐方式：包括"左对齐" ≣、"居中对齐" ≣、"右对齐" ≣、"两端对齐，末行左对齐" ≣、"两端对齐，末行居中对齐" ≣、"两端对齐，末行右对齐" ≣、"全部两端对齐" ≣共7种对齐方式。当文本为直排文本时，这些对齐方式也会发生相应的变化。

◇ 左缩进/右缩进/首行左缩进：调整段落的缩进方式。

◇ 段前间距/段后间距：调整段落与前后段落的间距。

## 1.避头尾集

避头尾集是由不能位于行首或行末的字符组成的集合，它是针对中文或日文等亚洲字符的文本编排而设计的。Illustrator中可以通过设置避头尾集来设置不允许出现在行首或行末的字符，该功能只会对段落文字或区域文字起作用。在"段落"面板中，"避头尾集"选项默认提供了"宽松"和"严格"两种类型，如果想详细地查看这两种避头尾集中的字符，可以在该选项下拉列表中选择"避头尾设置"选项或执行"文字>避头尾法则设置"菜单命令，在弹出的"避头尾法则设置"对话框的"避头尾集"下拉列表中选择相应的选项，如图8-54所示。

图8-54

在"避头尾法则设置"对话框中可以进行新建、删除、导入或导出避头尾集等管理操作。当想要新建避头尾集时，可以单击"新建集"按钮 新建集... ，在弹出的"新建避头尾法则集"对话框中指定名称，以及将基于哪一个默认避头尾集新建避头尾集，如图8-55所示，确认后接着在"输入"文本框中指定"不能位于行首的字符""不能位于行尾的字符"等需要添加的字符，然后单击"添加"按钮 添加 ，如图8-56所示。若添加的字符不符合预期，可在字符栏中选中想要删除的字符，单击"删除"按钮 删除 （选中字符后，"添加"按钮 添加 自动变为"删除"按钮 删除 ）；当符合预期时，单击"存储"按钮 存储 完成新建，效果如图8-57所示。

图8-55

图8-56　　　　　　　　　图8-57

📝 **技巧与提示**

当应用了避头尾集后，在"段落"面板菜单中选择"避头尾法则类型"子菜单中的相应命令可以指定避头尾法则类型以防止行首或行末出现标点，如图8-58所示。

图8-58

如果选择了"先推入"命令，则会先尝试把字符推移到上一行中，防止行首或行尾出现标点；如果选择了"先推出"命令，则会先尝试把字符推移到下一行中，防止行首或行尾出现标点；如果选择了"只推出"命令，则总是把字符推移到下一行中，防止行首或行尾出现标点。

## 2.标点挤压集

标点挤压集是由指定标点符号、罗马字符、特殊字符和数字等的间距的规则组成的集合，同样是针对中文或日文等亚洲字符的文本编排而设计的。在"段落"面板中，"标点挤压集"选项默认提供了"日文标点符号转换规则-半角""行尾挤压半角""行尾挤压全角""日文标点符号转换规则-全角"4个标点挤压集。如果想详细地查看这些标点挤压集中的规则，可以在该选项下拉列表中选择"标点挤压设置"选项或执行"文字>标点挤压设置"菜单命令，在弹出的"标点挤压设置"对话框的"名称"下拉列表中选择相应的选项，如图8-59所示。

### 标点挤压设置

名称：日文标点符号转换规... ∨ 　　　　　　单位：%

**行尾设置**

| | 最小值 | 所需值 | 最大值 |
|---|---|---|---|
| )｜→‖□ 后括号 → 行尾符 | 0 % | 0 % | 0 % |
| 、｜→‖□ 逗号 → 行尾符 | 0 % | 0 % | 0 % |
| 。｜→‖□ 句号 → 行尾符 | 0 % | 0 % | 0 % |
| ｜·｜→‖□ 中点 → 行尾符 | 0 % | 0 % | 0 % |

**行首设置**

| | 最小值 | 所需值 | 最大值 |
|---|---|---|---|
| ¶ →‖（ 段首符 → 前括号 | 0 % | 0 % | 0 % |
| ¶ →‖あ 段首符 → 非标点 | 0 % | 0 % | 0 % |
| ｜···｜→‖（ 行首符 → 前括号 | 0 % | 0 % | 0 % |

**行中设置**

| | 最小值 | 所需值 | 最大值 |
|---|---|---|---|
| あ →‖（ 非标点 → 前括号 | 0 % | 0 % | 50 % |
| )｜→‖あ 后括号 → 非标点 | 0 % | 0 % | 50 % |
| )｜→‖（ 后括号 → 前括号 | 0 % | 0 % | 50 % |
| 、｜→‖（ 逗号 → 前括号 | 0 % | 0 % | 50 % |
| 、｜→‖あ 逗号 → 非标点 | 0 % | 0 % | 50 % |
| 。｜→‖（ 句号 → 前括号 | 0 % | 0 % | 50 % |
| 。｜→‖あ 句号 → 非标点 | 0 % | 0 % | 50 % |
| あ｜·｜あ 字间中点前后 | 0 % | 25 % | 25 % |

**中文与罗马字间距**

| | 最小值 | 所需值 | 最大值 |
|---|---|---|---|
| あ｜A｜あ 中文与罗马字母 / 数字间距 | 12.5 % | 25 % | 50 % |

新建... 　存储　 删除 　　　　　　导入... 导出...

确定 取消

图8-59

### 重要参数介绍

◇ **日文标点符号转换规则-半角**：文本中的标点符号使用半角间距，但是具有一定的弹性范围。

◇ **行尾挤压半角**：除最后一个标点符号外，文本中的标点符号大多数使用全角间距。

◇ **行尾挤压全角**：文本中的标点符号大多数使用全角间距。

◇ **日文标点符号转换规则-全角**：文本中的标点符号使用全角间距。

在"标点挤压设置"对话框中可以进行新建、删除、导入或导出标点挤压集等管理操作。当想要新建标点挤压集时，可以单击"新建"按钮 新建... ，在弹出的"新建标点挤压"对话框中指定名称，以及将基于哪一个默认标点挤压集新建标点挤压集，如图8-60所示，确认后接着指定"行尾设置""行首设置"等各项参数的数值，然后单击"存储"按钮 存储 完成新建，效果如图8-61所示。

图8-60　　　　　　图8-61

## 3.中文标点溢出

溢出标点是在文本定界框之外的标点，通过"中文标点溢出"命令可以指定溢出标点的形式。"段落"面板菜单"中文标点溢出"子菜单中提供了"无""常规""强制"3种标点溢出形式。执行"无"命令将不使用溢出标点；执行"常规"命令将使用溢出标点，但是不强制中文标点全部位于文本定界框之外；执行"强制"命令将使用溢出标点，且强制使中文标点位于文本定界框之外，如图8-62所示。

无　　　　　　常规　　　　　　强制

图8-62

📝 **技巧与提示**

"中文标点溢出"命令只有在应用了避头尾集后才起作用。

## 8.2.3 字符样式与段落样式

字符样式或段落样式是对字符格式或段落格式设置的预设，其中包括文字的大小、间距、对齐方式等属性。在进行大量文字排版的时候，通过应用字符样式或段落样式，可以迅速地对文本中的字符格式或段落格式做出更改，从而节省大量的时间。在杂志和图书等带有相同样式的文字对象的排版中，经常需要用到这项功能。

### 1.设置样式

执行"窗口>文字>字符样式"菜单命令或"窗口>文字>段落样式"菜单命令，可以显示或隐藏"字符样式"面板或"段落样式"面板，如图8-63所示。

图8-63

如果想将当前的文本格式创建为新样式，可以选中当前文本并在"字符样式"面板中单击"创建新样式"按钮，在弹出的"新建字符样式"对话框中指定样式的名称及各项文本格式，如图8-64所示。"段落样式"的创建与"字符样式"的创建相似，这里不再赘述。

图8-64

### 技巧与提示

在"字符样式"面板或"段落样式"面板中双击目标样式，或者选中目标样式后在"字符样式"或"段落样式"面板菜单中选择"字符样式选项"或"段落样式选项"命令，可以打开相应的对话框对字符样式或段落样式进行设置，如图8-65所示。

图8-65

### 2.应用样式

当为某个文字对象应用新定义的字符样式时，需要先选中该对象，然后在"字符样式"面板中选择所需样式，此时所选文字即会应用相应的字符样式，如图8-66所示。"段落样式"的应用与"字符样式"的应用相似，这里不再赘述。

应用前

应用后

图8-66

🔲 课堂案例

## 制作时尚杂志封面

| | |
|---|---|
| 素材位置 | 素材文件>CH08>课堂案例：制作时尚杂志封面 |
| 实例位置 | 实例文件>CH08>课堂案例：制作时尚杂志封面 |
| 教学视频 | 课堂案例：制作时尚杂志封面.mp4 |
| 学习目标 | 掌握文本格式的设置方法、文本在封面中的应用 |

本例的最终效果如图8-67所示。

图8-67

01 新建一个尺寸为210mm×297mm的画板，然后执行"文件>置入"菜单命令，置入素材"素材文件>CH08>课堂案例：制作时尚杂志封面>杂志封面人像.png"，接着将该图像放置在画板中并进行"锁定" 🔒，如图8-68所示。

02 执行"视图>标尺>显示标尺"菜单命令显示出标尺，然后创建两条水平参考线，在控制栏中分别设置其Y坐标为10mm和287mm，效果如图8-69所示。

图8-68　　　　　　　图8-69

03 创建两条垂直参考线，然后在控制栏中分别设置其X坐标为10mm和200mm，最后在画板中右击并执行"锁定参考线"命令，将所有的参考线进行锁定，效果如图8-70所示。

图8-70

04 使用"文字工具" T 创建点文字"future"，按Esc键完成创建，设置"填色"为白色，然后执行"窗口>文字>字符"菜单命令，在弹出的"字符"面板中设置字体系列为"方正粗雅宋_GBK"，字体大小为120pt，字距为50，并激活"全部大写字母"按钮 TT ，最后按照之前准备好的参考线，将文字放置在图8-71所示的位置。

图8-71

05 使用"文字工具" T 创建点文字"2020 report"，按Esc键完成创建，设置"填色"为白色，然后在"字符"面板中设置字体系列为"方正标雅宋_GBK"，字体大小为24pt，字距为20，并激活"全部大写字母"按钮 TT ，最后按照之前准备好的参考线，将文字放置在图8-72所示的位置。

图8-72

**06** 使用"文字工具" T 创建点文字"new season fashion preview",按Esc键完成创建,设置"填色"为白色,然后在"字符"面板中设置字体系列为"方正标雅宋_GBK",字体大小为24pt,字距为20,并激活"全部大写字母"按钮 TT ,最后按照之前准备好的参考线,将文字放置在图8-73所示的位置。

图8-73

**07** 选中刚刚创建的文字对象,然后在"段落"面板中设置段落的对齐方式为"右对齐" ,如图8-74所示。

图8-74

**08** 使用"文字工具" T 创建点文字"the future is now",按Esc键完成创建,设置"填色"为白色,然后在"字符"面板中设置字体系列为"方正粗雅宋_GBK",字体大小为36pt,字距为20,并激活"全部大写字母"按钮 TT ,最后按参考线将文字放置在图8-75所示的位置上。

图8-75

**09** 在画板中右击并执行"隐藏参考线"命令,将所有的参考线隐藏,然后选中所有的文字对象并进行编组,图层关系及最终效果如图8-76所示。

图8-76

### 课堂练习

**制作工作牌**

| 素材位置 | 素材文件>CH08>课堂练习:制作工作牌 |
|---|---|
| 实例位置 | 实例文件>CH08>课堂练习:制作工作牌 |
| 教学视频 | 课堂练习:制作工作牌.mp4 |
| 学习目标 | 熟练掌握文本格式的设置方法、文本在名片中的应用 |

本例的最终效果如图8-77所示。

图8-77

**01** 新建一个尺寸为800mm×600mm的画板,然后使用"矩形工具" 在画板中绘制一个矩形,并设置"宽度"为800mm,"高度"为600mm,"填色"为浅灰色(R:232,G:232,B:232),"描边"为"无"。将绘制的矩形与画板对齐并"锁定" ,如图8-78所示。

图8-78

02 使用"矩形工具" ■ 在画板中绘制一个矩形，并设置"宽度"为65mm，"高度"为105mm，"填色"为蓝黑色（R:42，G:43，B:53），"描边"为"无"。然后将该矩形复制出一份，放在合适的位置，作为工作牌的背面，并将复制得到的矩形与原有的矩形进行编组，与画板对齐并"锁定" ，如图8-79所示。

03 执行"视图>标尺>显示标尺"菜单命令显示出标尺，然后创建两条水平参考线，接着在控制栏中分别设置其Y坐标为160mm和440mm，最后锁定参考线，如图8-80所示。

图8-79　　　　　图8-80

04 打开"素材文件>CH08>课堂练习：制作工作牌>工作牌Logo1.ai"，将该文档中的Logo复制到当前文档中，然后选中Logo，在"变换"面板中单击"约束宽度和高度比例"按钮，设置"高度"为120px，"旋转"为90°，最后按照步骤03准备好的参考线将Logo放置在图8-81所示的位置。

图8-81

05 将调整后的Logo复制出一份，然后选中复制得到的Logo，在"变换"面板中设置"旋转"为0°，最后按照参考线将其放置在图8-82所示的位置。

图8-82

06 使用"矩形工具" ■ 在左侧的卡片中绘制一个矩形，并设置"宽度"为32mm，"高度"为46mm，去除描边和填色，然后将其放置在Logo的上层，执行"对象>剪切蒙版>建立"菜单命令创建剪切蒙版，最后将"剪切组"进行"锁定" ，如图8-83所示。

图8-83

07 执行"文件>置入"菜单命令，置入素材"素材文件>CH08>课堂练习：制作工作牌>工作牌人像.jpg"，然后选中该图像并在"变换"面板中设置"高度"为160px，最后将其放置在步骤06绘制的图形中，如图8-84所示。

图8-84

08 使用"文字工具" T 在人像的下方创建点文字"Julia Girard"，按Esc键完成创建，设置"填色"为白色，然后在"字符"面板中设置字体系列为Noto Sans S Chinese，字体样式为Black，字体大小为20pt，如图8-85所示。

图8-85

09 使用"文字工具"T在点文字"Julia Girard"的下方创建点文字"UX Designer",按Esc键完成创建,设置"填色"为白色,然后在"字符"面板中设置字体系列为Noto Sans S Chinese,字体样式为Bold,字体大小为12pt,最后将其与点文字"Julia Girard"进行编组,如图8-86所示。

图8-86

10 使用"文字工具"T在右侧的卡片中创建点文字"id no",按Esc键完成创建,设置"填色"为白色,然后在"字符"面板中设置字体系列为Noto Sans Chinese,字体样式为Regular,字体大小为12pt,并激活"全部大写字母"按钮TT,最后按照之前准备好的参考线,将文字放置在图8-87所示的位置。

图8-87

11 将点文字"ID NO"复制出两份,依次放在下方,并分别将文本内容更改为"PHONE"和"E-MAIL"。然后选中"ID NO""PHONE""E-MAIL"这3个对象并进行水平左对齐和垂直居中分布,如图8-88所示。

图8-88

12 使用"文字工具"T创建点文字"032*****",按Esc键完成创建,设置"填色"为白色,然后在"字符"面板中设置字体系列为Noto Sans S Chinese,字体样式为Regular,字体大小为12pt,最后将其相对于"ID NO"进行垂直居中对齐,如图8-89所示。

图8-89

13 将点文字"032*****"复制出两份,依次放在下方,并分别将文本内容更改为"335-151****"和"***@mail.com",然后选中"032*****""335-151****""***@mail.com"这3个对象并进行水平左对齐,如图8-90所示。

14 将"335-151****"相对于"PHONE"进行垂直居中对齐,以同样的方式将"***@mail.com"相对于"E-MAIL"进行垂直居中对齐,如图8-91所示。

图8-90　　　　　　　　图8-91

15 使用"文字工具"T创建点文字"join",按Esc键完成创建,设置"填色"为白色,然后在"字符"面板中设置字体系列为Noto Sans S Chinese,字体样式为Bold,字体大小为12pt,并激活"全部大写字母"按钮TT,最后将其相对于"E-MAIL"进行水平左对齐,如图8-92所示。

图8-92

⑯ 将点文字"JOIN"复制出一份，放在下方，然后将文本内容更改为"EXPIRE"，接着将其相对于"JOIN"进行水平左对齐，效果如图8-93所示。

⑰ 将点文字"JOIN"复制出两份，并分别将文本内容更改为"15-06-2020""15-06-2025"，然后将"15-06-2020"和"15-06-2025"相对于上方的3个对象进行水平左对齐，如图8-94所示。

图8-93　　　　　　　　图8-94

⑱ 将"15-06-2020"相对于"JOIN"进行垂直居中对齐，然后以同样的方式对"15-06-2025""EXPIRE"进行垂直居中对齐。接着分别将"ID NO""PHONE""E-MAIL""032*****""335-151****""***@mail.com"这些点文字和"JOIN""EXPIRE""15-06-2020""15-06-2025"进行编组，最后隐藏参考线，如图8-95所示。

图8-95

⑲ 使用"铅笔工具"在左侧的卡片上随意绘制一条光滑的曲线，并设置"描边"为品红色（R:234，G:59，B:244），"填色"为"无"，如图8-96所示。

⑳ 使用"铅笔工具"在左侧的图形上随意绘制一条光滑的曲线，并设置"描边"为蓝色（R:36，G:26，B:236），"填色"为"无"，如图8-97所示。

图8-96　　　　　　　　图8-97

㉑ 执行"对象>混合>混合选项"菜单命令，在弹出的"混合选项"对话框中设置"间距"为"指定的步数"，参数为50，单击"确定"按钮。然后使用"混合工具"，分别单击前两个步骤中创建的两条路径，得到图8-98所示的图形。

图8-98

㉒ 将步骤21创建的图形进行适当的变换，然后调整图层的堆叠顺序，将其放置在文字和人像的下一层。接着执行"窗口>透明度"菜单命令，在弹出的"透明度"面板中设置"不透明度"为50%，最后使用"矩形工具"在左侧的图形中绘制一个与卡片一样大小的矩形，并设置任意一个填色，不使用描边，如图8-99所示。

图8-99

㉓ 选中左侧卡片中的所有元素，执行"对象>剪切蒙版>建立"菜单命令，将多余的部分切除，效果如图8-100所示。

图8-100

㉔ 双击步骤21创建的图形进入隔离模式，然后复制出一份通过混合工具得到的图形，退出隔离模式后进行粘贴，接着将复制得到的图形放置到右侧的卡片上，并适当地进行旋转。通过调整图层间的堆叠顺序，将其放置在文字编组的下一层。最后按照与上一步骤同样的方法创建剪切蒙版，如图8-101所示。

图8-101

㉕ 剪切蒙版将多余的部分删除后，完成工作牌的绘制，图层关系及最终效果如图8-102所示。

图8-102

# 8.3 编辑文本

有时候为了更加方便地处理文本，基本的文本操作就不能满足需求了，我们可能需要通过转换文本类型、文字方向或创建文字轮廓来对文本进行进一步的加工。

## 8.3.1 创建文字轮廓

视频云课堂：77 创建文字轮廓

使用"创建轮廓"命令能够将文本对象转换为可编辑的路径，我们可以应用该命令将一些文字转换为路径，然后通过对路径进行调整而设计出属于自己的字体。使用"选择工具"▶选中文本对象，执行"文字>创建轮廓"菜单命令（快捷键为Shift+Ctrl+O）即可完成文字轮廓路径的创建，如图8-103所示。

| 滚滚长江东逝水 | 滚滚长江东逝水 |
|---|---|
| 创建前 | 创建后 |

图8-103

文字转换为可编辑的路径后，与其他图形的属性无二，如图8-104所示。合理地使用选择工具和编辑路径工具可以对锚点进行加工，如图8-105所示。另外，使用效果和变形等工具也可以影响路径，制作出一些别具特色的字体。

滚滚长江东逝水

图8-104

滚长江东

图8-105

📋 技巧与提示

在保持文本属性时，可以对字体、字号和对齐方式等基本属性进行修改，但是，当创建文字轮廓后，文字就会变成普通的图形对象，我们无法再对该对象进行字体、字号等的修改了。

### 知识点：创建文字轮廓的应用

一旦文字创建为轮廓，即可对其锚点和路径进行编辑，因此该功能常用于制作艺术字。另外，对没有字体设计基础的读者来说，直接造字可能非常困难，但是我们可以挑选某一个字体系列的字库，通过创建文字轮廓，将其转换为路径后再对其进行设计，使用这种方式来设计字体无疑是高效的。当然，创建轮廓还有另一个优点。我们在制作平面设计作品时，往往会用到文本，但如果我们使用了特殊的字体而其他用户的计算机上没有安装这种字体，那么其他用户在他们的计算机上打开该设计作品时就会出现字体缺失的情况，从而无法看到实际效果。就像打开本书的资源文件时，也可能会出现字体缺失的提示，这样打开的文件效果就会和书中效果图不太一样。如果我们对制作完成的对象执行"创建轮廓"命令，将文字对象转变为图形对象，则即使没有安装相应的字体，也不会影响画面的效果。

📝 课堂案例

### 通过创建文字轮廓制作变形字

| | |
|---|---|
| 素材位置 | 无 |
| 实例位置 | 实例文件>CH08>课堂案例：通过创建文字轮廓制作变形字 |
| 教学视频 | 课堂案例：通过创建文字轮廓制作变形字.mp4 |
| 学习目标 | 掌握创建文字轮廓的方法、文本在字体设计中的应用 |

本例的最终效果如图8-106所示。

图8-106

**01** 新建一个尺寸为800px×600px的画板，然后使用"矩形工具"■在画板中绘制一个矩形，并设置"宽度"为800px，"高度"为600px，"填色"为浅灰色（R:232，G:232，B:232），"描边"为"无"，然后将其与画板对齐，如图8-107所示。

图8-107

**02** 使用"文字工具"T在画板中创建点文字"残羹剩饭"，按Esc键完成创建，然后在"字符"面板中设置字体系列为"宋体"，字体大小为135pt，同时将其调整到画板中央，如图8-108所示。

图8-108

**03** 使用"选择工具"▶选中步骤02创建的点文字，然后执行"文字>创建轮廓"菜单命令将其转换为路径。接着选择"变形工具"■拖动这些路径，使其具有一种"破败"感，如图8-109所示。

图8-109

**04** 使用"矩形工具"■在画板中绘制一个矩形，并设置"宽度"为135px，"高度"为135px，"填色"为"无"，"描边"为红色（R:242，G:156，B:168），"描边粗细"为2pt，如图8-110所示。

图8-110

**05** 使用"钢笔工具"✐沿该矩形的左上角和右下角绘制一条路径，然后选中该路径，在"描边"面板中设置"粗细"为2pt，接着勾选"虚线"选项，设置"虚线"为12pt，"间隙"为2pt，如图8-111所示。

图8-111

**06** 使用"钢笔工具" ✐依次绘制图8-112所示的其余虚线路径，然后选中所有虚线路径并与步骤04绘制的矩形路径进行编组，完成米字格的绘制，最后将其放置在文字编组的下一层。

图8-112

**07** 将米字格复制出3份并将它们并排放置，完成案例的制作，图层关系及最终效果如图8-113所示。

图8-113

## 8.3.2 转换文本类型

有时为了能够快速对文本进行变换操作，可以将区域文字转换为点文字，这样一来，只需使用"选择工具"便可以快速对文本对象进行缩放和旋转。另外，在处理点文字的过程中，可能会需要添加文本，这时将点文字转换为区域文字就能高效便捷地对文本进行处理。在操作之前，我们需要对文本定界框的结构进行了解。区域文字的文本定界框上有"串接文本输入点""适合到文本区域点""文本类型转换点""串接文本输出点"4个重要的控制点，如图8-114所示。

图8-114

### 1.点文字转换为区域文字 ·····················

使用"选择工具" ▶选中点文字对象，双击文本定界框上的"文本类型转换点"或执行"文字>转换为区域文字"菜单命令，即可将点文字转换为区域文字，如图8-115所示。

滚滚长江东逝水

滚滚长江东逝水

图8-115

### 2.区域文字转换为点文字 ·····················

使用"选择工具" ▶选中区域文字对象，双击文本定界框上的"文本类型转换点"或执行"文字>转换为点状文字"菜单命令，即可将区域文字转换为点文字，如图8-116所示。

滚滚长江东逝水，浪花淘尽英雄。是非成败转头空。青山依旧在，几度夕阳红。白发渔樵江渚上，惯看秋月春风。一壶浊酒喜相逢。古今多少事，都付笑谈中。

滚滚长江东逝水，浪花淘尽英雄。是非成败转头空。青山依旧在，几度夕阳红。白发渔樵江渚上，惯看秋月春风。一壶浊酒喜相逢。古今多少事，都付笑谈中。

图8-116

### 知识点：快速适合到文本区域

当区域文字中的文本溢流或文本不能填满文本定界框时，双击文本定界框上的"适合到文本区域点"，即可快速适合到文本区域，如图8-117所示。

调整前

调整后

图8-117

## 8.3.3 转换文字方向

我们在编排文本时，根据文本的内容可能需要将横排版式转换为竖排版式，这时就需要转换文字的方向。

### 1.横排文字转换为直排文字

使用"选择工具" ▶选中横排文字，执行"文字>文字方向>垂直"菜单命令，即可将其转换为直排文字，如图8-118所示。

转换前　　　　　　　　　　转换后

图8-118

### 2.竖排文字转换为横排文字

使用"选择工具" ▶选中竖排文字，执行"文字>文字方向>水平"菜单命令，即可将其转换为横排文字，如图8-119所示。

转换前　　　　　　　　　　转换后

图8-119

### 知识点：插入特殊字符

字形是特殊形式的字符。字形是由具有相同整体外观的字体构成的集合，它们是专为一起使用而设计的。执行"窗口>文字>字形"菜单命令可打开或关闭"字形"面板，该面板如图8-120所示。在面板下方的字体下拉列表中选择一种字体，此时将显示当前字体的所有字符和符号。在文字输入状态下，双击"字形"面板中的字符，即可在画面光标处输入该字符。

图8-120

## 8.3.4 串接文本

视频云课堂：78 串接文本

串接文本能够将多个文字区域的文本连接起来，形成一连串的文本框。当我们在第1个文本框中输入文字，多余的文字会自动显示在第2个文本框中。串接后的文本可以轻松调整文字布局，也便于统一管理，常用于杂志和图书等的排版中。

### 1.创建串接文本

创建串接文本的方法主要有两种，第1种是通过文本定界框创建，第2种是通过执行菜单命令创建。下面将对这两种方法进行详细阐述。

第1种方式：通过文本定界框创建。使用"选择工具"▶选中文本对象，单击文本定界框上的"串接文本输入点"或"串接文本输出点"，这时鼠标指针将会变成▸状，然后单击另一个文本框的边框，即可完成串接文本的创建，如图8-121所示。

创建前

创建后

图8-121

第2种方式：通过执行菜单命令创建。使用"选择工具"▶选中需要串接的多个文本对象，执行"文字>串接文本>创建"菜单命令即可，如图8-122所示。另外，选中多个形状后执行"文字>串接文本>创建"菜单命令，可以将这些形状创建为串接文本定界框，这时激活"文字工具"T并单击文本定界框，即可在其中输入字符，这种方式同样也能够完成串接文本的创建。

创建前

创建后

图8-122

## 2.中断、释放或移去串接文本的串接 ··········

中断串接文本的串接、释放串接文本的串接和移去串接文本的串接这3项操作都能够中断或移去串接文本的串接，在使用时应根据实际情况进行选择。

### ⊙ 中断串接文本的串接

中断串接文本的串接之后，原有文本将排列在上一个文本定界框中。双击串接文本定界框上的"串接文本输入点"或"串接文本输出点"即可完成中断，如图8-123所示。

中断前

图8-123

中断后

图8-123（续）

### ⊙ 释放串接文本的串接

释放串接文本的串接后，原有文本将排列在下一个文本定界框中（解除串接关系，使当前文本框中的文字集中到下一个文本框中）。选中某一串接文本定界框后，执行"文字>串接文本>释放所选文字"菜单命令即可完成释放，如图8-124所示。

释放前

释放后

图8-124

### ⊙ 移去串接文本的串接

移去串接文本的串接后，原有文本将保留在原位置，但是不再进行串接（解除串接关系，使之成为独立的文本框）。选中串接文本后，执行"文字>串接文本>移去串接文字"菜单命令即可移去串接文本的串接，如图8-125所示。

移去前

移去后

图8-125

## 8.3.5 文本绕排

▣ 视频云课堂：79 文本绕排

"文本绕排"命令能够使文本围绕着某一对象进行排列，使文本和图形不产生相互遮挡的问题。被围绕的对象既可以是文字对象，又可以是导入的图像或在Illustrator中绘制的矢量图形。在文本的编排过程中，若我们合理地应用该命令，就能够创造出很多有趣的版式。

### 1.文本绕排的创建

将被围绕的对象放置在文本对象的上一层，使用"选择工具"▶同时选中它们，然后执行"对象>文本绕排>建立"菜单命令即可完成创建，此时被遮挡的文字位置发生了改变，如图8-126所示。

创建前　　　　　　　　　创建后

图8-126

使用"选择工具"选中目标绕排文本后，执行"对象>文本绕排>文本绕排选项"菜单命令，在弹出的"文本绕排选项"对话框中可对绕排文本进行设置，如图8-127所示。

文本绕排选项

位移 (O)：　6 pt

☐ 反向绕排 (I)

☐ 预览 (P)　　　　确定　　取消

图8-127

**重要参数介绍**

◇ **位移**：指定被围绕的对象与文本之间的距离。

◇ **反向绕排**：围绕对象反向绕排文本。

## 2.文本绕排的释放

使用"选择工具"选中目标绕排文本，执行"对象>文本绕排>释放"菜单命令，可将绕排文本进行释放，如图8-128所示。

释放前　　　　　　　　释放后

图8-128

🖾 课堂案例

# 制作杂志版式

| 素材位置 | 素材文件>CH08>课堂案例：制作杂志版式 |
|---|---|
| 实例位置 | 实例文件>CH08>课堂案例：制作杂志版式 |
| 教学视频 | 课堂案例：制作杂志版式.mp4 |
| 学习目标 | 掌握文本的编辑方法、文本在杂志中的应用 |

本例的最终效果如图8-129所示。

图8-129

**01** 新建一个尺寸为420mm×297mm的画板，使用快捷键Ctrl＋R显示出标尺，然后创建4条水平参考线，并分别在控制栏中设置其Y坐标为0mm、15mm、282mm、297mm，如图8-130所示。

图8-130

**02** 创建出11条垂直参考线，并分别在控制栏中设置其X坐标为0mm、15mm、100mm、110mm、195mm、210mm、225mm、310mm、320mm、405mm、420mm，如图8-131所示。

图8-131

**03** 使用"矩形工具" ▭ 在画板中绘制一个矩形，并设置"宽度"为85mm，"高度"为190mm，"填色"为黑色，"描边"为"无"，同时将绘制的图形复制出3份并按照之前创建的参考线，将其放置到图8-132所示的位置。

图8-132

**04** 使用"选择工具" ▶ 选中步骤03绘制的4个矩形，然后执行"文字>串接文本>创建"菜单命令，接着打开"素材文件>CH08>课堂案例：制作杂志版式>文本1.txt"，将正文复制到串接文本定界框中作为正文，如图8-133所示。

图8-133

**05** 使用"文字工具" T 创建点文字，然后打开"素材文件>CH08>课堂案例：制作杂志版式>文本2.txt"，将文字复制到文本定界框中作为标题，如图8-134所示。

图8-134

**06** 使用"选择工具" ▶ 选中标题文字，在"字符"面板中设置字体系列为"方正书宋简体"，字体大小为35pt，行距为45pt，同时激活"全部大写字母"按钮 TT，将其放置到图8-135所示的位置。

图8-135

**07** 使用"选择工具" ▶ 选中正文，在"字符"面板中设置字体系列为"方正书宋简体"，字体大小为12pt，行距为18pt，字距为20，参数和效果如图8-136所示。

图8-136

**08** 执行"文件>置入"菜单命令，置入素材"素材文件>CH08>课堂案例：制作杂志版式>人物.png"，在控制栏中单击"嵌入"按钮 嵌入 将其嵌入当前文档，然后适当地调整图片的大小和位置，如图8-137所示。

图8-137

**09** 将步骤08中嵌入的图片复制出一份，接着选中复制出来的图片，在控制栏中单击"图像描摹"按钮 图像描摹 ，然后在"图像描摹"面板中设置"阈值"为253，这时提供的素材已经描摹成功。继续在控制栏中单击"扩展"按钮 扩展 将描摹结果扩展成路径，如图8-138所示。

图8-138

**10** 选中步骤09中扩展出的路径并取消编组，接着将其"填色"和"描边"都设置为"无"，然后将该路径和图片进行编组，如图8-139所示。

图8-139

**11** 选中步骤10中创建的编组，然后执行"对象>文本绕排>建立"菜单命令创建绕排文字。接着执行"对象>文本绕排>文本绕排选项"菜单命令，在弹出的"文本绕排选项"对话框中设置"位移"为20pt，单击"确定"按钮，参数及效果如图8-140所示。

图8-140

**12** 锁定图片的编组，然后使用"选择工具" ▶ 选中正文，在"段落"面板中设置文本对齐方式为"两端对齐，末行左对齐"，"段后间距"为20pt，参数及效果如图8-141所示。

图8-141

**13** 使用"选择工具" ▶ 选中正文，在"字符"面板中设置"设置所选字符的字距调整"为25，参数及效果如图8-142所示。

图8-142

图8-142（续）

⑭ 使用"选择工具"▶选中正文，执行"文字>串接文本>移去串接文字"菜单命令。然后选中第2个文本定界框，在"段落"面板中设置文本对齐方式为"左对齐"，参数及效果如图8-143所示。

图8-143

⑮ 使用"选择工具"▶选中第3个文本定界框，在"段落"面板中设置文本对齐方式为"右对齐"，"左缩进"为-4pt，参数及效果如图8-144所示。

图8-144

⑯ 将图片编组解锁，然后选中图片编组并执行"对象>文本绕排>文本绕排选项"菜单命令，在弹出的"文本绕排选项"对话框中设置"位移"为15pt，单击

"确定"按钮，使溢流的文本显示出来，最后隐藏参考线，完成案例的制作，最终效果如图8-145所示。

图8-145

## 8.3.6 查找和替换文本

对于存在大量文本的画板，如果我们想要一个一个地查找和替换文本中某些使用不当的词语，肯定会耗费大量时间和精力，此时可以使用"查找和替换"功能快速完成查找和替换。执行"编辑>查找和替换"菜单命令，在弹出的"查找和替换"对话框中输入需要查找的文本，然后单击"查找"按钮 查找(F) 进行查找，被找到的文字将会高亮显示；若要将查找到的文本进行替换，只需接着在"替换为"文本框中输入替换的文本（或进一步指定查找的规则），单击"替换"按钮 替换(R) 即可，如图8-146所示。

图8-146

**重要参数介绍**

◇ 替换：替换当前位置的目标文本。

◇ 替换和查找：替换当前位置的目标文本并对下一处目标文本进行查找。

◇ 全部替换：将文档中所有的目标文本进行替换。

■ **知识点：清理空文字**

执行"对象>路径>清理"菜单命令，在弹出的"清理"对话框中勾选"空文本路径"选项，然后单击"确定"按钮，可将文档中的空文字对象删除。

# 8.4 本章小结

　　本章主要介绍了文本的排列和编辑，我们需要重点掌握"字符"和"段落"面板的使用方法，因为在文本的编排过程中将会频繁地使用到它们。

　　介绍文本的创建时，讲解了点文字、区域文字和路径文字的创建方法，但是，我们仅了解这些知识还不够，还需要了解各种类型文本的特点，这样才能够根据实际需求创建文本，并高效地完成文本的编排。当只有少量文本时，创建点文字将优于创建区域文字；当需要处理大量文本时，创建区域文字将会优于创建点文字。

　　介绍文本格式的设置时，重点讲解了"字符"面板和"段落"面板的用法，此外还讲解了"字符样式"面板和"段落样式"面板的用法。通过操作我们不难发现，如果想应用好"字符样式"面板和"段落样式"面板，就需要首先熟练掌握"字符"面板和"段落"面板的用法。

　　介绍文本的编辑时，讲解了创建文字轮廓、转换文本类型、转换文字方向和串接文本等多项文本操作。需要重点注意创建文字轮廓的操作，因为在处理文本的过程中会频繁地使用到，尤其是字体设计时。

# 8.5 课后习题

　　本节安排了两个课后习题供读者练习，这两个习题综合考查了本章知识。读者在练习时如果有疑问，可以一边观看教学视频，一边学习文本的排列与编辑。

## 8.5.1 制作"爆炸"字体

| 素材位置 | 无 |
|---|---|
| 实例位置 | 实例文件>CH08>课后习题：制作"爆炸"字体 |
| 教学视频 | 课后习题：制作"爆炸"字体.mp4 |
| 学习目标 | 熟练掌握创建文字轮廓的方法、字体的设计 |

　　本例的最终效果如图8-147所示。

图8-147

## 8.5.2 工作牌设计

| 素材位置 | 素材文件>CH08>课后习题：工作牌设计 |
|---|---|
| 实例位置 | 实例文件>CH08>课后习题：工作牌设计 |
| 教学视频 | 课后习题：工作牌设计.mp4 |
| 学习目标 | 掌握文本格式的设置方法 |

　　本例的最终效果如图8-148所示。

图8-148

第 **9** 章

# 效果的应用

　　应用效果能够高效地使对象呈现一些特殊的外观，根据不同的应用场景合理地为对象应用效果可以在一定程度上提高工作效率。本章将介绍效果的添加和调整，需要用到我们之前学习过的"外观"面板：当应用了某一效果后，我们可以在"外观"面板中对该效果进行调整。当掌握了各种效果的特点及具体的应用方式后，我们便能够在绘图的过程中有针对性地应用各种效果了。

## 课堂学习目标

◇ 效果的添加与调整

◇ 3D 效果的应用

◇ "扭曲和变换"效果的应用

◇ "风格化"效果的应用

# 9.1 效果的添加与调整

Illustrator中包含了丰富的"效果"，在"效果"菜单中可以看到很多效果组，每个效果组中又包含多种效果，如图9-1所示。效果是一种外观属性，可以在不更改对象原始信息的前提下使对象产生外形的变化。在学习各种丰富的效果之前，我们先要掌握效果的基本操作。

图9-1

## 9.1.1 添加效果

📹 视频云课堂：80 添加效果

除了"效果"菜单，我们也可以通过"外观"面板添加效果。之前介绍过的关于"外观"面板的知识，同样也适用于效果的应用。为了使绘图工作更加便捷，我们常常通过"外观"面板进行效果的应用。

### 1.效果的显示

执行"窗口>外观"菜单命令（快捷键为Shift+F6），在弹出的"外观"面板中显示了所选对象的描边、填色等属性，如图9-2所示。如果所选对象已经添加了效果，那么该效果就会显示在"外观"面板中，如图9-3所示。

图9-2

图9-3

### 2.效果的应用

不同的命令所产生的效果不尽相同，但是操作方法却大同小异，下面以"内发光"效果为例进行讲解。

选中目标对象，如图9-4所示，在"外观"面板中单击"添加新效果"按钮 fx，在弹出的菜单中执行"风格化>内发光"命令，然后在弹出的"内发光"对话框中进行相关参数的设置，如勾选"预览"选项可以直观地预览应用后的效果，最后单击"确定"按钮退出设置，可生成对应的"内发光"效果，如图9-5所示。

图9-4

图9-5

📋 **技巧与提示**

Illustrator中的效果明确地分为了两大类，即"Illustrator效果"和"Photoshop效果"。"Illustrator效果"可以使所选对象产生外形上的变化，而"Photoshop效果"更多是使对象产生一些视觉效果上的改变。本书后文将详细地介绍"Illustrator效果"，而不对"Photoshop效果"进行讲解，感兴趣的读者可以自行尝试使用Illustrator中的"Photoshop效果"。

🔲 **知识点：图形样式**

"图形样式"是能够复用的一组外观属性。我们为某一个对象创建了一组满意的外观属性后，可以将设置好的这组外观属性创建为图形样式，当下次使用时直接应用图形样式即可快速设置对象的外观属性，从而节省调节外观属性的时间。执行"窗口>图形样式"菜单命令（快捷键为Shift+F5）可以显示或隐藏"图形样式"面板。"图形样式"面板如图9-6所示。我们可以在"图形样式"面板中完成图形样式的新建、复制、合并和管理等操作，这些操作方法与之前学过的"画笔描边""色板""符号"的管理相似。

图9-6

如果想合并图形样式，那么可以在"图形样式"面板中选中想要合并的两个或多个图形样式，然后面板菜单中执行"合并图形样式"命令；如果想将图形样式与当前对象所具有的外观属性进行合并，那么按住Alt键应用图形样式即可。

## 9.1.2 修改和删除效果

视频云课堂：81 修改和删除效果

当添加的效果不符合预期时，我们同样可以通过"外观"面板管理效果，快速地完成效果的修改和删除等基本操作。

### 1.修改效果

选中具有目标效果外观的对象，在"外观"面板中单击对应的效果名称或者双击对应效果分栏，就可以打开该效果的参数设置对话框，并在这里完成参数的修改，如图9-7所示。

图9-7

### 2.调整堆叠顺序

"外观"面板与"图层"面板的用法相似，效果的堆叠顺序同样也会影响对象的显示效果，如图9-8所示。

想要调整效果的顺序，可以在效果上按住鼠标左键将其拖动到合适的位置，松开鼠标左键即可完成效果顺序的调整，如图9-9所示。

调序前

调序后

图9-8

图9-9

### 3.删除效果

若要删除效果，可以在"外观"面板中选中对象效果，然后单击"删除所选项目"按钮 ，如图9-10所示。

图9-10

## 9.1.3 栅格化矢量对象

栅格化可以将矢量数据转换为位图数据。执行"对象>栅格化"菜单命令或"效果>栅格化"菜单命令，在弹出的"栅格化"对话框中指定相关选项即可进行转换，如图9-11所示。

**转换前**　　　　**转换后**

图9-11

### 重要参数介绍

◇ **颜色模型**：指定栅格化图像的颜色模式。

◇ **分辨率**：指定栅格化图像的分辨率。

◇ **背景**：指定矢量对象透明区域的显示方式。

» **白色**：透明区域使用白色进行填充。

» **透明**：透明区域将保持透明。

◇ **消除锯齿**：使栅格化图像的边缘更加平滑。当图稿中没有文本对象时，选择"优化图稿"消除锯齿的效果更好；当图稿中存在文本对象时，选择"优化文字"消除锯齿的效果更好。

◇ **创建剪切蒙版**：创建剪切蒙版使栅格化图像的背景透明，当选择"背景"为"透明"时将不再起作用。

◇ **添加环绕对象**：在栅格化图像的周围添加像素信息，当背景为白色时，效果会更加明显。

📝 **技巧与提示**

执行"对象>栅格化"菜单命令对矢量对象进行栅格化的操作是不可逆的，而执行"效果>栅格化"菜单命令对矢量对象进行栅格化的操作是可逆的。

# 9.2 3D对象和材质 💡

应用3D效果能够将二维图形转换为三维图形，在Illustrator 2022中主要有"凸出和斜角""绕转""膨胀"和"旋转"这4种3D效果，如图9-12所示。为某对象添加3D效果，实质上就是创建了一个3D对象，接着还可以为3D对象指定不同材质和光照效果，使其呈现出更加丰富的外观。

图9-12

### 本节重点内容

| 重点内容 | 说明 | 重要程度 |
| --- | --- | --- |
| 凸出和斜角（凸出） | 在二维图形基础上增加线性深度来创建3D图形 | 高 |
| 绕转 | 基于二维图形的绕转轨迹来创建3D图形 | 高 |
| 膨胀 | 在二维图形基础上增加非线性深度来创建3D图形 | 中 |
| 旋转（平面） | 将二维图形放置在三维坐标中进行旋转 | 中 |

## 9.2.1 3D对象的创建和渲染

创建和渲染3D对象一般使用"3D和材质"面板，该面板提供了"对象""材质"和"光照"3个选项卡，在这些选项卡下可以精细地调整对象创建及渲染的参数，如图9-13所示。执行"窗口>3D和材质"菜单命令，可在工作区当中显示或隐藏"3D和材质"面板。

图9-13

### 1.创建3D对象

▶ 视频云课堂：82 创建 3D 对象

创建3D对象的具体方法主要有3种，一是选定对象

后，直接在"3D和材质"面板的"对象"选项卡下指定
3D效果进行创建；二是选定对象后，在"效果 > 3D和材
质"子菜单中指定3D效果进行创建；三是选定对象后，
在"外观"面板中单击"添加新效果"按钮 *fx*，在弹出
的菜单中指定3D效果，同样也能进行3D对象的创建。无
一例外，想要完成3D对象的创建，这些方法始终都需要
应用到"3D和材质"面板的"对象"选项卡，因此建议
在创建3D对象时，直接使用第一种方法即可。接下来详
细介绍4种不同3D类型的面板参数，如图9-14所示。

图9-14

**重要参数介绍**

◇ **3D类型**：可以指定用来创建3D对象的3D效果。

» **平面**：能够将二维图形放置于三维坐标中旋转，
如图9-15所示。

平面应用前后

图9-15

» **凸出**：可以在二维图形基础上增加线性深度来创
建3D图形，图9-16所示。

凸出应用前后

图9-16

» **绕转**：能够基于二维图形的绕转轨迹来创建3D图
形，如图9-17所示。

绕转应用前后

图9-17

» **膨胀**：可以在二维图形基础上增加非线性深度来
创建3D图形，如图9-18所示。

膨胀应用前后

图9-18

◇ **旋转**：指定3D对象在X轴、Y轴、Z轴上的旋转角度及3D对象的透视角度。

**技巧与提示**

在对应轴向的文本框中或"透视"文本框中输入预期参数，可以精确地控制3D对象的旋转角度或者透视角度；使用鼠标拖动3D对象中心的圆形控件，待鼠标指针变成 时拖动可自由旋转3D对象；将鼠标指针放置在3D对象的轴向控件上，待鼠标指针发生变化时拖动可以沿对应轴向旋转3D对象，其中鼠标指针有 3种状态，分别代表沿X、Y、Z轴旋转。另外，系统提供了一些旋转的预设选项，可在"预设"的下拉列表中选择。以上操作对3D对象都适用。

◇ **深度**：设置"凸出"3D对象凸出的深度，范围为0～2000pt。

◇ **端点**：指定3D对象是实心的（开启端点）还是空心的（关闭端点），如图9-19所示。

图9-19

◇ **斜角**：勾选后可以为"凸出"3D对象添加斜角并能够对斜角进行调整，如图9-20所示。

有斜角　　　　无斜角

图9-20

» **斜角形状**：可以指定斜角的类型，有"经典""圆角""凸""阶梯""经典轮廓""圆形轮廓"和"方形轮廓"7种类型，如图9-21所示。

图9-21

» **宽度/高度**：可以指定斜角的宽度和高度。

» **重复/空格**：指定斜角重复的次数以及斜角之间的间隔，如图9-22所示。

图9-22

» **内部斜角/两侧斜角**：选择"内部斜角"可以在原始3D对象上减去斜角，选择"两侧斜角"可以在3D对象另一面也添加斜角，如图9-23所示。

◇ **绕转角度**：指定"绕转"3D对象的绕转角度。当参数为360°时绕转一周，形成完整的形状；当参数小于360°时，将产生带有切面的效果，如图9-24所示。

图9-23　　　　　　　　　　图9-24

◇ **位移**：指定"绕转"3D对象的绕转轴偏移量，如图9-25所示。

图9-25

◇ **偏移方向相对于**：指定将原始图形的左边还是右边作为"绕转"3D对象绕转轴。

◇ **两侧膨胀**：将"膨胀"3D对象的另一侧也添加膨胀效果，如图9-26所示。

图9-26

◇ **展开为线框**：将3D对象转化为矢量线稿，如图9-27所示。

图9-27

◇ **导出3D对象**：单击后可以在"资源导出"面板中将模型保存成图片或者模型文件（OBJ、USDA或GLTF），如图9-28所示。

图9-28

## 2.材质和光照

📹 视频云课堂：83 材质和光源

当完成3D对象的创建之后，在"3D和材质"面板的"材质"选项卡和"光照"选项卡下可以为3D对象添加材质和光照效果，如图9-29所示。当添加好材质和光照效果后，只需要在"3D和材质"面板的右上角单击"使用光线追踪进行渲染"按钮 🖼 即可完成3D对象的渲染。

图9-29

**重要参数介绍**

◇ **材质**：在该选项下会显示软件当前所具有的所有材质，能够为3D对象指定材质和管理材质，如图9-30所示。若要为3D对象指定材质，只需要选定3D对象后在该选项下单击其中一种材质即可将该材质指定给当前对象。

◇ **图形**：在该选项下会显示当前"符号"面板中所具有的符号，能够指定符号为3D对象进行贴图和管理符号，如图9-31所示。若想将绘制完成的图形贴到3D对象上，选中该图形直接拖动到"3D和材质"面板中，此时在图形选项下会出现该图形，选定3D对象之后在面板中单击图形即可将图形贴到3D对象上。

图9-30 图9-31

◇ **属性**：在该选项下可以调整材质和图形的属性，不同的材质其可调整的属性也不尽相同。

◇ **预设**：能够为3D对象指定预设的光照参数。

◇ **强度**：指定光照的亮度。

◇ **旋转**：在-180°到180°之间指定照射3D对象的光线角度。

◇ **高度**：指定光源与3D对象之间的距离。

◇ **软化度**：指定光线的扩散程度。

◇ **环境光强度**：控制环境光的亮度。

## 9.2.2 "3D（经典）"效果

"3D（经典）"效果是低版本Illustrator中使用的3D效果。选中图形后在"效果>3D和材质>3D（经典）"子菜单中即可看到3种"经典3D"效果，如图9-32所示。其作用与"3D和材质"效果本质上是一样的，两者的差异在于：使用"3D和材质"创建的3D对象会更加真实，而使用"3D（经典）"效果创建的3D对象会更加图形化。若只是想在Illustrator中绘制具有立体感的图稿，那么使用后者不管是在效率还是在效果上都要优于前者。

图9-32

## 1.凸出和斜角（经典）

🖸 视频云课堂：84 凸出和斜角

"凸出和斜角（经典）"可以在二维图形基础上增加线性深度来创建3D图形，效果如图9-33所示。选中图形对象后执行"效果>3D和材质>3D（经典）>凸出和斜角（经典）"菜单命令，在弹出的"3D 凸出和斜角选项（经典）"对话框中指定相关选项即可，如图9-34所示。

应用前　　　　　应用后

图9-33

图9-34

**重要参数介绍**

◇ **位置**：指定3D对象的旋转角度和透视角度。

◇ **凸出与斜角**：指定拉伸的厚度、斜角类型和斜角高度等与凸出和斜角相关的参数。

» **凸出厚度**：指定拉伸的厚度。

» **端点**：指定3D对象是实心的（勾选"端点"）还是空心的（未勾选"端点"），如图9-35所示。

实心　　　　　空心

图9-35

» **斜角**：指定斜角的类型。当指定完成后，在其后方的"高度"文本框中可以指定斜角的高度，同时还能指定是将斜角添加到原始图形上还是从原始图形中减去斜角，如图9-36所示，选择"斜角外扩"是将斜角添加到原始图形上，选择"斜角内缩"是在原始图形上减去斜角。

无斜角　　　　　有斜角

图9-36

◇ **表面**：指定3D对象表面的光照强度、光滑程度和底纹颜色等与表面相关的参数。在"表面"下拉列表中可以更改3D对象表面的质感，一般会选择"塑料效果底纹"，是因为其可调节的参数较多。

» **光源强度**：控制光源的强弱，左边的表面预览图中可以进行新建光源、移动光源和删除光源等操作。

» **环境光**：3D对象表面的整体亮度。

» **高光强度**：控制高光区域的亮度。

» **高光大小**：控制高光区域的大小。

» **混合步骤**：控制3D模型转角处的光滑程度。

» **底纹颜色**：控制底纹的颜色。

📋 **技巧与提示**

默认情况下，"3D 凸出和斜角选项（经典）"对话框中不显示更多调节"表面"的参数，可以单击"更多选项"按钮 更多选项(O) 展开更加详细的选项。

◇ **预览**：勾选该选项，可以实时观察到参数调整的效果，建议读者勾选该选项。

◇ **贴图**：在"3D 凸出和斜角选项（经典）"对话框中单击"贴图"按钮 贴图 (M)... 可弹出"贴图"对话框，在该对话框中可以指定符号并将其贴到3D对象的各个表面上，如图9-37所示。

图9-37

» **符号**：指定用于贴图的符号。

» **表面**：指定当前所选符号将会贴到的表面，单击相应的按钮切换到不同的表面，同时预览区域将显示表面的示意图，其中当前选择的表面将显示为浅色，非当前选择的表面将显示为深色。

» **贴图具有明暗调（较慢）**：决定贴图是否具有与3D对象一致的光影关系。

📋 **课堂案例**

# 使用"凸出和斜角（经典）"效果制作2.5D字体

| | |
|---|---|
| 素材位置 | 无 |
| 实例位置 | 实例文件>CH09>课堂案例: 使用"凸出和斜角（经典）"效果制作2.5D字体 |
| 教学视频 | 课堂案例: 使用"凸出和斜角（经典）"效果制作2.5D字体.mp4 |
| 学习目标 | 掌握"凸出和斜角（经典）"效果的用法 |

本例的最终效果如图9-38所示。

图9-38

**01** 新建一个尺寸为800px×600px的画板，然后使用"矩形工具" ▣ 在画板中绘制一个矩形，并设置"宽度"为800px，"高度"为600px，"填色"为暗紫色（R:92，G:92，B:150），"描边"为"无"，接着将其与画板对齐并进行"锁定" 🔒，如图9-39所示。

图9-39

**02** 使用"矩形工具" ▣ 在画板中绘制一个矩形，并设置"高度"和"宽度"均为500px，"填色"为"无"，"描边"为黑色。然后选中该矩形并执行"对象>路径>分割为网格"菜单命令，在弹出的"分割为网格"对话框中设置"行"的"数量"为25，"列"的"数量"为25，接着单击"确定"按钮，参数及效果如图9-40所示。

图9-40

图9-40（续）

**03** 选中分割完成的网格，设置当前"填色"为紫色（R:127，G:71，B:221），然后使用"实时上色工具" 🔲 在网格上绘制出"2020"字样，如图9-41所示。

图9-41

**04** 选中实时上色组，在控制栏中单击"扩展"按钮 🔲 对其进行扩展，然后在"图层"面板中找到"2020"字样并将其从编组中移出，同时隐藏原有编组，如图9-42所示。

图9-42

**05** 选中"2020"字样，使用"形状生成器工具" 🔲 将组成"2020"字样的路径合并，如图9-43所示。

图9-43

**06** 选中调整后的"2020"字样，执行"效果>3D和材质>3D（经典）>凸出和斜角（经典）"菜单命令，在弹出的"3D 凸出和斜角选项（经典）"对话框中设置"指定绕X轴旋转"为50°，"指定绕Y轴旋转"为37°，"指定绕Z轴旋转"为-25°，"环境光"为60%，并将光源移动到适当的位置，单击"确定"按钮，参数及效果如图9-44所示。

图9-44

**07** 将创建完成的"2020"三维图形复制出一份，然后在"外观"面板中单击"3D 凸出和斜角"名称，在弹出的"3D凸出和斜角选项（经典）"对话框中设置"凸出厚度"为10pt，单击"确定"按钮，参数及效果如图9-45所示。

图9-45

图9-45（续）

**08** 选中步骤07创建的"2020"三维图形，设置"填色"为紫色（R:106，G:86，B:150），并调整堆叠顺序，使其位于原有三维图形的下一层，如图9-46所示。

图9-46

**09** 选中位于上一层的"2020"三维图形，执行"对象>扩展外观"菜单命令对其进行扩展，如图9-47所示。

图9-47

**10** 使用"直接选择工具" ▷选中扩展后的图形的上表面路径，设置"填色"为浅紫色（R:159，G:115，B:255），完成案例的绘制，如图9-48所示。

图9-48

## 2.绕转(经典)

🖵 视频云课堂：85 绕转

"绕转（经典）"可以基于二维图形的绕转轨迹创建三维图形，其中原有的二维图形与最终形成的三维图形的关系类似于矩形与圆柱的关系，应用效果如图9-49所示。选中图形对象，然后执行"效果>3D和材质>3D（经典）>绕转（经典）"菜单命令，在弹出的"3D 绕转选项（经典）"对话框中指定相关选项即可，如图9-50所示。

有斜角　　　　　　无斜角

图9-49

图9-50

**重要参数介绍**

◇ **角度：** 指定绕转的角度。当参数为360°时绕转一周，形成完整的形状；当参数小于360°时，将产生带有切面的效果。

◇ **位移：** 指定绕转轴的偏移量。

◇ **自：** 指定绕转的轴。

» **左边：** 将以原始图形的左边作为绕转的轴。

» **右边：** 将以原始图形的右边作为绕转的轴。

◇ **表面：** 在该下拉列表中选择3D对象表面的质感。

**📝 技巧与提示**

除"绕转"选项组外，其他选项组的用法与"3D 凸出和斜角选项（经典）"对话框基本保持一致。

**📇 课堂案例**

**使用"绕转"效果制作文本特效**

| | |
|---|---|
| 素材位置 | 无 |
| 实例位置 | 实例文件>CH09>课堂案例：使用"绕转"效果制作文本特效 |
| 教学视频 | 课堂案例：使用"绕转"效果制作文本特效.mp4 |
| 学习目标 | 掌握"绕转"效果的用法 |

本例的最终效果如图9-51所示。

图9-51

**01** 新建一个800px×600px大小的画板，然后使用"矩形工具"在画板中绘制一个矩形，并设置"宽度"为800px，"高度"为600px，"填色"为深灰色（R:30，G:30，B:30），"描边"为"无"。将绘制的矩形与画板对齐并"锁定"🔒，如图9-52所示。

**02** 使用"文字工具"T创建文字"STREAKE"并调整到适当大小，如图9-53所示。

图9-52

图9-53

**03** 选中步骤02创建的文本对象并将其拖动到"符号"面板中定义为符号，接着将该文本对象删除，如图9-54所示。

图9-54

**04** 使用"椭圆工具"⬭在画板中绘制一个圆，并设置"高度"和"宽度"均为100px，"填色"为白色，"描边"为"无"，然后选中该图形并对其执行"效果>3D和材质>3D（经典）>绕转（经典）"菜单命令，在弹出的"3D 绕转选项（经典）"对话框中设置"指定绕X轴旋转"为-152°，"指定绕Y轴旋转"为19°，"指定绕Z轴旋转"为-132°，"位移"为80pt，"环境光"为80%，接着单击"确定"按钮，此时圆形已转换为三维图形，如图9-55所示。

图9-55

**05** 在"外观"面板中双击"3D 绕转（经典）"选项，在弹出的"3D 绕转选项（经典）"对话框中单击"贴图"按钮（贴图(M)...），然后在"贴图"对话框中将步骤03创建的符号指定到当前表面，并将贴上的符号进行适当的变换，接着勾选"贴图具有明暗调（较慢）"和"三维模型不可见"选项，最后单击"确定"按钮，完成案例的绘制，如图9-56所示。

图9-56

## 3.旋转（经典）

"旋转（经典）"能够将二维图形放置在三维坐标中进行旋转，应用效果如图9-57所示。选中图形对象，然后执行"效果 > 3D和材质 > 3D（经典） > 旋转（经典）"菜单命令，在打开的"3D 旋转选项（经典）"对话框中指定相关选项即可，如图9-58所示。

应用前

应用后

图9-57

图9-58

### 重要参数介绍

◇ **位置**：指定3D对象的旋转角度和透视角度。

◇ **表面**：创建各种形式的表面。

> 📝 **技巧与提示**
>
> 在3D（经典）效果中只有"凸出和斜角（经典）"和"绕转（经典）"能够将二维图形转换为3D对象，而"旋转（经典）"只能模拟对象在三维空间中旋转的效果，因此，在实际的应用过程中，"凸出与斜角（经典）"和"绕转（经典）"的使用频率远远超过"旋转（经典）"。

💻 课堂练习

### 制作"VOLANT"品牌标志

| | |
|---|---|
| 素材位置 | 无 |
| 实例位置 | 实例文件>CH09>课堂练习：制作"VOLANT"品牌标志 |
| 教学视频 | 课堂练习：制作"VOLANT"品牌标志.mp4 |
| 学习目标 | 熟练掌握"绕转"效果的用法、品牌标志的制作方法 |

本例的最终效果如图9-59所示。

图9-59

**01** 新建一个尺寸为800px×600px的画板，然后使用"矩形工具" ▦ 在画板中绘制一个矩形，并设置"宽度"为800px，"高度"为600px，"填色"为浅灰色（R:239，G:239，B:239），"描边"为"无"，接着将其与画板对齐并"锁定" 🔒，如图9-60所示。

**02** 使用"矩形工具" ▦ 在画板中绘制一个矩形，并设置"宽度"为45px，"高度"为500px，"填色"为黑色，"描边"为"无"，如图9-61所示。

图9-60　　　　　　　　　　图9-61

**03** 选中步骤02创建的矩形并将其拖动到"符号"面板中定义为符号，接着删除该矩形，如图9-62所示。

图9-62

**04** 使用"矩形工具" ▦ 在画板中绘制一个矩形，并设置"宽度"为65px，"高度"为400px，"填色"为黑色，"描边"为"无"，如图9-63所示。

图9-63

**05** 选中步骤04绘制的矩形，执行"窗口>外观"菜单命令，在弹出的"外观"面板中添加"绕转（经典）"效果，然后在打开的"3D 绕转选项（经典）"对话框中设置"指定绕X轴旋转"为0°，"指定绕Y轴旋转"为0°，"指定绕Z轴旋转"为90°，接着单击"贴图"按钮 (贴图 (M)...) ，在弹出的"贴图"对话框中选择第3个表面，将步骤03中创建的符号指定到该表面，并将该符号进行适当的旋转，再勾选"三维模型不可见"选项，最后依次单击"确定"按钮退出设置，如图9-64所示。

图9-64

**06** 选中步骤05创建的图形，然后执行"对象>扩展外观"菜单命令，效果如图9-65所示。

图9-65

**07** 在"路径查找器"面板中应用"修边" ▦ ，如图9-66所示。

图9-66

**08** 选中步骤07创建的图形，在"渐变"面板中设置"填色"为从黄色（R:255，G:184，B:42）到橘色（R:255，G:21，B:40）的线性渐变，如图9-67所示。

图9-67

**09** 隐藏调整后的图形，然后使用"文字工具" T 创建点文字"volant"，按Esc键完成创建，设置"填色"为红色（R:255，G:21，B:40），接着执行"窗口>文字>字符"菜单命令，在弹出的"字符"面板中设置字体系列为Noto Sans S Chinese，字体样式为Black，字体大小为120pt，接着激活"全部大写字母"按钮**TT**，如图9-68所示。

图9-68

**10** 选中创建完成的文本对象，然后执行"文字>创建轮廓"菜单命令，效果如图9-69所示。

图9-69

**11** 双击文字轮廓进入隔离模式，然后删除字母"V"，接着显示出被隐藏的图形并进行变换，再将其放置在被删除的字母的位置上，最后选中所有图形并进行编组，完成标志的绘制，最终效果如图9-70所示。

图9-70

# 制作Low Poly风格插画

| | |
|---|---|
| 素材位置 | 无 |
| 实例位置 | 实例文件>CH09>课堂练习：制作Low Poly风格插画 |
| 教学视频 | 课堂练习：制作Low Poly风格插画.mp4 |
| 学习目标 | 掌握各种效果的用法、Low Poly风格插画的制作思路 |

本例的最终效果如图9-71所示。

图9-71

**01** 新建4个800px×600px的画板，如图9-72所示。

图9-72

**02** 使用"矩形工具" ▣ 在第1个画板上绘制一个矩形，并设置"高度"为250px，"宽度"为250px，"填色"为棕色（R:92，G:82，B:81），"描边"为"无"。然后执行"效果>扭曲和变换>粗糙化"菜单命令，在弹出的"粗糙化"对话框中设置"大小"为10%，"细节"为4/英寸，接着单击"确定"按钮，这时矩形的边缘呈现不规则的锯齿外观，如图9-73所示。

图9-73

图9-73（续）

**03** 选中步骤02创建完成的图形，然后执行"效果>3D和材质>3D（经典）>凸出和斜角（经典）"菜单命令，在弹出的"3D 凸出和斜角选项（经典）"对话框中设置"指定绕X轴旋转"为62°，"指定绕Y轴旋转"为-42°，"指定绕Z轴旋转"为19°，"凸出厚度"为300pt，"环境光"为67%，同时适当地移动光源位置，接着单击"确定"按钮，此时步骤02中图形已转换为三维图形，如图9-74所示。

图9-74

**04** 将步骤03创建完成的图形复制出一份，并移动到画板外，作为备用图形1。然后选中画板上的图形并执行"对象>扩展外观"菜单命令对其进行扩展，如图9-75所示。

图9-75

**05** 使用"套索工具" 选中步骤04绘制的图形中下半部分的所有锚点，然后执行"对象>变换>缩放"菜单命令，在弹出的"比例缩放"对话框中设置"水平"为50%，"垂直"为70%，单击"确定"按钮，如图9-76所示。

图9-76

**06** 将备用图形1复制出一份，然后在"外观"面板中添加"凸出和斜角（经典）"效果，在弹出的"3D 凸出和斜角选项（经典）"对话框中设置"凸出厚度"为80pt，单击"确定"按钮，接着设置"填色"为蓝色

（R:60，G:163，B:199），最后执行"对象>扩展外观"菜单命令对其进行扩展，同时适当地调整其位置，完成海岛的绘制，参数及效果如图9-77所示。

图9-77

**07** 将备用图形1复制出一份，并将其移动到第2个画板上，然后执行"对象>扩展外观"菜单命令对其进行扩展，接着执行"窗口>变换"菜单命令，在"变换"面板中调整"高"为300px，如图9-78所示。

图9-78

**08** 使用"套索工具" 🔦 选中步骤07创建的图形中上半部分的部分锚点，然后按↓键将这些锚点进行适当的移动，完成小岛的绘制，如图9-79所示。

图9-79

**09** 将备用图形1复制出一份，并将其移动到第3个画板上，然后修改"填色"为白色，接着执行"对象>扩展外观"菜单命令对其进行扩展，如图9-80所示。

图9-80

**10** 使用"套索工具" 🔦 选中步骤09绘制的图形中下半部分的所有锚点，然后执行"对象>变换>缩放"菜单命令，在弹出的"比例缩放"对话框中设置"水平"为40%，"垂直"为70%，接着单击"确定"按钮，如图9-81所示。

图9-81

**11** 将步骤10中绘制的图形复制出两份并进行适当的变换，然后将它们进行编组，完成白云的绘制，如图9-82所示。

图9-82

⑫ 将小岛和白云这两个编组复制到第1个画板上并进行适当的变换，如图9-83所示。

图9-83

⑬ 将白云复制出5份并分别进行变换，然后将这些白云随意地放置在画板中，同时适当地对海岛和小岛进行缩放，如图9-84所示。

图9-84

⑭ 使用"多边形工具" ⬡ 在第4个画板上单击，在弹出的对话框中设置"半径"为50px，"边数"为9，单击"确定"按钮，绘制一个九边形。在工具栏中设置"填色"为白色，"描边"为无。然后执行"效果>3D>凸出和斜角"菜单命令，在弹出的"3D凸出和斜角选项（经典）"对话框中设置"指定绕X轴旋转"为-95°，"指定绕Y轴旋转"为0°，"指定绕Z轴旋转"为0°，"凸出厚度"为500pt，"环境

光"为75%，同时适当地移动光源的位置，单击"确定"按钮，此时九边形已转换为三维图形，如图9-85所示。

图9-85

⑮ 将步骤14绘制的图形复制出一份并移动到画板之外作为备用图形2，然后选中第4个画板上的图形并执行"对象>扩展外观"菜单命令对其进行扩展，如图9-86所示。

图9-86

⑯ 使用"套索工具" 🔍 选中步骤15绘制的图形中上半部分的所有锚点，然后执行"对象>变换>缩放"菜单命令，在弹出的"比例缩放"对话框中设置"水平"为80%，"垂直"为100%，接着单击"确定"按钮，如图9-87所示。

图9-87

⓱ 选中步骤16创建完成的图形并在"变换"面板中单击"约束宽度和高度比例"按钮 ⬚，同时调整"高"为200px，如图9-88所示。

图9-88

⓲ 将备用图形2复制出一份，然后在"外观"面板中添加"凸出和斜角（经典）"效果，在弹出的"3D 凸出和斜角选项（经典）"对话框中设置"凸出厚度"为80pt，单击"确定"按钮，接着执行"对象>扩展外观"菜单命令对其进行扩展，最后对扩展后的图形进行适当变换，并将其放置在步骤17绘制的图形的底部，参数及效果如图9-89所示。

图9-89

⓳ 将备用图形2复制出一份，然后在"外观"面板中添加"凸出和斜角（经典）"效果，在弹出的"3D 凸出和斜角选项（经典）"对话框中设置"指定绕X轴旋转"为-85°，"凸出厚度"为30pt，单击"确定"按钮，接着执行"对象>扩展外观"菜单命令对其进行扩展，最后对扩展之后的图形进行适当变换，并将其放置在步骤18绘制的图形的顶部，参数及效果如图9-90所示。

图9-90

⓴ 将备用图形2复制出一份，然后在"外观"面板中添加"凸出和斜角（经典）"效果，在弹出的"3D 凸出和斜角选项（经典）"对话框中设置"指定绕X轴旋转"为-85°，"凸出厚度"为120pt，单击"确定"按钮，接着执行"对象>扩展外观"菜单命令对其进行扩展，最后对扩展之后的图形进行适当变换，并将其放置在步骤19绘制的图形的顶部，参数及效果如图9-91所示。

图9-91

㉑ 将备用图形2复制出一份，然后在"外观"面板中添加"凸出和斜角（经典）"效果，在弹出的"3D 凸出和斜角选项（经典）"对话框中设置"指定绕X轴旋转"为-85°，"凸出厚度"为80pt，单击"确定"按钮，接着执行"对象>扩展外观"菜单命令对其进行扩展，最后对扩展之后的图形进行适当变换，并将其放置在步骤20绘制的图形的顶部，参数及效果如图9-92所示。

图9-92

㉒ 使用"直接选择工具" ▷ 选中步骤21绘制的图形中上半部分的所有锚点，然后执行"对象>变换>缩放"菜单命令，在弹出的"比例缩放"对话框中设置"水平"为0%，单击"确定"按钮，参数及效果如图9-93所示。

图9-93

㉓ 选中第4个画板上的所有路径并进行编组，完成灯塔的绘制，同时将第1个画板上的所有白云也进行编组，如图9-94所示。

图9-94

㉔ 使用"直接选择工具" ▷ 选中灯塔的塔尖左起第1个面，然后设置"填色"为深红色（R:178，G:47，B:75），如图9-95所示。

㉕ 使用"直接选择工具" ▷ 选中灯塔的塔尖左起第2个面，然后设置"填色"为浅红色（R:204，G:54，B:86），如图9-96所示。

图9-95　　　　　　　　　　　　图9-96

㉖ 使用"直接选择工具" ▷ 选中灯塔的塔尖左起第3个面，然后设置"填色"为红色（R:237，G:59，B:89），如图9-97所示。

㉗ 使用"直接选择工具" ▷ 选中灯塔的塔尖左起第4个面，然后设置"填色"为深红色（R:216，G:57，B:91），如图9-98所示。

图9-97　　　　　　　　　　　　图9-98

㉘ 绘制3个"填色"为深红色（R:216，G:57，B:91）且大小相同的矩形，并放置在图9-99所示的位置。

㉙ 选中这些矩形和灯塔并在"路径查找器"面板中应用"分割" ▣，然后删除多余的部分，如图9-100所示。

图9-99　　　　　　　　　　　　图9-100

**30** 使用"直接选择工具" ▷选中图9-101所示的3个面，然后设置"填色"为深红色（R:178，G:47，B:75），如图9-102所示。

图9-101　　　　　　　　　　　　图9-102

**31** 使用"直接选择工具" ▷选中图9-103所示的3个面，然后设置"填色"为浅红色（R:204，G:54，B:86），如图9-104所示。

图9-103　　　　　　　　　　　　图9-104

**32** 使用"直接选择工具" ▷选中图9-105所示的3个面，然后设置"填色"为红色（R:237，G:59，B:89），如图9-106所示。

图9-105　　　　　　　　　　　　图9-106

**33** 将灯塔复制到第1个画板上，然后对其进行适当的变换，再将其放置到小岛上，如图9-107所示。

图9-107

**34** 使用"直接选择工具" ▷选中海岛的上表面，然后设置"填色"为浅蓝色（R:75，G:200，B:234），如图9-108所示。

图9-108

**35** 使用"矩形工具" ▢在画板中绘制一个矩形，并设置"宽度"为800px，"高度"为600px，"填色"为从浅蓝色（R:160，G:231，B:232）到青色（R:102，G:199，B:207）的径向渐变，"描边"为"无"，最后将其置于底层，完成插画的绘制，最终效果如图9-109所示。

图9-109

# 9.3 扭曲和变换

"扭曲和变换"类效果能对对象进行各种形式的扭曲，其最终呈现的效果与使用液化工具达到的效果差不多，但是液化工具的可控性较差，而如果应用的是"扭曲和变换"类效果，那么我们就能够调整具体的参数值对对象进行扭曲，其可控性就相对较好。在"效果>扭曲和变换"子菜单中可以看到7种效果，如图9-110所示。

图9-110

## 本节重点内容

| 重点内容 | 说明 | 重要程度 |
| --- | --- | --- |
| 变换 | 移动、缩放、旋转、翻转和复制对象 | 高 |
| 扭拧 | 随机向内或向外改变路径的弯曲和扭曲程度 | 中 |
| 扭转 | 将对象进行旋转扭曲 | 高 |
| 收缩和膨胀 | 改变路径的弯曲程度和锚点的位置 | 高 |
| 波纹效果 | 使对象的边缘呈现大小相同的锯齿外观 | 高 |
| 粗糙化 | 使对象的边缘产生各种大小的尖峰和凹谷的锯齿 | 中 |
| 自由扭曲 | 通过自由扭曲变换框上的控制点将扭曲映射到对象上 | 中 |

## 9.3.1 变换

▣ 视频云课堂：86 变换

"变换"效果可以移动、缩放、旋转、翻转和复制对象，应用效果如图9-111所示。它与之前介绍过的"分别变换"命令相似，不同的是"变换"效果可以通过指定"副本"的数量对当前对象进行复制。因此，在绘图的过程中往往都会选择使用"变换"效果，而不是使用"分别变换"命令。选中图形对象，然后执行"效果>扭曲和变换>变换"菜单命令，在弹出的"变换效果"对话框中指定相关参数即可，如图9-112所示。

应用前　　　　　　　　应用后

图9-111

图9-112

## 重要参数介绍

◇ **缩放**：在该选项组中分别调整"水平"和"垂直"参数值，定义缩放比例。

◇ **移动**：在该选项组中分别调整"水平"和"垂直"参数值，定义移动的距离。

◇ **角度**：指定旋转的角度，也可以拖动控制柄进行旋转。

◇ **对称X/对称Y**：对对象进行镜像处理。

◇ **随机**：对调整的参数进行随机变换，而且每一个对象的随机指数并不相同。

◇ **定位器**：指定变换的中心点。

▣ 课堂案例

### 使用"变换"效果制作炫酷五角星

| | |
| --- | --- |
| 素材位置 | 无 |
| 实例位置 | 实例文件>CH09>课堂案例：使用"变换"效果制作炫酷五角星 |
| 教学视频 | 课堂案例：使用"变换"效果制作炫酷五角星.mp4 |
| 学习目标 | 掌握"变换"效果的用法 |

本例的最终效果如图9-113所示。

图9-113

01 新建一个尺寸为800px×600px的画板，然后使用"矩形工具" 在画板中绘制一个矩形，并设置"宽度"为800px，"高度"为600px，"填色"为浅灰色（R:239，G:239，B:239），"描边"为"无"，接着将其与画板对齐并进行"锁定" ，如图9-114所示。

02 使用"星形工具" 在画板中单击，在弹出的对话框中设置"半径1"为300px，"半径2"为150px，"角点数"为5，单击"确定"按钮，绘制一个大星形，设置"填色"为蓝色（R:49，G:74，B:255），"描边"为"无"，然后选择"直接选择工具" ，在控制栏中设置"圆角半径"为50px，效果如图9-115所示。

图9-114          图9-115

03 使用"星形工具" 在画板中单击，在弹出的对话框中设置"半径1"为30px，"半径2"为15px，"角点数"为5，单击"确定"按钮，绘制一个小星形，设置"填色"为蓝色（R:49，G:74，B:255），"描边"为"无"，然后选择"直接选择工具" ，在控制栏中设置"圆角半径"为5px，如图9-116所示。

04 选中绘制完成的两个星形，对其进行水平居中对齐 和垂直居中对齐 ，如图9-117所示。

图9-116          图9-117

05 选中调整完成的两个星形，执行"对象>混合>建立"菜单命令，然后执行"效果>路径查找器>差集"菜单命令，得到的效果如图9-118所示。

图9-118

06 选中调整后的图形，在工具栏中双击"混合工具" ，在"混合选项"对话框中设置"间距"为"指定的步数"，参数为15，单击"确定"按钮，参数及效果如图9-119所示。

图9-119

07 双击图形进入隔离模式，然后执行"效果>扭曲和变换>变换"菜单命令，在弹出的"变换效果"对话框中设置旋转的"角度"为45°，单击"确定"按钮，参数及效果如图9-120所示。

图9-120

## 9.3.2 扭拧

"扭拧"效果可以将所选矢量对象随机地向内或向外弯曲和扭曲，应用效果如图9-121所示。选中图形对象，然后执行"效果>扭曲和变换>扭拧"菜单命令，在弹出的"扭拧"对话框中指定相关参数即可，如图9-122所示。

应用前          应用后

图9-121

图9-122

**重要参数介绍**

◇ **数量**：控制在水平和垂直方向上扭拧的程度。

» **水平**：指定对象在水平方向上的扭拧幅度。

» **垂直**：指定对象在垂直方向上的扭拧幅度。

» **相对**：定义调整的幅度为原水平的百分比。

» **绝对**：定义调整的幅度为具体的数值。

◇ **修改**：指定是否移动锚点及扭曲路径时的方向。

## 9.3.3 扭转

"扭转"效果可以将对象进行旋转扭曲，主要适用于扭转角度较小的扭曲操作，应用效果如图9-123所示。如果扭转角度很大，那么其效果往往不如使用液化工具中的"旋转扭曲工具" 🔄 得到的效果。选中图形对象，然后执行"效果>扭曲和变换>扭转"菜单命令，在弹出的"扭转"对话框中指定扭转的角度即可，如图9-124所示。

应用前　　　　　　　　应用后

图9-123

图9-124

## 9.3.4 收缩和膨胀

"收缩和膨胀"效果能够改变路径的弯曲程度和锚点的位置，是以对象中心为基点，对所选对象进行收缩或膨胀，应用效果如图9-125所示。选中图形对象，然后执行"效果>扭曲和变换>收缩和膨胀"菜单命令，在弹出的"收缩和膨胀"对话框中指定收缩或膨胀的程度即可，如图9-126所示。

应用前　　　　　　　　应用后

图9-125

图9-126

**重要参数介绍**

◇ **收缩**：当把滑块拖向"收缩"一方时，对象的锚点将向外移动，路径将向内弯曲。

◇ **膨胀**：当把滑块拖向"膨胀"一方时，对象的锚点将向内移动，路径将向外弯曲。

## 9.3.5 波纹效果

"波纹效果"效果可以使对象的边缘呈现大小相同的锯齿外观（波纹化的扭曲），应用效果如图9-127所示。选中图形对象，然后执行"效果>扭曲和变换>波纹效果"菜单命令，在弹出的"波纹效果"对话框中指定相关参数即可，如图9-128所示。

应用前　　　　　　　　应用后

图9-127

图9-128

**重要参数介绍**

◇ **选项**：指定锯齿外观的起伏程度和数量。

» **大小**：数值越大，锯齿外观的起伏程度越大。

» **每段的隆起数**：数值越大，锯齿数量越多。

◇ **点**：控制锯齿外观的锐利程度。

» **平滑**：锯齿外观将会变得相对平滑。

» **尖锐**：锯齿外观将会变得十分锐利。

## 9.3.6 粗糙化

"粗糙化"效果可以使对象的边缘呈现大小不同的
锯齿外观(产生各
种大小的尖峰和凹
谷的锯齿),看起来
十分粗糙,应用效
果如图9-129所示。
选中图形对象,执行
"效果>扭曲和变
换>粗糙化"菜单命
令,在弹出的"粗糙
化"对话框中指定
相关参数即可,如
图9-130所示。

应用前

应用后

图9-129

图9-130

**重要参数介绍**

◇ **选项**:指定锯齿外观的起伏程度和复杂度。

» **大小**:数值越大,起伏程度越大。

» **细节**:数值越大,锯齿越复杂。

◇ **点**:控制锯齿外观的锐利程度。

» **平滑**:锯齿外观将会变得相对平滑。

» **尖锐**:锯齿外观将会变得十分锐利。

## 9.3.7 自由扭曲

"自由扭曲"效果能够为对象添加一个虚拟的方形
控制框,然后通过控制框四角处控制点的位置将扭曲映
射到对象,应用效果如图9-131所示。选中图形对象,然
后执行"效果>扭曲和变换>自由扭曲"菜单命令,在弹
出的"自由扭曲"对话框中拖动控制点到预期的位置即
可,如图9-132所示。

应用前　　　　　　　应用后

图9-131

图9-132

📝 **技巧与提示**

我们可以根据对话框中的缩览图进行扭曲,若觉得效
果不满意,可以单击"重置"按钮(重置(R))。

💡 课堂练习

### 制作多彩Logo

| | |
|---|---|
| 素材位置 | 无 |
| 实例位置 | 实例文件>CH09>课堂练习:制作多彩Logo |
| 教学视频 | 课堂练习:制作多彩Logo.mp4 |
| 学习目标 | 熟练掌握"变换"效果的用法 |

本例的最终效果如图9-133所示。

图9-133

**01** 新建一个尺寸为800px×600px的画板，然后使用"矩形工具" ▣ 在画板中绘制一个矩形，并设置"宽度"为800px，"高度"为600px，"填色"为浅灰色（R:242，G:242，B:242），"描边"为"无"，接着将其与画板对齐并进行"锁定" 🔒，如图9-134所示。

**02** 使用"椭圆工具" ◉ 在画板中绘制一个圆，并设置"宽度"和"高度"均为50px，"填色"为黑色，"描边"为"无"，如图9-135所示。

图9-134 　　　　　　　　　　　图9-135

**03** 选中步骤02绘制的图形，然后执行"效果>扭曲和变换>变换"菜单命令，在弹出的"变换效果"对话框中设置"缩放"的"水平"为99%，"移动"的"水平"为200px，"旋转"的"角度"为59°，"副本"为140，并勾选"对称X"和"对称Y"选项，单击"确定"按钮，如图9-136所示。

图9-136

**04** 选中调整后的图形，执行"对象>扩展外观"菜单命令对其进行扩展，如图9-137所示。

**05** 选中调整后的图形，在"路径查找器"面板中应用"联集" ▣，效果如图9-138所示。

图9-137 　　　　　　　　　　　图9-138

**06** 使用"直接选择工具" ▷ 选中图形的其中一个组件，然后设置"填色"为绿色（R:49，G:255，B:132），如图9-139所示。

**07** 使用"直接选择工具" ▷ 选中图形的另一个组件，然后设置"填色"为蓝色（R:59，G:74，B:255），如图9-140所示。

图9-139 　　　　　　　　　　　图9-140

**08** 使用"直接选择工具" ▷ 选中图形的最后一个组件，然后设置"填色"为红色（R:255，G:59，B:139），如图9-141所示。

图9-141

**09** 选中调整后的图形，在"变换"面板中单击"约束宽度和高度比例"按钮 🔗，然后设置"宽"为145px，最后将其放置在图9-142所示的位置。

图9-142

**10** 使用"文字工具" T 创建点文字"pattao"，按Esc键完成创建，在"字符"面板中设置字体系列为Noto Sans S Chinese，字体样式为Black，字体大小为100pt，然后激活"全部大写字母"按钮 TT，如图9-143所示。

图9-143

**11** 选中绘制完成的图形和文字并进行编组，最后将该编组放置在合适的位置，完成Logo的制作，最终效果如图9-144所示。

图9-144

# 9.4 风格化

"风格化"类效果能够为对象添加发光、投影、涂抹和羽化等外观效果，其中"涂抹"相较于其他风格化效果而言，其特征会更加显著，因为它能够模拟类似于手绘的效果；另外，我们有时为了表现物体的存在感，会为图形添加投影，这时应用"投影"效果就能够便捷地实现这一目的。在"效果>风格化"子菜单中可以看到6种效果，如图9-145所示。其中"圆角"效果和第4章中讲解的圆角变换的效果完全一致，本节不再赘述。

内发光(I)...
圆角(R)...
外发光(O)...
投影(D)...
涂抹(B)...
羽化(F)...

图9-145

**本节重点内容**

| 重点内容 | 说明 | 重要程度 |
|---|---|---|
| 内发光 | 在对象的中心或边缘发出特定颜色的光芒 | 中 |
| 外发光 | 在对象的周围发出特定颜色的光芒 | 中 |
| 投影 | 在对象的后方创建投影 | 高 |
| 涂抹 | 在对象所处的范围填充类似于手绘的涂抹线条 | 高 |
| 羽化 | 能将对象的边缘进行模糊处理 | 中 |

## 9.4.1 内发光

"内发光"效果可以在对象的中心或边缘发出特定颜色的光芒，应用效果如图9-146所示。选中图形对象，然后执行"效果>风格化>内发光"菜单命令，在弹出的"内发光"对话框中指定相关参数即可，如图9-147所示。

应用前　　　　　　　应用后

图9-146

**重要参数介绍**

◇ **模式**：指定内发光的混合模式。

◇**不透明度**：指定内发光的不透明度。

◇ **模糊**：指定要进行模糊的地方到选区中心或选区边缘的距离。

» **中心**：内发光将从中心发出。

» **边缘**：内发光将从边缘发出。

图9-147

## 9.4.2 外发光

"外发光"效果可以在对象的周围发出特定颜色的光芒，应用效果如图9-148所示。选中图形对象，然后执行"效果>风格化>外发光"菜单命令，在弹出的"外发光"对话框中指定相关参数即可，如图9-149所示。

应用前　　　　　　　应用后

图9-148

**重要参数介绍**

◇ **模式**：指定外发光的混合模式。

◇ **不透明度**：指定外发光的不透明度。

◇ **模糊**：指定外发光边缘的模糊程度。

图9-149

## 9.4.3 投影

"投影"效果可以在矢量图形或位图对象的后方创建投影，增加对象的存在感，应用效果如图9-150所示。选中图形对象，然后执行"效果>风格化>投影"菜单命令，在弹出的"投影"对话框中指定相关参数即可，如图9-151所示。

应用前　　　　　　　应用后

图9-150

图9-151

**重要参数介绍**

◇ **模式:**指定投影的混合模式。

◇ **不透明度:**指定投影的不透明度。

◇ **X位移/Y位移:**指定投影在横向和纵向上的偏移距离。

◇ **模糊:**指定投影的模糊程度。

◇ **颜色:**指定任意颜色作为投影的颜色。

◇ **暗度:**使用对象的颜色作为投影的颜色,同时还能够调节颜色的明度。

📄 课堂案例

## 使用"投影"效果制作App图标

| | |
|---|---|
| 素材位置 | 无 |
| 实例位置 | 实例文件>CH09>课堂案例:使用"投影"效果制作App图标 |
| 教学视频 | 课堂案例:使用"投影"效果制作App图标.mp4 |
| 学习目标 | 掌握"投影"效果的用法 |

本例的最终效果如图9-152所示。

图9-152

01 新建一个尺寸为800px×600px的画板,然后使用"矩形工具" ▦绘制一个矩形,并设置"宽度"为800px,"高度"为600px,"填色"为浅灰色(R:226,

G:226,B:226), "描边"为"无",接着将其和画板对齐并进行"锁定" 🔒 ,如图9-153所示。

02 使用"矩形工具"▦在画板中绘制一个矩形,并设置"宽度"为200px,"高度"为200px,"填色"为黄色(R:255,G:225,B:46), "描边"为"无",然后选择"直接选择工具" ▷,在控制栏中设置"圆角半径"为30px,如图9-154所示。

图9-153　　　　　　　　图9-154

03 选中步骤02创建的图形,执行"效果>风格化>投影"菜单命令,在弹出的"投影"对话框中设置"不透明度"为30%,"X位移"为5px,"Y位移"为5px,"模糊"为10px,"颜色"为深灰色(R:86,G:86,B:86),接着单击"确定"按钮,最后将该矩形进行"锁定" 🔒 ,如图9-155所示。

图9-155

04 使用"椭圆工具" ◯在步骤03创建的图形中绘制一个椭圆,并设置"宽度"为25px,"高度"为50px,"填色"为深灰色(R:35,G:35,B:35), "描边"为"无",接着在"变换"面板中设置"旋转"为10°,如图9-156所示。

图9-156

05 将步骤04创建的图形复制出一份,然后选中复制得到的椭圆并在"变换"面板中设置"旋转"为15°,如图9-157所示。

图9-157

应用前

图9-160                          图9-161

06 选中这两个椭圆并执行"对象>变换>镜像"菜单命令，然后在"镜像"对话框中选中"垂直"选项，并单击"复制"按钮，如图9-158所示。

图9-158

**重要参数介绍**

◇ **设置**：在下拉列表中选择一种预设涂抹效果。

◇ **角度**：指定涂抹线条的方向。

◇ **路径重叠**：指定向外扩展和向内收缩的距离。

◇ **描边宽度**：指定涂抹线条的宽度。

◇ **曲度**：指定涂抹线条的弯曲程度。

◇ **变化（曲度）**：控制涂抹曲线彼此之间的相对曲度差异大小。

◇ **间距**：指定涂抹线条的疏密程度。

◇ **变化（间距）**：控制涂抹线条之间的疏密差异。

07 使用"多边形工具" ⬣ 在步骤06创建的图形中单击，在弹出的对话框中设置"半径"为70px，"边数"为3px，单击"确定"按钮，绘制一个三角形，设置"填色"为深灰色（R:35，G:35，B:35），"描边"为"无"。然后选择"直接选择工具" ▷，在控制栏中设置"圆角半径"为35px。最后选中所有的椭圆和该三角形并进行编组，完成案例的绘制，最终效果如图9-159所示。

## 9.4.5 羽化

"羽化"效果能将对象的边缘进行模糊处理，使对象的边缘变得十分柔和，产生一种渐隐效果，应用效果如图9-162所示。选中图形对象，然后执行"效果>风格化>羽化"菜单命令，在弹出的"羽化"对话框中指定羽化半径即可，如图9-163所示。

图9-159

## 9.4.4 涂抹

"涂抹"效果能够在对象所处的范围填充类似于手绘的线条，应用效果如图9-160所示。在绘图的过程中，当需要表现手绘风格时，便可以考虑使用该效果。选中图形对象，然后执行"效果>风格化>涂抹"菜单命令，在弹出的"涂抹选项"对话框中指定相关参数即可，如图9-161所示。

应用前                          应用后

图9-162

**重要参数介绍**

◇ **半径**：设置羽化的强度。

图9-163

233

# 9.5 本章小结

本章主要介绍了Illustrator效果的特点和应用，包括3D、扭曲和变换、风格化3大类效果。我们需要注意区分各种效果的特点，这样才能在绘图的过程中有意识地应用这些效果，从而提高工作效率。

介绍效果的添加和调整时，讲解了添加、修改和删除效果的操作方式。这些操作都可以在"外观"面板中进行，因此我们可以结合"外观"面板的使用方法进行学习。

介绍3D效果时，讲解了怎样将二维图形转换为三维图形，以及怎样通过调整参数使三维图形呈现不同的外观。其中，我们需要重点掌握贴图的应用。

介绍"扭曲和变换"类效果时，讲解了怎样通过应用效果来对对象进行扭曲。其中"变换"效果的使用频率远远超过该类型其他的效果，因此我们需要重点掌握该效果的应用方式。

介绍"风格化"效果时，讲解了怎样为对象添加发光、投影、涂抹和羽化等外观。这里需要重点掌握"涂抹"效果，它能通过相对简单的操作实现极具风格化的效果，因此在特定的应用场景下能够发挥很大的作用。

# 9.6 课后习题

本节安排了两个课后习题供读者练习，这两个习题综合考查了本章知识。读者在练习时如果有疑问，可以一边观看教学视频，一边学习效果的应用。

## 9.6.1 "ALPHA" 文本特效

| 素材位置 | 无 |
| --- | --- |
| 实例位置 | 实例文件>CH09>课后习题："ALPHA"文本特效 |
| 教学视频 | 课后习题："ALPHA"文本特效.mp4 |
| 学习目标 | 熟练掌握3D效果的应用 |

本例的最终效果如图9-164所示。

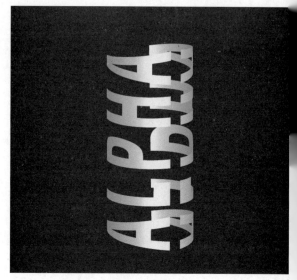

图9-164

## 9.6.2 制作海岛瀑布

| 素材位置 | 无 |
| --- | --- |
| 实例位置 | 实例文件>CH09>课后习题：制作海岛瀑布 |
| 教学视频 | 课后习题：制作海岛瀑布.mp4 |
| 学习目标 | 熟练掌握3D效果及"风格化"效果的应用 |

本例的最终效果如图9-165所示。

图9-165

第 **10** 章

# 平面设计

　　本章将以平面设计中最常见的 4 种设计类型作为案例进行讲解，我们通过对这些案例的学习，可以简要地了解字体设计、品牌标志设计、海报设计和包装设计的设计流程。对于字体设计，我们需要注意字体的间架结构及特征一致性；对于品牌标志设计，需要偏向于考虑作图的规范性；对于海报设计，需要更多地关注文本的编排；对于包装设计，需要明确包装设计的几个要素。

## 课堂学习目标

◇ 字体设计

◇ 品牌标志设计

◇ 海报设计

◇ 包装设计

# 10.1 字体设计："毕业季" 字体设计

| | |
|---|---|
| 素材位置 | 无 |
| 实例位置 | 实例文件>CH10>字体设计："毕业季"字体设计 |
| 教学视频 | 字体设计："毕业季"字体设计.mp4 |
| 学习目标 | 掌握字体的设计方法、字体设计的简要流程、笔画的处理方式 |

本例的最终效果如图10-1所示。

图10-1

## 10.1.1 "毕业季"字样设计

平面设计中常用字体的类型主要可以分为宋体和黑体这两大类。宋体相对来说会显得更加古朴，从而更具传统意味，而黑体则显得更有现代的特点，因而更贴近我们的生活。一般情况下，我们使用的各种显示设备的字体都是黑体。就设计难度上来看，设计黑体的难度往往没有设计宋体的难度大。本例所制作的字体更加接近黑体，因此制作起来相对比较容易，使用"矩形工具"■就可以轻松实现，我们只需要通过矩形拼凑出基本字样，再对字样进行细化和调整即可。

### 1.设计大样

**01** 新建4个尺寸为800px×600px的画板，如图10-2所示。

图10-2

图10-2（续）

**02** 选定第1个画板并使用快捷键Ctrl+0使其适合窗口大小。使用"矩形工具"■分别绘制一个"宽度"为40px，"高度"为任意，"填色"为黑色，"描边"为"无"的矩形，以及一个"宽度"为任意，"高度"为20px，"填色"为黑色，"描边"为"无"的矩形，如图10-3所示。

**03** 将这两个矩形复制出多份，并分别进行适当的变换组合成"毕"字，如图10-4所示。

图10-3　　　　　　　　　　　图10-4

**04** 使用"矩形工具"■按照"毕"字的大小绘制一个矩形，然后设置"填色"为红色（R:255，G:72，B:90），"描边"为"无"，最后将其放置在"毕"字的下一层，如图10-5所示。

**05** 将步骤04创建的图形复制出两份，并与第1个图形并排放置在一起，然后将这些红色矩形进行"锁定"🔒，如图10-6所示。

图10-5　　　　　　　　　　　图10-6

**06** 将充当"毕"字的横笔画和竖笔画的矩形分别复制出多份，然后以红色的矩形为边界，将复制得到的矩形进行适当的变换组合成"业"字，如图10-7所示。

图10-7

07 使用快捷键Ctrl+R显示出标尺，然后创建一条横向的参考线，并使其与"毕"字的"十字旁"的顶端对齐。接着将充当"业"字横笔画的矩形复制出5份，最后以红色的矩形为边界，将复制得到的矩形进行适当的变换并放置在图10-8所示的位置。

08 将充当"业"字竖笔画的矩形复制出两份，再将复制得到的矩形进行适当的变换，并放置在图10-9所示的位置。

图10-8　　　　　　　　　图10-9

09 使用"矩形工具"▣绘制一个矩形，并设置"宽度"为25px，"高度"为任意，"填色"为黑色，"描边"为"无"，然后在"变换"面板中设置"旋转"为295°。接着适当地对矩形的高度进行缩放并放置在合适的位置，如图10-10所示。

图10-10

10 使用"选择工具"▶选中步骤09创建的图形，然后右击并选择"变换>镜像"命令，在弹出的"镜像"对话框中选中"垂直"选项，单击"复制"按钮完成变换，再按住Shift键将复制得到的矩形移动到合适的位置，如图10-11所示。

图10-11

11 将充当"季"字撇笔画的矩形复制出一份，放置在图10-12所示的位置上，最后隐藏参考线。

图10-12

## 2.设计细节

01 将创建完成的"毕业季"字样复制到第2个画板，使用"直接选择工具"▷分别对"毕"字中各个矩形的锚点进行调整，效果如图10-13所示。

图10-13

02 使用同样的方法，调整"业"字和"季"字，效果如图10-14所示。

图10-14

03 为了避免产生视觉错觉，再次使用"直接选择工具"▷将"季"字的撇笔画和捺笔画的锚点进行适当的调整，使其交会处显得不那么粗，如图10-15所示。

图10-15

04 将创建完成的"毕业季"字样复制到第3个画板，然后在"路径查找器"面板中对该字样应用"联集"▪，如图10-16所示。

图10-16

⑤ 使用"矩形工具" ■绘制一个矩形，并设置"宽度"为5px，"高度"为任意，"填色"为黄色（R:255，G:170，B:0），"描边"为"无"。然后将该矩形复制出多份并进行适当的变换，放置在图10-17所示的位置并进行编组。

图10-17

⑥ 使用"选择工具" ▶选中步骤05创建的图形编组和"毕业季"字样，然后使用"形状生成器工具" ◎按住Alt键切除上一步创建的矩形，效果如图10-18所示。

图10-18

### 3.加深对比

① 将调整后的"毕业季"字样复制到第4个画板，然后适当地缩小。接着使用快捷键Ctrl + Y进入轮廓预览模式，使用"钢笔工具" ✍沿"毕业季"字样的外轮廓绘制形状，并设置"填色"为蓝色（R:47，G:55，B:155），"描边"为黄色（R:255，G:170，B:0），"描边粗细"为10pt，最后将该形状放置在"毕业季"字样的下一层，效果如图10-19所示。

图10-19

> 📝 技巧与提示
>
> 在使用"钢笔工具" ✍沿"毕业季"字样的外轮廓绘制形状时，可以不用完全按照"毕业季"字样的轮廓进行绘制，只要得到的形状好看即可。

② 使用"选择工具" ▶选中"毕业季"字样，设置"填色"为白色，然后使用"矩形工具" ■绘制一个矩形，并设置"宽度"为800px，"高度"为600px，"填色"为黄色（R:252，G:219，B:56），"描边"为"无"，接着将其相对于画板进行水平居中对齐 ▤和垂直居中对齐▤，最后将其放置在底层并进行"锁定" 🔒，效果如图10-20所示。

图10-20

## 10.1.2 装饰物设计

① 使用"矩形工具" ■绘制一个黑色的正方形，并将其旋转45°，然后使用"自由扭曲"工具 ▱按住Alt键拖动其顶点进行适当的挤压，接着再次使用"矩形工具" ■绘制一个黑色矩形，并将其与挤压后的矩形组合成一个学士帽图形，最后将它们进行编组并适当调整位置。效果如图10-21所示。

图10-21

② 使用"矩形工具" ■绘制一大一小两个黑色矩形，组合成学士帽的流苏，然后对它们进行编组并放置在学士帽图形的右侧，如图10-22所示。

图10-22

③ 为了使学士帽图形显得不那么突出，选中学士帽图形中的所有对象，设置"填色"为深蓝色（R:55，G:56，

B:61），最后适当地调整各个元素的堆叠顺序和位置，完成案例的制作，最终效果如图10-23所示。

图10-23

## 10.2 品牌标志设计："红猪"标志设计

| 素材位置 | 素材文件>CH10>品牌标志设计："红猪"标志设计 |
| --- | --- |
| 实例位置 | 实例文件>CH10>品牌标志设计："红猪"标志设计 |
| 教学视频 | 品牌标志设计："红猪"标志设计.mp4 |
| 学习目标 | 掌握标志的设计方法、字体设计的简要流程、图案的处理方式 |

本例的最终效果如图10-24所示。

图10-24

### 10.2.1 "红猪"标志图案设计

从组成元素上划分，品牌标志大致可以分成3类：第1类是使用品牌的名称作为品牌标志；第2类是使用能够间接表达出品牌名称的图案作为品牌标志；第3类则同时使用了品牌名称和图案作为品牌标志。本例所制作的标志属于第3类，我们会先进行图案的制作，在图案的绘制过程中既要

保证美观度又要保证其形态规范。

#### 1.规范作图

01 新建3个尺寸为800px×600px的画板，然后打开"素材文件>CH10>品牌标志设计："红猪"标志设计>小猪.ai"，接着将其中的路径复制到当前文档的第1个画板上，如图10-25所示。下面就以素材中提供的草图为基础进行图案的绘制。

图10-25

02 选中第1个画板上的路径，设置"描边"为红色（R:255，G:123，B:123），然后在"图层"面板中将"图层1"进行"锁定" 🔒 ，同时新建一个图层，如图10-26所示。

图10-26

03 使用"椭圆工具" ⬭ 绘制一个椭圆，并设置"宽度"为354px，"高度"为176px，"填色"为"无"，"描边"为黑色，"描边粗细"为0.25pt，然后将其放置在图10-27所示的位置。

04 使用"椭圆工具" ⬭ 绘制一个圆，并设置"宽度"和"高度"均为298px，"填色"为"无"，"描边"为黑色，"描边粗细"为0.25pt，然后将其放置在图10-28所示的位置。

图10-27

图10-28

05 将步骤04创建的路径复制出一份，然后将复制得到的图形相对于原有的图形进行垂直居中对齐 ⬌ ，接着按住Shift键拖动复制后的图形，将其放置在图10-29所示的位置。

图10-29

06 使用"椭圆工具" ⬭绘制一个椭圆，并设置"宽度"为282px，"高度"为195px，"填色"为"无"，"描边"为黑色，"描边粗细"为0.25pt，然后将其放置在图10-30所示的位置。

07 使用"钢笔工具" ✒绘制一条倾斜的直线路径，使其相切于步骤04和步骤06创建的路径，如图10-31所示。

图10-30　　　　　　　　　图10-31

08 选中步骤07创建的路径，然后右击并选择"变换>镜像"命令，在弹出的"镜像"对话框中选中"垂直"选项，单击"复制"按钮完成变换，接着按住Shift键将复制得到的路径移动到图10-32所示的位置。

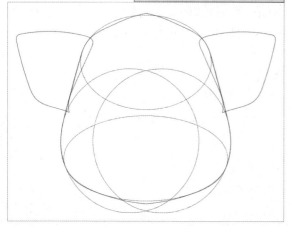

图10-32

09 使用"椭圆工具" ⬭绘制一个圆，并设置"宽度"和"高度"均为100px，"填色"为"无"，"描边"为黑色，"描边粗细"为0.25pt，然后将其放置在图10-33所示的位置。

10 使用"椭圆工具" ⬭绘制一个圆，并设置"宽度"和"高度"均为20px，"填色"为"无"，"描边"为黑色，"描边粗细"为0.25pt，然后将其放置在图10-34所示的位置。

图10-33　　　　　　　　　图10-34

11 使用"椭圆工具" ⬭绘制一个椭圆，并设置"宽度"为272px，"高度"为112px，"填色"为"无"，"描边"为黑色，"描边粗细"为0.25pt，然后将其放置在图10-35所示的位置。

12 根据耳朵部分的路径走向，使用"钢笔工具" ✒绘制一条直线路径，让其分别相切于步骤09和步骤10创建的路径，如图10-36所示。

图10-35　　　　　　　　　图10-36

13 选中步骤09～12绘制的路径，然后右击并选择"变换>镜像"命令，在弹出的"镜像"对话框中选中"垂直"选项，单击"复制"按钮完成变换。按住Shift键将复制得到的路径移动到合适的位置。参数及效果如图10-37所示。

图10-37

14 选中所有路径，将其复制到第2个画板上，然后使用"形状生成器工具" 📭 按住Alt键切除多余的路径，如图10-38所示。

图10-38

15 选中剩下的路径，使用"形状生成器工具" 📭 按住Shift键框选它们，完成路径的合并，然后删除一些残留的路径，得到小猪脸部的轮廓，如图10-39所示。

图10-39

## 2.制作标志图案

01 在第3个画板上使用"矩形工具" ▢绘制一个矩形，并设置"宽度"为800px，"高度"为600px，"填色"为浅灰色（R:239，G:239，B:239），"描边"为"无"，然后将其相对于画板进行水平居中对齐 ⯐ 和垂直居中对齐 ⯐ ，如图10-40所示。

02 使用"矩形工具" ▢绘制一个正方形，并设置"宽度"和"高度"均为160px，"填色"为红色（R:244，G:55，B:113），"描边"为"无"，同时选择"直接选择工具" ▷ ，在控制栏中设置"圆角半径"为30px，然后将其相对于画板进行水平居中对齐 ⯐ 和垂直居中对齐 ⯐ ，如图10-41所示。

图10-40　　　　　　　　图10-41

03 将第2个画板上的小猪脸部轮廓复制到第3个画板上，并适当地缩小，然后设置"填色"为浅灰色（R:239，G:239，B:239），"描边"为"无"，最后调整它的位置和堆叠顺序，如图10-42所示。

04 使用"椭圆工具" ◯在小猪脸部绘制一个椭圆，并设置"宽度"为45px，"高度"为25px，"填色"为红色（R:244，G:55，B:113），"描边"为"无"，然后将其放置在中心，作为小猪的鼻子，如图10-43所示。

图10-42　　　　　　　　图10-43

05 使用"椭圆工具" ◯在鼻子中绘制一个椭圆，并设置"宽度"为5px，"高度"为10px，"填色"为深灰色（R:35，G:35，B:35），"描边"为"无"，然后将其复制出一份，并将它们放置在中心，作为小猪的鼻孔，如图10-44所示。

06 使用"椭圆工具" ◯在脸部绘制一个"宽度"为5px，"高度"为12px，"填色"为深灰色（R:35，G:35，B:35），"描边"为"无"的椭圆，并将其复制出一份，然后将它们放置在鼻子的上方，作为小猪的眼睛，至此便完成了标志图案的设计，如图10-45所示。将创建好的标志图案进行保存，并命名为"图形标.ai"，以便后续随时使用。

图10-44　　　　　　　　图10-45

# 10.2.2 "红猪"标志品牌名称设计

绘制完标志图案后，我们便要着手于品牌名称的绘制。绘制品牌名称实质上就是进行字体设计，只是作为标志品牌的文字会更加正式，而其他应用场景的字体设计则会相对比较轻松活泼，在风格上也会更加多样。

## 1.设计大样

01 新建4个尺寸为800px×600px的画板，在第1个画板上使用"矩形工具" ▥分别绘制一个"宽度"为30px，"高度"为任意，"填色"为黑色，"描边"为"无"的矩形，以及一个"宽度"为任意，"高度"为15px，"填色"为黑色，"描边"为"无"的矩形，如图10-46所示。

图10-46

02 将步骤01创建的两个图形复制出多份，并分别进行适当的变换，然后将其放置在合适的位置，如图10-47所示。

图10-47

03 将充当竖笔画的矩形复制出一份，并缩短其高度，然后在"变换"面板中设置"旋转"为330°，接着将调整后的矩形复制出一份，最后将这两个矩形放置在合适的位置，如图10-48所示。

图10-48

04 将充当横笔画的矩形复制出两份，分别进行适当的变换，然后将它们放置在合适的位置，完成"红"字的绘制，如图10-49所示。

05 按照"红"字的大小绘制一个矩形，并设置"填色"为红色（R:255，G:113，B:113），"描边"为"无"，然后将其置于下一层，接着将刚刚绘制的矩形复制出一份并放置在"红"字的旁边，最后将这两个红色的矩形进行"锁定" ，如图10-50所示。

图10-49　　　　　　　　　　图10-50

06 将充当"红"字竖笔画的矩形复制出一份，然后对其进行适当的变换，并放置在合适的位置上；接着将该矩形复制出一份并适当调整高度，在"变换"面板中设置"旋转"为20°，并将其放置在合适的位置，如图10-51所示。

图10-51

07 使用"矩形工具" ▥绘制一个矩形，并设置"宽度"为20px，"高度"为任意，"填色"为黑色，"描边"为"无"，然后选中该矩形并在"变换"面板中设置"旋转"为130°；接着将调整后的矩形复制出一份，并分别对原矩形和复制所得的矩形进行适当变换，最后将它们放置在合适的位置，如图10-52所示。

图10-52

08 分别将充当"红"字横笔画和竖笔画的矩形复制出多份，然后对这些矩形进行适当的变换，并将它们放置在合适的位置，如图10-53所示。

图10-53

09 将充当"猪"字撇笔画的矩形复制出一份，将复制得到的矩形进行适当的缩放后，在"变换"面板中设置"旋转"为125°，然后将调整后的矩形放置在合适的位置上，最后分别对组成"红"字和"猪"字的矩形进行编组，完成"红猪"字样的绘制，如图10-54所示。

图10-54

## 2.设计细节

01 选中创建完成的"红猪"字样并将其复制到第2个画板上，然后使用"直接选择工具" ▷分别选中笔画中图10-55所示的锚点，接着拖动边角构件将图形轮廓统一调整至合适的圆角为止，如图10-56所示。

图10-55

图10-56

> **技巧与提示**
>
> 组成"红猪"字样的笔画宽度并不一致，在控制栏中对每一个笔画的边角设置"圆角半径"参数比较麻烦，因此这里选择通过拖动边角构件统一进行调整。

02 选中调整后的"红猪"字样并将其复制到第3个画板上，在"路径查找器"面板中对其应用"联集" ▣，然后使用"直接选择工具" ▷对"者"字的上半部分进行适当的调整，使穿插部分看起来不会过于粗壮，同时为了填补因为调整穿插处而留下的间隙，可以将"者"字的第一横和第二横进行适当的延长，如图10-57所示。

图10-57

03 使用"矩形工具" ▢在第4个画板上绘制一个矩形，并设置"宽度"为800px，"高度"为600px，"填色"为红色（R:244，G:55，B:113），"描边"为"无"，然后将其相对于画板进行水平居中对齐 ▣和垂直居中对齐 ▣，接着打开前文保存的"图形标.ai"文件，并将图案复制到当前文档中，最后将"红猪"字样也复制到第4个画板上并适当地调整大小，如图10-58所示。

图10-58

04 使用"文字工具" T创建点文字"hongzhu"，按Esc键完成创建，在"字符"面板中设置字体系列为Noto Sans S Chinese，字体样式为Regular，字体大小为12pt，字距为1400，同时激活"全部大写字母"按钮TT，接着选中创建完成的文字对象，执行"文字>创建轮廓"菜单命令创建文字轮廓，最后将该文字放置在合适的位置，如图10-59所示。

图10-59

**⑤** 选中"红猪"和"HONGZHU"字样，并设置"填色"为深灰色（R:35，G:35，B:35），同时适当地调整各个元素之间的位置，完成案例的制作，最终效果如图10-60所示。

图10-60

# 10.3 海报设计：博物馆展览宣传单

| 素材位置 | 素材文件>CH10>海报设计：博物馆展览宣传单 |
|---|---|
| 实例位置 | 实例文件>CH10>海报设计：博物馆展览宣传单 |
| 教学视频 | 海报设计：博物馆展览宣传单.mp4 |
| 学习目标 | 掌握海报的设计方法、海报设计的简要流程、文本的编排方式 |

本例的最终效果如图10-61所示。

图10-61

## 10.3.1 置入素材

**①** 新建一个尺寸为210mm×297mm的画板，然后执行"文件>置入"菜单命令，置入素材"素材文件>CH10>

海报设计：博物馆展览宣传单>背景.png"，接着将其进行适当的变换，使其适合画板大小，如图10-62所示，最后将该素材所在图层进行"锁定"🔒。

**②** 执行"文件>置入"菜单命令，置入素材"素材文件>CH10>海报设计：博物馆展览宣传单>铜器.png"，然后将其适当地变换并放置在图10-63所示的位置。

图10-62　　　　　　　图10-63

**③** 执行"文件>置入"菜单命令，置入素材"素材文件>CH10>海报设计：博物馆展览宣传单>铜器投影.png"，并将其放置在"铜器"的下一层，然后对"铜器投影"进行适当的变换，根据画面的光影关系将其放置在合适的位置，最后将"铜器"和"铜器投影"进行编组并"锁定"🔒，如图10-64所示。

图10-64

**④** 使用快捷键Ctrl+R显示出标尺，并创建两条水平参考线，分别设置它们的Y坐标为15mm和282mm；创建两条垂直参考线，分别设置它们的X坐标为8mm和202mm，如图10-65所示。

图10-65

## 10.3.2 编排文字

**01** 使用"文字工具" **T**,创建点文字"唐宋铜制器皿展",按Esc键完成创建,设置"填色"为浅灰色(R:231,G:231,B:222),在"字符"面板中设置字体系列为"方正粗雅宋_GBK",字体大小为78pt,字距为20,如图10-66所示。

图10-66

**02** 使用"文字工具" **T**,创建点文字"tangsongtongzhi qiminzhan",按Esc键完成创建,设置"填色"为深蓝色(R:24,G:83,B:121),在"字符"面板中设置字体系列为"方正粗雅宋_GBK",字体大小为30pt,字距为20,同时激活"全部大写字母"按钮 **TT**,接着将其放置在"唐宋铜制器皿展"的下方并使其与"唐宋铜制器皿展"进行水平居中对齐 **▣**,最后将其与"唐宋铜制器皿展"进行编组,如图10-67所示。

图10-67

**03** 使用"直排文字工具" **IT**创建点文字"古城铜器博物馆藏",按Esc键完成创建,设置"填色"为浅灰色(R:231,G:231,B:222),在"字符"面板中设置字体系列为"方正雅宋_GBK",字体大小为36pt,字距为20,如图10-68所示。

图10-68

**04** 使用"直排文字工具" **IT**,分别创建点文字"**路文化大街铜制器皿文物修复展览馆","Tel 123******15"和"Web http://www.t***qimuseum.com",按Esc键完成创建,设置"填色"为白色,在"字符"面板中设置字体系列为"方正细雅宋_GBK",字体大小为12pt,字距为20,如图10-69所示。

图10-69

**05** 为了使 "Tel 123******15" 和 "Web http://www.t***qimuseum.com" 中的字符顺时针旋转90°，使用"选择工具"▶选中这两段文字，然后单击"字符"面板中的≣按钮，在弹出的菜单中取消选择"标准垂直罗马对齐方式"命令，如图10-70所示。在文本框外单击，恢复选择"标准垂直罗马对齐方式"命令。

图10-70

> 📝 **技巧与提示**
>
> 在默认情况下，当直排文字中具有罗马字符时，罗马字符不会自动进行旋转，为了让其发生旋转，可以在"字符"面板菜单中取消选择"标准垂直罗马对齐方式"命令。

**06** 适当地调整 "**路文化大街铜制器皿文物修复展览馆"，"Tel 123******15" 和 "Web http://www.t***qimuseum.com" 这3个文字对象之间的间距，将它们进行垂直顶对齐▐▌和水平居中分布▌▌，然后对它们进行编组。接着适当地调整编组与"古城铜器博物馆藏"点文字之间的间距，并将它们进行垂直顶对齐▐▌。为了纠正视觉错觉，将"古城铜器博物馆藏"向上移动一段距离，最后将它们进行编组并根据参考线将其放置在画板的右侧，如图10-71所示。

图10-71

**07** 使用"直排文字工具"▮T创建点文字"5月16日~8月25日"，按Esc键完成创建，设置"填色"为浅灰色

（R:231，G:231，B:222），在"字符"面板中设置字体系列为"方正粗雅宋_GBK"，字体大小为24pt，字距为20pt，如图10-72所示。

图10-72

**08** 分别选中"5月16日~8月25日"文字对象的16和25两个数字，在"字符"面板菜单中执行"直排内横排"命令；然后选中"~"字符，在"字符"面板菜单中取消选择"标准垂直罗马对齐方式"命令，在"字符"面板中设置"插入空格（左）"和"插入空格（右）"均为"1/4全角空格"，如图10-73所示。

图10-73

**09** 使用"直排文字工具"▮T创建点文字"2020年"，按Esc键完成创建，使用"吸管工具"⬟吸取"**路文化大街铜制器皿文物修复展览馆"的字符样式，接着适当地调整该文字与"5月16日~8月25日"之间的距离并进行垂直顶对齐▐▌。为了纠正视觉错觉，将"2020"向上移动一段距离，最后将它们进行编组并放置在图10-74所示的位置。

图10-74

⑩ 使用"文字工具" **T**.，分别创建点文字"开馆时间/每周一至周五9:00～17:00（16:30以后将谢绝入馆）"和"门票/成人50元，学生免费"，然后使用"选择工具" ▶ 选中创建的文字对象，使用"吸管工具" ✐ 吸取"**路文化大街铜制器皿文物修复展览馆"的字符样式，接着适当地调整它们之间的距离并进行水平左对齐 ▤，最后将它们编组并放置在合适的位置，同时隐藏参考线，完成案例的制作，最终效果如图10-75所示。

图10-75

# 10.4 包装设计：橙汁包装设计

| 素材位置 | 素材文件>CH10>包装设计：橙汁包装设计 |
| --- | --- |
| 实例位置 | 实例文件>CH10>包装设计：橙汁包装设计 |
| 教学视频 | 包装设计：橙汁包装设计.mp4 |
| 学习目标 | 掌握包装的设计方法、包装设计的简要流程，理解刀版图 |

本例的最终效果如图10-76所示。

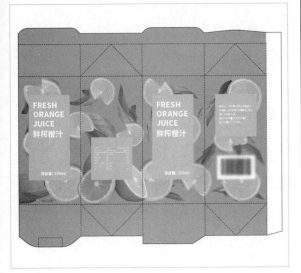

图10-76

## 10.4.1 处理素材

① 打开"素材文件>CH10>包装设计：橙汁包装设计>橙汁包装设计刀版图.ai"，然后使用"画板工具" ▣ 新建一个画板，并在控制栏中设置画板的"宽度"为21cm，"高度"为29.7cm，然后新建一个图层并将其放置在"图层1"的下一层，如图10-77所示。

图10-77

② 执行"文件>置入"菜单命令，在第2个画板上置入素材"素材文件>CH10>包装设计：橙汁包装设计>橙子.jpg"，然后单击"嵌入"按钮 嵌入 将其嵌入，最后适当地调整该图片的大小，如图10-78所示。

图10-78

③ 选中嵌入的图片，在控制栏中单击"图像描摹"按钮 图像描摹 ，然后在"图像描摹"面板中设置"模式"为"彩色"，"调板"为"自动"，这时提供的素材已经描摹成功，接着在控制栏中单击"扩展"按钮 扩展 将描摹结果扩展成路径，如图10-79所示。

图10-79

**04** 选中扩展出的路径并将它们取消编组，接着使用"选择工具" ▶ 分别选中除橙子和叶子之外的其他路径并按Delete键删除，如图10-80所示。

**05** 使用"选择工具" ▶ 将"橙子"和"叶子"分开并分别对它们进行编组，如图10-81所示。

图10-80

图10-81

**06** 选中所有的"叶子"，在控制栏中单击"重新着色图稿"按钮 ❸，弹出"重新着色图稿"对话框，单击右下角的"高级选项"按钮 高级选项... ，然后在"编辑"选项卡中单击"链接协调颜色"按钮 ⊸，调整"H（色相）"为112°，"S（饱和度）"为57%，"B（明度）"为76%，最后单击"确定"按钮，如图10-82所示。

图10-82

# 10.4.2 放置产品内容

**01** 使用"矩形工具" ▢ 在第1个画板上绘制一个矩形，然后设置"宽度"和"高度"均为24cm，"填色"为黄色（R:253，G:167，B:50），"描边"为"无"，并将其放置在图10-83所示的位置上。

图10-83

**02** 选中刀版图路径和矩形，然后使用"形状生成器工具" ⊛ 按住Alt键切除多余的部分，接着将其放置在底层并进行"锁定" 🔒，如图10-84所示。

图10-84

**03** 将第2个画板上的"橙子"复制出多份，然后分别将它们进行适当的变换，并随机地放置在刀版图上，如图10-85所示。

图10-85

**04** 将第2个画板的"叶子"复制出多份，然后将它们分别进行适当的变换，并随机地放置在刀版图上，接着调整"叶子"和"橙子"之间的堆叠顺序，最后选中所有的"橙子"和"叶子"并进行编组，如图10-86所示。

图10-86

**05** 使用"矩形工具" □ 绘制一个矩形,并设置"宽度"为4cm,"高度"为8cm,"填色"为黄色(R:254,G:214,B:59),"描边"为"无",然后将其放置在左侧的包装面上,效果如图10-87所示。

图10-87

**06** 使用"文字工具" T.在步骤05创建的图形中创建点文字"fresh orange juice",按Esc键完成创建,设置"填色"为白色,在"字符"面板中设置字体系列为Noto Sans S Chinese,字体样式为Black,字体大小为20pt,字距微调为"视觉",并激活"全部大写字母"按钮 TT,最后将其放置在顶部,如图10-88所示。

图10-88

**07** 使用"文字工具" T.在步骤05创建的图形中创建点文字"鲜榨橙汁",按Esc键完成创建,设置"填色"为白色,在"字符"面板中设置字体系列为Noto Sans S Chinese,字体样式为Black,字体大小为20pt,字距微调为"视觉",最后将其放置在点文字"FRESH ORANGE JUICE"的下方,如图10-89所示。

图10-89

**08** 使用"文字工具" T.在步骤05创建的图形中创建点文字"净含量:250ml",按Esc键完成创建,设置"填色"为白色,在"字符"面板中设置字体系列为Noto Sans S Chinese,字体样式为Black,字体大小为10pt,字距微调为"视觉",最后将其放置在黄色矩形的右下角,如图10-90所示。

图10-90

**09** 将创建完成的文字和步骤05创建的图形进行编组,然后将其复制出一份,放置在第3个包装面(按从左往右的顺序,后同)上,如图10-91所示。

图10-91

**10** 使用"矩形工具" □ 在第2个包装面中绘制一个矩形,并设置"宽度"为4cm,"高度"为4cm,"填色"为黄色(R:254,G:214,B:59),"描边"为"无",如图10-92所示。

**11** 打开"素材文件>CH10>包装设计:橙汁包装设计>橙汁包装文字1.ai",将提供的文案复制到当前文档中,并设置"填色"为白色,接着对其进行适当的缩放,并将其放置在步骤10创建的图形中,如图10-93所示。

图10-92                    图10-93

⑫ 使用"矩形工具" ▣ 在第4个包装面中绘制一个矩形，并设置"宽度"为4cm，"高度"为4cm，"填色"为黄色（R:254，G:214，B:59），"描边"为"无"，然后将其放置在图10-94所示的位置。

⑬ 打开"素材文件>CH10>包装设计：橙汁包装设计>橙汁包装文字2.ai"，将提供的文案复制到当前文档中，并设置"填色"为白色，然后对其进行适当的缩放，将其放置在步骤12创建的图形中，如图10-95所示。

图10-94

图10-95

⑭ 执行"文件>置入"菜单命令，置入素材"素材文件>CH10>包装设计：橙汁包装设计>条形码.png"，并将其放置在第4个包装面上，完成案例的制作，最终效果如图10-96所示。

图10-96

# 10.5  本章小结

本章通过4个综合实例的制作过程，回顾了本书前9章的重点知识，同时也介绍了平面设计中常见的4种设计类型。希望读者能通过这4个综合实例掌握使用Illustrator进行平面设计的思路和方法。

# 10.6  课后习题

本节安排了两个课后习题供读者练习，这两个习题综合考查了本章知识。读者在练习时如果有疑问，可以一边观看教学视频，一边进行练习。

## 10.6.1  "BEAR"字体设计

| | |
|---|---|
| 素材位置 | 无 |
| 实例位置 | 实例文件>CH10> 课后习题："BEAR"字体设计 |
| 教学视频 | 课后习题："BEAR"字体设计.mp4 |
| 学习目标 | 熟练掌握字体的设计方法、笔画的处理方式 |

本例的最终效果如图10-97所示。

图10-97

## 10.6.2  瓷器展宣传海报

| | |
|---|---|
| 素材位置 | 素材文件>CH10>课后习题：瓷器展宣传海报 |
| 实例位置 | 实例文件>CH10>课后习题：瓷器展宣传海报 |
| 教学视频 | 课后习题：瓷器展览宣传海报.mp4 |
| 学习目标 | 熟练掌握海报的设计方法、文本的编排方式 |

本例的最终效果如图10-98所示。

图10-98

第 **11** 章

# UI设计

　　UI 设计涵盖的内容十分广泛，本章将通过两个简单的案例简要地呈现 UI 设计的工作流程，读者如果想从事 UI 方向的工作还需要更进一步地去学习。UI 设计本质上与品牌标志设计是相似的，我们可以简单认为 UI 图标就是品牌标志，而品牌标志在品牌的传播过程中应当保持始终如一。我们在设计 UI 图标时除了要保证基本的美观度之外，还需要保证 UI 图标的易识别性。

## 课堂学习目标

◇ App 图标设计

◇ 标签栏图标设计

◇ App 界面设计

# 11.1 社交App "闪信"图标设计

| | |
|---|---|
| 素材位置 | 无 |
| 实例位置 | 实例文件>CH11>社交App "闪信"图标设计 |
| 教学视频 | 社交App "闪信"图标设计.mp4 |
| 学习目标 | 掌握图标的设计方法、设计App图标的简要流程 |

本例的最终效果如图11-1所示。

图11-1

## 11.1.1 准备大样

**01** 新建一个尺寸为800px×600px的画板，然后使用"矩形工具"▢在画板中绘制一个矩形，并设置"宽度"为800px，"高度"为600px，"填色"为浅灰色（R:244，G:244，B:244），"描边"为"无"，接着将其相对于画板进行水平居中对齐▣和垂直居中对齐▣，最后选中该图形并进行"锁定"🔒，如图11-2所示。

图11-2

**02** 使用"矩形工具"▢在画板中绘制一个矩形，并设置"宽度"和"高度"均为160px，"填色"为白色，

"描边"为"无"，然后选择"直接选择工具"▷，在控制栏中设置"圆角半径"为40px，让图标的外轮廓更圆滑一点，最后将其相对于画板进行水平居中对齐▣和垂直居中对齐▣，如图11-3所示。

图11-3

**03** 选中步骤02绘制的图形，然后按>键将颜色的填充方式更改为渐变，并在"渐变"面板中设置渐变的颜色为从蓝色（R:0，G:193，B:255）到深蓝色（R:0，G:174，B:242），"角度"为-45°，如图11-4所示。

图11-4

**04** 使用"矩形工具"▢在步骤03绘制的图形中绘制一个矩形，并设置"宽度"为100px，"高度"为75px，"填色"为白色，"描边"为"无"，然后选择"直接选择工具"▷，在控制栏中设置"圆角半径"为15px，最后将其相对于步骤03绘制的图形进行水平居中对齐▣和垂直居中对齐▣，完成轮廓大样的绘制，如图11-5所示。

图11-5

## 11.1.2 切割轮廓

**01** 使用"多边形工具" ⬡ 在画板中单击, 在弹出的对话框中设置"半径"为20px, "边数"为3, 单击"确定"按钮, 绘制一个三角形。在工具栏中设置"填色"为白色, "描边"为"无"。然后在"变换"面板中设置"旋转"为30°, 并将其放置在白色圆角矩形的左上角, 如图11-6所示。接着使用快捷键Ctrl+Y进入轮廓预览模式, 开始调整等边三角形的位置, 使两个边角与圆角矩形相交, 最后选中其顶端的锚点并在控制栏中设置"圆角半径"为5px, 效果如图11-7所示。

图11-6

图11-7

**02** 使用"多边形工具" ⬡ 单击, 在弹出的对话框中设置"半径"为20px, "边数"为3, 单击"确定"按钮, 绘制一个三角形。在工具栏中设置"填色"为白色, "描边"为"无"。然后在"变换"面板中设置"旋转"为330°。调整等边三角形的位置, 使两个边角与圆角矩形相交, 如图11-8所示。最后选中底端的锚点并在控制栏中设置"圆角半径"为5px, 效果如图11-9所示。

图11-8

图11-9

**03** 使用快捷键Ctrl + Y退出轮廓预览模式, 然后使用"形状生成器工具" ⬤ 将这两个等边三角形和矩形进行合并, 完成图标轮廓的切割, 如图11-10所示。

图11-10

## 11.1.3 点缀细节

**01** 使用"椭圆工具" ⬤ 在上一节图标中绘制一个椭圆, 并设置"宽度"为15px, "高度"为24px, "填色"为蓝色(R:0, G:193, B:255), "描边"为"无", 然后将其放置在左侧, 如图11-11所示。

**02** 将步骤01绘制的图形复制出一份, 并将其放置在右侧的位置, 完成案例的绘制, 最终效果如图11-12所示。

图11-11

图11-12

# 11.2 "红猪"宠物商城App 界面设计

| | |
|---|---|
| 素材位置 | 素材文件>CH11>"红猪"宠物商城App界面设计 |
| 实例位置 | 实例文件>CH11>"红猪"宠物商城App界面设计 |
| 教学视频 | "红猪"宠物商城App界面设计.mp4 |
| 学习目标 | 掌握App界面的设计方法、设计App界面的简要流程 |

本例的最终效果如图11-13所示。

图11-13

## 11.2.1 绘制标签栏图标

在制作App界面之前，要先完成标签栏图标的绘制。在绘制的过程中，我们要考虑到这些图标的交互属性，因此需要绘制未选中和选中这两种状态下的图标。

### 1.绘制标签栏底框

**01** 新建一个尺寸为800px×600px的画板，然后使用"矩形工具" □ 在画板中绘制一个矩形，并设置"宽度"为800px，"高度"为600px，"填色"为红色（R:244，G:55，B:113），"描边"为"无"，并将其相对于画板进行水平居中对齐 ♣ 和垂直居中对齐 ♣，最后选中该图形并"锁定" 🔒，如图11-14所示。

图11-14

**02** 使用"矩形工具" □ 在画板中绘制一个矩形，并设置"宽度"为375px，"高度"为83px，"填色"为白色，"描边"为"无"，然后选择"直接选择工具" ▷，在控制栏中设置"圆角半径"为10px，接着执行"效果>风格化>投影"菜单命令，在弹出的"投影"对话框中设置"X位移"为5px，"Y位移"为5px，"模糊"为10px，"颜色"为红色（R:244，G:55，B:113），最后单击"确定"按钮，完成标签栏的绘制，参数及效果如图11-15所示。

图11-15

**03** 将上方标签栏复制出一份，并将其放置在原对象的正下方，最后将这两个图形进行"锁定" 🔒，如图11-16所示。

图11-16

### 2.绘制未选中状态图标

**01** 使用"矩形工具" □ 在上方标签栏中绘制一个矩形，并设置"宽度"为22px，"高度"为15px，"填色"为"无"，"描边"为黑色，"描边粗细"为2pt，然后执行"编辑>首选项>常规"菜单命令，在"首选项"对话框中设置"键盘增量"为2px，单击"确定"按钮，如图11-17所示。接着使用"添加锚点工具" 在该矩形的上边缘线的中点处添加一个锚点，按5次↑键，使其向上移动10px，如图11-18所示。

图11-17

图11-18

**02** 使用"矩形工具" 在步骤01创建的图形中绘制一个矩形，并设置"宽度"为6px，"高度"为任意，"填色"为"无"，"描边"为黑色，"描边粗细"为2pt，然后将其相对于步骤01绘制的图形进行水平居中对齐，并适当地调整该图形在纵向上的位置，如图11-19所示。

图11-19

**03** 框选步骤01和步骤02创建的图形，然后使用"形状生成器工具" 按住Alt键切除步骤02绘制的矩形，接着选择"直接选择工具" ，在控制栏中设置"圆角半径"为2px，完成"首页"图标的绘制，如图11-20所示。

图11-20

**04** 使用快捷键Ctrl + Y进入轮廓预览模式，然后使用"椭圆工具" 在画板中绘制3个圆，并设置"宽度"和"高度"均为8px，"填色"为"无"，"描边"为黑色，"描边粗细"为2pt，最后将这3个圆对齐并相切，如图11-21所示。

图11-21

**05** 使用"矩形工具" 分别绘制一个"宽度"为24px，"高度"为8px，"填色"为"无"，"描边"为黑色，"描边粗细"为2pt的矩形，以及一个"宽度"为20px，"高度"为16px，"填色"为"无"，"描边"为黑色，"描边粗细"为2pt的矩形，并分别将它们与步骤04绘制的3个图形对齐，如图11-22所示。

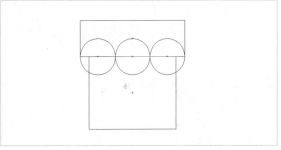

图11-22

**06** 使用快捷键Ctrl + Y退出轮廓预览模式，然后选中步骤05创建的图形，使用"形状生成器工具" 按住Alt键切除不需要的路径。使用"直接选择工具" 选中图形，在控制栏中设置"圆角半径"为2px。接着使用"钢笔工具" 在下面的矩形中绘制一条水平直线路径，并在控制栏中设置"宽度"为10px，效果如图11-23所示。

图11-23

**07** 选中步骤06调整后的图形，然后在"描边"面板中设置"端点"为"圆头端点"，"边角"为"圆角连接"，如图11-24所示。接着对这些图形进行编组，完成"商家"图标的绘制，如图11-25所示。

图11-24

图11-25

**08** 使用"矩形工具" ▣ 在上方标签栏中绘制一个矩形，并设置"宽度"为20px，"高度"为24px，"填色"为"无"，"描边"为黑色，"描边粗细"为2pt，然后选择"直接选择工具" ▷，在控制栏中设置"圆角半径"为2px。接着使用"钢笔工具" ✐ 分别绘制"宽度"为10px和"宽度"为8px的两条直线路径，并将它们分别放置在合适的位置上。最后将绘制完成的图形进行编组，完成"订单"图标的绘制，如图11-26所示。

图11-26

**09** 使用"椭圆工具" ⬭ 在上方标签栏中分别绘制一个"宽度"为10px，"高度"为10px，"填色"为"无"，"描边"为黑色，"描边粗细"为2pt的圆，以

及一个"宽度"为22px，"高度"为22px，"填色"为"无"，"描边"为黑色，"描边粗细"为2pt的圆，并将大圆放置在小圆的下方，如图11-27所示。

图11-27

**10** 使用"矩形工具" ▣ 在上方标签栏中绘制一个矩形，并设置"宽度"为20px，"高度"为任意，"填色"为"无"，"描边"为黑色，"描边粗细"为2pt，然后将该矩形的上边缘线与大圆的圆心放置在同一水平线上，接着同时选中它们，使用"形状生成器工具" ◈ 按住Alt键切除不需要的部分，再选中图形下边缘的两个锚点，在控制栏中设置"圆角半径"为2px。最后选中这些图形并进行编组，完成"我的"图标的绘制。至此便完成了所有未选中状态图标的绘制，如图11-28所示。

图11-28

### 3.绘制选中状态图标

**01** 选中未选中状态图标并复制出一份，然后将它们放置在下方标签栏中，如图11-29所示。

图11-29

**02** 选中"首页"图标,复制后使用快捷键Ctrl + F将其原位粘贴在上方,然后设置"填色"为红色(R:244,G:55,B:113),"描边"为"无",接着将调整后的图标放置在原有图标的下一层,并按→键将其向右移动2px,最后将其与原有图标进行编组,完成选中状态下的"首页"图标的绘制,如图11-30所示。

图11-30

> 📝 **技巧与提示**
>
> 前文已经在"首选项"对话框中设置了"键盘增量"为2px,所以每按一次→键可按2px的增量向右移动,2px是比较合适的增量,读者也可以选择其他增量。

**03** 按照同样的方法完成选中状态下的其他图标的绘制,如图11-31所示。最后将创建的标签栏图标进行保存,并命名为"标签栏图标.ai",以便后续随时使用。

图11-31

## 11.2.2 界面布局

当标签栏图标绘制完成后,我们便可以开始着手制作界面了。界面的设计同样需要考虑其交互属性,设计时我们要坚持"操作前可预知,操作中会提示,操作后可撤回"的原则。下面绘制的是宠物商城App在首页中的界面。

### 1.设置参考线

**01** 新建一个尺寸为375px×812px的画板,然后使用"矩形工具"▦在画板中绘制一个矩形,并设置"宽度"为375px,"高度"为812px,"填色"为白烟色(R:244,G:244,B:244),"描边"为"无"。将绘制的矩形相对于画板进行水平居中对齐▟和垂直居中对齐▥,最后选中该图形并进行"锁定"🔒,如图11-32所示。

图11-32

**02** 使用快捷键Ctrl + R显示出标尺,并创建4条水平参考线,分别设置它们的Y坐标为44px、88px、729px和778px;接着创建4条垂直参考线,分别设置它们的X坐标为20px、30px、345px和355px,最后使用快捷键Alt + Ctrl + ;锁定参考线,如图11-33所示。

图11-33

## 2.布局分区

**01** 执行"文件>置入"菜单命令，置入素材"素材文件>CH11>'红猪'宠物商城App界面设计>状态栏图标.png、指示器.png"，然后将它们分别放置在画板的顶部和底部并进行编组，如图11-34所示。

**02** 使用"矩形工具"▭在画板中绘制一个矩形，并设置"宽度"为375px，"高度"为408px，"填色"为从红色（R:252，G:82，B:126）到深红色（R:255，G:52，B:62）的线性渐变，"描边"为"无"，然后选中该矩形下边缘的两个锚点，在控制栏中设置"圆角半径"为100px，接着选中红色矩形和白烟色矩形并进行编组，最后适当地调整其堆叠顺序，将该编组进行"锁定"🔒，完成首页界面背景的绘制，如图11-35所示。

图11-34　　　　　　　图11-35

**03** 打开"素材文件>CH11>'红猪'宠物商城App界面设计>红猪图形标.png"，然后将其复制到当前文档中并进行适当的缩放，最后将其放置在参考线规划的位置，如图11-36所示。

图11-36

**04** 使用"矩形工具"▭在红色区域内绘制一个矩形，并设置"宽度"为280px，"高度"为36px，"填色"为白色，"描边"为"无"，然后选择"直接选择工具"▷，在控制栏中设置"圆角半径"为18px，最后在"变换"面板中设置"变换中心"为"左上角"，X坐

标为75px，Y坐标为48px，完成首页界面搜索部分的绘制，如图11-37所示。

图11-37

**05** 使用"矩形工具"▭在红色区域内绘制一个矩形，并设置"宽度"为335px，"高度"为130px，"填色"为白色，"描边"为"无"，然后选择"直接选择工具"▷，在控制栏中设置"圆角半径"为10px，接着在"变换"面板中设置X坐标为20px，Y坐标为103px，完成首页界面Banner区域的划分，如图11-38所示。

图11-38

**06** 使用"矩形工具"▭在红色区域内绘制一个矩形，并设置"宽度"为335px，"高度"为160px，"填色"为白色，"描边"为"无"，然后选择"直接选择工具"▷，在控制栏中设置"圆角半径"为10px，最后在"变换"面板中设置X坐标为20px，Y坐标为248px，完成首页界面"精选"区域的划分，如图11-39所示。

图11-39

选中步骤06创建的图形，然后执行"效果>风格化>投影"菜单命令，在弹出的"投影"对话框中设置"不透明度"为25%，"X位移"为1px，"Y位移"为1px，"模糊"为2px，"颜色"为灰色（R:102，G:102，B:102），接着单击"确定"按钮，如图11-40所示。

图11-40

📝 技巧与提示

红色区域内的矩形不需要创建投影，给跨越白烟色区域的矩形创建投影是为了区分矩形框与白烟色区域。

08 使用"矩形工具" ▫ 在白烟色区域内绘制一个矩形，并设置"宽度"为160px，"高度"为230px，"填色"为白色，"描边"为无，然后选择"直接选择工具" ▷，在控制栏中设置"圆角半径"为10px，接着使用"吸管工具" 🖋 吸取步骤07创建的图形的外观属性，最后在"变换"面板中设置X坐标为20px，Y坐标为456px，如图11-41所示。

图11-41

09 将步骤08创建的图形复制出一份，并在"变换"面板中设置X坐标为20px，Y坐标为701px，同时适当地调整该矩形的堆叠顺序，使其位于"指示器"的下一层，如图11-42所示。

图11-42

10 使用"矩形工具" ▫ 在白烟色区域内绘制一个矩形，并设置"宽度"为160px，"高度"为260px，"填色"为白色，"描边"为无，然后选择"直接选择工具" ▷，在控制栏中设置"圆角半径"为10px，接着在"变换"面板中设置X坐标为195px，Y坐标为456px，最后使用"吸管工具" 🖋 吸取上一个矩形的外观属性，完成首页界面"猜你喜欢"区域的划分，如图11-43所示。

图11-43

11 使用"矩形工具" ▫ 在白烟色区域内绘制一个矩形，并设置"宽度"为375px，"高度"为83px，"填色"为白色，"描边"为浅灰色（R:221，G:221，B:221），"描边粗细"为1pt，最后适当地调整它与其他图形的堆叠顺序，并将其放置在合适的位置，如图11-44所示。

12 打开前文创建的"标签栏图标.ai"，并将"首页"选中状态图标及"商家""订单""我的"未选中状态图标复制到当前文档中，然后根据参考线放置"首页"选中状态图标，接着将其他图标相对于"首页"图标进行垂直居中对齐 ▦，最后将"我的"图标对齐第3根纵向参考线（按从左到右的顺序），并选中所有图标进行水平居中分布 ▥，如图11-45所示。

图11-44 　　　　　　　　图11-45

### 3.整理标签栏 ......

① 使用"文字工具" T.在"首页"图标的下方创建点文字"首页"，按Esc键完成创建，在控制栏中设置字体系列为Noto Sans S Chinese，字体样式为Regular，字体大小为12pt，最后根据参考线放置"首页"点文字，如图11-46所示。

② 将点文字"首页"复制出3份，并将文字内容分别更改为"商家""订单""我的"，使其与图标的功能对应，然后将这些文字相对于点文字"首页"进行垂直居中对齐 ，最后分别将各个文字对象和与之对应的图标进行水平居中对齐 ，如图11-47所示。

图11-46       图11-47

③ 选中点文字"首页"，然后设置"填色"为红色（R:244，G:55，B:113），接着选中点文字"商家""订单""我的"，并设置"填色"为灰色（R:102，G:102，B:102），如图11-48所示。

④ 选中"商家""订单""我的"图标，然后设置它们的"描边"为灰色（R:102，G:102，B:102），接着选中底部的图形和文字并进行编组，最后调整编组的堆叠顺序并将编组进行"锁定" ，完成标签栏的绘制，如图11-49所示。

图11-48       图11-49

## 11.2.3 放置内容

当我们完成界面的布局后，剩下的工作就简单了，接下来将与宠物商城相关的信息放置在对应的区域内，便能完成界面的制作。

### 1.编辑搜索内容 ......

① 使用"椭圆工具" 和"钢笔工具" .在搜索框中绘制一个"搜索"图标，并设置"描边"为灰色（R:102，G:102，B:102），"描边粗细"为2px，如图11-50所示。

② 使用"文字工具" T.在搜索框中创建点文字"金毛"，按Esc键完成创建，设置"填色"为灰色（R:102，G:102，B:102），然后在控制栏中设置字体大小为18pt，最后将"搜索"图标和点文字"金毛"放置在合适的位置，并将该区域内的所有内容进行编组，如图11-51所示。

图11-50       图11-

### 2.放置Banner内容 ......

① 打开"素材文件>CH11>'红猪'宠物商城App界面设计>Banner.ai"，将其中的图稿复制到当前文档中，并放置在Banner所在区域，如图11-52所示。

② 使用"椭圆工具" 在Banner的底部绘制3个圆，并设置"宽度"为10px，"高度"为10px，"填色"为浅灰色（R:232，G:232，B:232），"描边"为"无"，并将它们进行垂直居中对齐 和水平居中分布 ，接着选中中间的圆并设置"填色"为白色，同时对3个圆进行编组并将该编组放置在合适的位置，最后选中Banner部分内的所有内容并进行编组，如图11-53所示。

图11-52       图11-5

### 3.放置"精选"商品信息 ......

① 使用"文字工具" T.在"精选"区域创建点文字"精选"，按Esc键完成创建，设置"填色"为深灰色（R:51，G:51，B:51），然后在控制栏中设置字体样式为Bold，字体大小为18pt，最后根据参考线将其放置在区域左上角的位置，如图11-54所示。

② 使用"文字工具" T.在"精选"区域创建点文字"进店逛逛"，按Esc键完成创建，设置"填色"为银白色（R:153，G:153，B:153），然后在控制栏中设置字体样式为Regular，字体大小为12pt，接着在点文字"进店逛逛"的旁边使用"钢笔工具" 绘制一个具有同样颜色的">"图标，最后将"进店逛逛"和">"图标进行编组并根据参考线放置在区域右上角的位置，如图11-55所示。

图11-54       图11-55

**03** 执行"文件>置入"菜单命令,置入素材"素材文件>CH11>'红猪'宠物商城App界面设计>宠物图片>宠物1.png、宠物2.png、宠物3.png",然后根据参考线将"宠物1"放置到合适的位置,接着放置其他两个图像并通过智能参考线将其与"宠物1"图像进行上下对齐,如图11-56所示。

**04** 使用"文字工具" **T.**在"精选"部分创建点文字"会员价¥1166",按Esc键完成创建,设置"填色"为深灰色(R:51,G:51,B:51),然后在控制栏中设置字体大小为12pt,接着根据参考线将"会员价¥1166"放置到合适的位置,再将其复制出两份,将复制出的两份文字放置在相应位置并通过智能参考线与被复制文字进行上下对齐,最后选中该区域内的所有内容并进行编组,如图11-57所示。

图11-56 　　　　　　　 图11-57

## 4.放置"猜你喜欢"商品信息

**01** 使用"文字工具" **T.**在"猜你喜欢"区域创建点文字"猜你喜欢",按Esc键完成创建,设置"填色"为深灰色(R:51,G:51,B:51),然后在控制栏中设置字体样式为Bold,字体大小为18pt,接着将其放置到图11-58所示的位置。

**02** 执行"文件>置入"菜单命令,置入素材"素材文件>CH11>'红猪'宠物商城App界面设计>宠物图片>宠物4.png、宠物5.png、宠物6.png",然后将它们分别放置在合适的位置,并适当调整堆叠顺序,如图11-59所示。

图11-58 　　　　　　　 图11-59

**03** 使用"文字工具" **T.**在左侧的商品信息框内创建点文字"短毛猫",按Esc键完成创建,设置"填色"为深灰色(R:51,G:51,B:51),然后在控制栏中设置字体样式为Regular,字体大小为14pt,接着根据参考线将其放置到合适的位置,如图11-60所示。

**04** 使用"文字工具" **T.**在左侧的商品信息框内创建点文字"¥1166",按Esc键完成创建,设置"填色"为红色(R:244,G:55,B:113),然后在控制栏中设置字体大小为12pt,接着根据参考线将其放置在点文字"短毛猫"的下方,如图11-61所示。

图11-60 　　　　　　　 图11-61

**05** 使用"文字工具" **T.**在左侧的商品信息框内创建点文字"2分钟前",按Esc键完成创建,设置"填色"为灰色(R:153,G:153,B:153),然后在控制栏中设置字体大小为12pt,接着将其放置在信息框内的右下角,如图11-62所示。

**06** 复制出一份点文字"短毛猫",并修改文字内容为"雪橇犬",然后将其放置在右侧商品信息内,如图11-63所示。

图11-62 　　　　　　　 图11-63

**07** 复制出一份点文字"¥1166",并修改文字内容为"¥5000",然后将其放置在右侧商品信息内,如图11-64所示。

**08** 复制出一份点文字"2分钟前",并修改文字内容为"5分钟前",然后将其放置在右侧商品信息内。最后隐藏参考线并将该区域内的所有内容进行编组。最终效果如图11-65所示。

图11-64        图11-65

# 11.3　本章小结

　　本章通过两个综合实例的制作过程,回顾了本书前9章的重点知识,同时也介绍了UI设计中常见的两种设计类型。希望读者能通过这两个综合实例掌握使用Illustrator进行UI设计的思路和方法。

# 11.4　课后习题

　　本节安排了两个课后习题供读者练习,这两个习题综合考查了本章知识。读者如果在练习时有疑问,可以一边观看教学视频,一边进行练习。

## 11.4.1　资讯App "Speed" 图标

| 素材位置 | 无 |
|---|---|
| 实例位置 | 实例文件>CH11>课后习题:资讯App "Speed" 图标 |
| 教学视频 | 课后习题:资讯App "Speed" 图标.mp4 |
| 学习目标 | 熟练掌握App图标的设计方法、切割方法 |

　　本例的最终效果如图11-66所示。

图11-6

## 11.4.2　外卖Banner

| 素材位置 | 素材文件>CH11>课后习题:外卖Banner |
|---|---|
| 实例位置 | 实例文件>CH11>课后习题:外卖Banner |
| 教学视频 | 课后习题:外卖Banner.mp4 |
| 学习目标 | 熟练掌握App界面的设计方法、Banner页的版面设计 |

　　本例的最终效果如图11-67所示。

图11-6

第 **12** 章

# 商业插画

　　Illustrator 因其软件本身的特性，可以在某些特定类型插画的绘制上表现出其他软件所不能相媲美的效果。本章将通过两个案例展现写实插画和 2.5D 插画的绘制过程，读者需要重点掌握"钢笔工具" ✐ 的使用方法，必要时还需要在前期通过手绘来绘制底稿，这样制作的插画会更生动一些。

## 课堂学习目标

◇ 线稿绘制

◇ 对线稿进行上色

◇ 2.5D 插画的绘制

# 12.1 写实插画

| | |
|---|---|
| 素材位置 | 素材文件>CH12>写实插画 |
| 实例位置 | 实例文件>CH12>写实插画 |
| 教学视频 | 写实插画.mp4 |
| 学习目标 | 掌握写实类插画的绘制方法 |

本例的最终效果如图12-1所示。

图12-1

## 12.1.1 线稿的绘制

**01** 新建一个尺寸为1920px×1080px的画板，然后执行"文件>置入"菜单命令，置入素材"素材文件>CH12>写实插画>汽车.png"，接着适当地设置该图像的大小，最后在"图层"面板中双击"图层1"，在弹出的"图层选项"对话框中勾选"锁定"和"变暗图像至"选项，并设置"变暗图像至"为50%，单击"确定"按钮，参数及效果如图12-2所示。

图12-2

**02** 绘制汽车前端。在"图层"面板中新建一个图层，然后使用"钢笔工具" 沿汽车前端的轮廓线绘制路径，如图12-3所示，接着使用"钢笔工具" 在绘制的路径区域内继续沿轮廓线绘制路径，刻画该区域内的细节，如图12-4所示。

图12-3

图12-4

**03** 完善汽车前端的细节。使用"钢笔工具" 沿汽车前端的凹陷部分的轮廓线绘制路径，如图12-5所示；然后使用"钢笔工具" 在绘制的路径区域内继续沿轮廓线绘制路径，刻画该区域内的细节，如图12-6所示。

图12-5

图12-6

**04** 绘制引擎盖。使用"钢笔工具" 沿引擎盖前端的轮廓线绘制路径，如图12-7所示；然后继续使用"钢笔工具" 沿引擎盖的轮廓线绘制路径，并根据需要刻画该区域的细节，如图12-8所示。

图12-7

图12-8

**05** 绘制前轮。使用"钢笔工具" 沿前轮轮廓线绘制路径，然后根据需要刻画该区域内的细节，如图12-9所示。

图12-9

06 绘制车身。使用"钢笔工具" ✐ 沿车身的侧面轮廓线绘制路径，然后根据需要刻画该区域内的细节，如图12-10所示。

图12-10

07 完善车身细节。使用"钢笔工具" ✐ 将车身细节补齐，完成线稿的绘制，如图12-11所示。

图12-11

## 12.1.2 上色及修饰

01 在"色板"面板中单击"色板库菜单"按钮 ⮟，在弹出的菜单中执行"其他库"命令，接着载入"素材文件>CH12>写实插画>色板.ai"，如图12-12所示。

02 选中绘制完成的路径，执行"对象>实时上色>建立"菜单命令创建实时上色组，如图12-13所示；然后选中创建的实时上色组并执行"对象>实时上色>间隙选项"菜单命令，在弹出的"间隙选项"对话框中确保勾选了"间隙检测"选项，如图12-14所示。

图12-12     图12-13

图12-14

03 对绘制的线稿进行上色。选中设置完成的实时上色组，根据明暗关系使用"实时上色工具" ⬚ 和"实时上色选择工具" ⬚ 指定色板中的颜色对绘制的线稿进行上色，如图12-15所示。

R:138，G:223，B:89   R:19，G:66，B:18   R:84，G:158，B:55
R:222，G:75，B:75
R:75，G:188，B:24

图12-15

📝 技巧与提示

在上色的过程中，如果有些地方需要添加路径，那么在使用"钢笔工具" ✐ 补充了路径后，选中绘制的路径和实时上色组，在控制栏中单击"合并实时上色"按钮将该路径添加到实时上色组中；如果有些路径需要修改，那么可以直接使用"钢笔工具" ✐ 适当地进行调整。

04 绘制汽车后轮。双击实时上色组进入隔离模式，选中前轮处的路径，然后将这些路径复制出一份，并将复制得到的路径进行适当变换后放置在车的后轮上，如图12-16所示。

05 使用"钢笔工具" ✐ 沿后轮的轮廓线绘制路径，接着将这些路径添加到当前实时上色组中进行上色，如图12-17所示。

图12-16     图12-17

06 绘制背景。隐藏"图层1",然后使用"矩形工具"■绘制一个矩形,并设置"宽度"为1920px,"高度"为1080px,"填色"为浅灰色(R:239,G:239,B:239),"描边"为无,接着将其与画板对齐,并放置在"实时上色"的下一层,效果如图12-18所示。

图12-18

07 绘制汽车投影。使用"钢笔工具"✒沿车底盘轮廓绘制一条闭合路径,并设置"填色"为深灰色(R:40,G:40,B:40),如图12-19所示。

图12-19

08 执行"效果>模糊>高斯模糊"菜单命令,在弹出的"高斯模糊"对话框中设置"半径"为20px,然后单击"确定"按钮;将投影图像放置在"实时上色"的下一层,同时适当地调整各个元素的位置,完成案例的制作,参数和最终效果如图12-20所示。

图12-20

# 12.2 2.5D插画

| 素材位置 | 素材文件>CH12>2.5D插画 |
|---|---|
| 实例位置 | 实例文件>CH12>2.5D插画 |
| 教学视频 | 2.5D插画.mp4 |
| 学习目标 | 掌握2.5D插画的绘制方法 |

本例的最终效果如图12-21所示。

图12-21

## 12.2.1 绘制网格线

01 新建一个尺寸为800px×600px的画板,然后使用"矩形工具"■绘制一个矩形,并设置"宽度"为800px,"高度"为600px,"填色"为黄色(R:255,G:222,B:57),"描边"为"无",接着将其与画板进行水平居中对齐▲和垂直居中对齐▐,最后选中矩形并进行"锁定"🔒,如图12-22所示。

图12-22

02 使用"钢笔工具"✒在画板的边缘绘制一条纵向的直线路径,如图12-23所示。接着选中该路径并在"外观"面板中对其应用"变换"效果,在弹出的"变换效果"对话框中设置移动的"水平"为20px,"副本"为40,单击"确定"按钮,参数及效果如图12-24所示。

图12-23

图12-24

**03** 在"外观"面板中再次应用"变换"效果，在弹出的"变换效果"对话框中设置"角度"为60°，"副本"为1，单击"确定"按钮，参数及效果如图12-25所示。

图12-25

**04** 在"外观"面板中再次应用"变换"效果，在弹出的"变换效果"对话框中设置"角度"为120°，"副本"为1，单击"确定"按钮，参数及效果如图12-26所示。

图12-26

**05** 选中所有的路径并进行适当的变换，然后执行"对象>扩展外观"菜单命令扩展其外观，接着进行编组，如图12-27所示。

图12-27

**06** 选中步骤05中创建的路径编组，使用快捷键Ctrl + 5将其建立为参考线并进行"锁定" 🔒，如图12-28所示。

图12-28

## 12.2.2 绘制地面

**01** 绘制地面的亮面。打开"素材文件>CH12>2.5D插画>色卡.ai"，如图12-29所示。

图12-29

📝 **技巧与提示**

由于绘制插画所用的颜色比较复杂，因此这里为每一个色卡都进行了命名，读者可根据提示吸取相应的颜色。

**02** 将色卡复制到当前文档中并放置在画板之外，然后使用"钢笔工具" ✒ 根据网格线绘制一条闭合路径，接着使用"吸管工具" 🖊 吸取"地面"中第1个色卡的外观属性，效果如图12-30所示。

图12-30

**03** 根据步骤02绘制的图形轮廓绘制地面的另外两个面。使用"钢笔工具" ✐绘制暗部轮廓，然后使用"吸管工具" ✐吸取"地面"中第3个色卡的外观属性，效果如图12-31所示；使用"钢笔工具" ✐绘制灰部轮廓，并使用"吸管工具" ✐吸取"地面"中第2个色卡的外观属性，完成地面的绘制，效果如图12-32所示。

图12-31                    图12-32

**04** 将地面的亮部复制出一份，然后将复制得到的路径向下移动并适当地设置它的堆叠顺序，同时设置"填色"为深灰色（R:58，G:58，B:58），"不透明度"为30%，完成底座投影的绘制，最后将底座和底座投影进行编组并"锁定" 🔒，如图12-33所示。

图12-33

## 12.2.3 绘制公路

**01** 绘制公路的柏油路面。使用"钢笔工具" ✐绘制一条闭合路径，并使用"吸管工具" ✐吸取"公路"色卡的外观属性，效果如图12-34所示。

图12-34

**02** 根据步骤01绘制的图形轮廓绘制公路的两个边缘线。使用"钢笔工具" ✐绘制一条闭合路径，并设置"填色"为白色，然后将其复制出一份并放置在与之对应的位置，如图12-35所示。

图12-35

**03** 使用"钢笔工具" ✐依照参考线绘制一条闭合路径，并设置"填色"为白色，然后将其复制出多份并将复制出的路径分别沿公路柏油路面进行摆放，接着将它们相对于柏油路面进行水平居中对齐 ▮和垂直居中对齐 ▮，完成公路的绘制，最后选中组成公路的所有元素进行编组并"锁定" 🔒，如图12-36所示。

图12-36

## 12.2.4 绘制树木

**01** 绘制树木的树叶。使用"钢笔工具" ✐根据网格线绘制一条闭合路径，然后使用"吸管工具" ✐吸取"树木"中第1个色卡的外观属性，效果如图12-37所示。

图12-37

**02** 将步骤01绘制的图形复制出一份并对其进行变换，然后使用"吸管工具" ✐吸取"树木"中第1个色卡的外观属性，效果如图12-38所示。

**03** 再次将步骤01绘制的图形复制出一份并对其进行变换，然后使用"吸管工具" ✐吸取"树木"中第4个色卡的外观属性，制作出上层树叶在下层树叶上的投影，如图12-39所示。

图12-38　　　　　　　　　图12-39

**04** 使用"钢笔工具" 🖊根据网格线绘制树木的树干，然后使用"吸管工具" 🖊吸取"树木"中第2个色卡的外观属性，如图12-40所示。

**05** 将步骤04绘制的图形复制出一份并进行变换，然后适当地设置其堆叠顺序，同时使用"吸管工具" 🖊吸取"树木"中第3个色卡的外观属性，制作出树干的阴影，如图12-41所示。

图12-40　　　　　　　　　图12-41

**06** 使用"椭圆工具" ⬭绘制一个椭圆，然后适当地调整图层的堆叠顺序，接着使用"吸管工具" 🖊吸取"树木"中第4个色卡的外观属性，完成树木的绘制，选中组成树木的所有元素进行编组，如图12-42所示。

图12-42

**07** 将树木复制出多份，然后分别对它们进行适当的变换，接着将其放置在图12-43所示的位置，最后选中所有的树木进行编组并"锁定" 🔒，完成树木的布置。

图12-43

## 12.2.5 绘制商店

**01** 绘制商店的底座。使用"钢笔工具" 🖊根据网格线绘制一条闭合路径，然后使用"吸管工具" 🖊吸取"商店"中第1个色卡的外观属性，效果如图12-44所示。

图12-44

**02** 根据步骤01绘制的图形轮廓绘制底座的另外两个面。使用"钢笔工具" 🖊绘制暗部轮廓，并使用"吸管工具" 🖊吸取"商店"中第3个色卡的外观属性，效果如图12-45所示；使用"钢笔工具" 🖊绘制灰部轮廓；并使用"吸管工具" 🖊吸取"商店"中第2个色卡的外观属性，完成底座的绘制，效果如图12-46所示。

图12-45　　　　　　　　　图12-46

**03** 根据步骤02绘制的图形轮廓绘制建筑。使用"钢笔工具" 🖊绘制建筑的暗部轮廓，并使用"吸管工具" 🖊吸取"商店"中第3个色卡的外观属性，效果如图12-47所示；使用"钢笔工具" 🖊绘制灰部轮廓，并使用"吸管工具" 🖊吸取"商店"中第2个色卡的外观属性，效果如图12-48所示；使用"钢笔工具" 🖊绘制建筑的亮部轮廓，并使用"吸管工具" 🖊吸取"商店"中第1个色卡的外观属性，制作出商店的建筑部分，如图12-49所示。

图12-47

图12-48　　　　　　　　　图12-49

04 根据步骤03绘制的亮部轮廓绘制屋顶。选中步骤03绘制的路径并复制出一份，然后将复制得到的路径进行适当的变换，设置"填色"为灰色（R:201，G:201，B:201），作为建筑屋顶的暗面，效果如图12-50所示；选中建筑屋顶的暗面并复制出一份，然后将复制得到的路径进行适当变换，接着设置"填色"为浅灰色（R:234，G:234，B:234），作为建筑顶部的亮面，完成商店屋顶部分的制作，效果如图12-51所示。

图12-50　　　　　　　　　图12-51

05 绘制商店的门面。使用"钢笔工具"绘制一条闭合路径，并使用"吸管工具"吸取"商店"中第7个色卡的外观属性，效果如图12-52所示；根据门面的轮廓，使用"钢笔工具"绘制门面外框的暗部，并使用"吸管工具"吸取"商店"中第6个色卡的外观属性，然后将其复制出一份并放置在与之对应的位置，如图12-53所示；根据门面的轮廓，使用"钢笔工具"绘制门面外框的灰部，并使用"吸管工具"吸取"商店"中第5个色卡的外观属性，效果如图12-54所示；根据门面的轮廓，使用"钢笔工具"绘制门面外框的亮部，并使用"吸管工具"吸取"商店"中第4个色卡的外观属性，完成商店门面部分的制作，如图12-55所示。

图12-52　　　　　　　　　图12-53

图12-54　　　　　　　　　图12-55

06 绘制商店的雨棚。使用"钢笔工具"根据网格线绘制一条闭合路径，然后使用"吸管工具"吸取"商店"中第8个色卡的外观属性，同时将其中两个锚点的圆角变换为7px，效果如图12-56所示；接着将其复制出4份，并将其中一些色块的"填色"设置为白色，最后分别将它们放置在合适的位置上，如图12-57所示。

图12-56　　　　　　　　　图12-57

07 使用"钢笔工具"按照网格线绘制一条闭合路径，并设置"填色"为白色，完成商店的绘制，最后选中组成商店的所有元素进行编组并"锁定"，如图12-58所示。

图12-58

## 12.2.6 绘制自动售货机

01 绘制自动售货机的灰面。使用"钢笔工具"绘制一条闭合路径，并使用"吸管工具"吸取"自动售货机"中第2个色卡的外观属性，然后将其复制出一份，将复制得到的路径进行适当的变换，并放置到灰部的中心，最后使用"吸管工具"吸取"自动售货机"中第4个色卡的外观属性，效果如图12-59所示。

02 绘制自动售货机的亮面。使用"钢笔工具"绘制一条闭合路径，并使用"吸管工具"吸取"自动售货机"中第1个色卡的外观属性，效果如图12-60所示。

图12-59

图12-60

**03** 绘制自动售货机的暗面。使用"钢笔工具"  绘制一条闭合路径，并使用"吸管工具"  吸取"自动售货机"中第3个色卡的外观属性，完成自动售货机的绘制，最后选中组成自动售货机的所有元素进行编组并"锁定"  ，如图12-61所示。

图12-61

**04** 绘制商店和自动售货机的投影。使用"钢笔工具"  分别在商店和自动售货机的底部绘制一条闭合路径，然后使用"吸管工具"  吸取"树木"中第4个色卡的外观属性。最后隐藏参考线，完成案例的制作，最终效果如图12-62所示。

图12-62

# 12.3 本章小结

本章通过两个综合实例的制作过程，回顾了本书前9章的重点知识，同时也介绍了商业插画中常见的两种类型。希望读者能通过这两个综合实例掌握使用Illustrator绘制插画的思路和方法。

# 12.4 课后习题

本节安排了两个课后习题供读者练习，这两个习题综合考查了本章知识。读者在练习时如果有疑问，可以一边观看教学视频，一边进行练习。

## 12.4.1 绘制图书

| | |
|---|---|
| 素材位置 | 无 |
| 实例位置 | 实例文件>CH12>课后习题：绘制图书 |
| 教学视频 | 课后习题：绘制图书.mp4 |
| 学习目标 | 熟练掌握写实插画的绘制方法 |

本例的最终效果如图12-63所示。

图12-63

## 12.4.2 建筑插画

| | |
|---|---|
| 素材位置 | 无 |
| 实例位置 | 实例文件>CH12>课后习题：建筑插画 |
| 教学视频 | 课后习题：建筑插画.mp4 |
| 学习目标 | 熟练掌握2.5D插画的绘制方法 |

本例的最终效果如图12-64所示。

图12-64

# 附录 快捷键速查

## 1.文件

| 操作 | 快捷键 |
|---|---|
| 新建 | Ctrl+N |
| 打开 | Ctrl+O |
| 存储 | Ctrl+S |
| 存储为 | Shift+Ctrl+S |
| 存储副本 | Alt+Ctrl+S |
| 置入 | Shift+Ctrl+P |
| 导出为多种屏幕所用格式 | Alt+Ctrl+E |

## 2.视图

| 操作 | 快捷键 |
|---|---|
| 轮廓 | Ctrl+Y |
| 像素预览 | Alt+Ctrl+Y |
| 放大 | Ctrl++ |
| 缩小 | Ctrl+ − |
| 画板适合窗口大小 | Ctrl+0 |
| 全部适合窗口大小 | Alt+Ctrl+0 |
| 实际大小 | Ctrl+1 |
| 显示/隐藏标尺 | Ctrl+R |
| 隐藏/显示参考线 | Ctrl+; |
| 锁定/解锁参考线 | Alt+Ctrl+; |
| 建立参考线 | Ctrl+5 |
| 释放参考线 | Alt+Ctrl+5 |
| 显示/隐藏网格 | Ctrl+" |
| 对齐网格 | Shift+Ctrl+" |

## 3.编辑

| 操作 | 快捷键 |
|---|---|
| 还原 | Ctrl+Z |
| 重做 | Shift+Ctrl+Z |
| 剪切 | Ctrl+X |
| 复制 | Ctrl+C |
| 粘贴 | Ctrl+V |
| 贴在前面 | Ctrl+F |
| 贴在后面 | Ctrl+B |
| 就地粘贴 | Shift+Ctrl+V |
| 在所有画板上粘贴 | Alt+Shift+Ctrl+V |
| 常规 | Ctrl+K |

## 4.选择

| 操作 | 快捷键 |
|---|---|
| 全部 | Ctrl+A |
| 现用画板上的全部对象 | Alt+Ctrl+A |

## 5.对象

| 操作 | 快捷键 |
|---|---|
| 再次变换 | Ctrl+D |
| 移动 | Shift+Ctrl+M |
| 置于顶层 | Shift+Ctrl+] |
| 前移一层 | Ctrl+] |
| 后移一层 | Ctrl+[ |
| 置于底层 | Shift+Ctrl+[ |

| 操作 | 快捷键 |
|---|---|
| 编组 | Ctrl+G |
| 取消编组 | Shift+Ctrl+G |
| 锁定所选对象 | Ctrl+2 |
| 全部解锁 | Alt+Ctrl+2 |
| 隐藏所选对象 | Ctrl+3 |
| 显示全部 | Alt+Ctrl+3 |
| 连接 | Ctrl+J |
| 建立混合对象 | Alt+Ctrl+B |
| 释放混合对象 | Alt+Shift+Ctrl+B |
| 用变形建立封套扭曲 | Alt+Shift+Ctrl+W |
| 用网格建立封套扭曲 | Alt+Ctrl+M |
| 用顶层对象建立封套扭曲 | Alt+Ctrl+C |
| 建立剪切蒙版 | Ctrl+7 |
| 释放剪切蒙版 | Alt+Ctrl+7 |
| 建立复合路径 | Ctrl+8 |
| 释放复合路径 | Alt+Shift+Ctrl+8 |

## 6.工具

| 操作 | 快捷键 |
|---|---|
| 选择工具 | V |
| 直接选择工具 | A |
| 魔棒工具 | Y |
| 套索工具 | Q |
| 钢笔工具 | P |
| 文字工具 | T |
| 矩形工具 | M |
| 椭圆工具 | L |
| 画笔工具 | B |
| 斑点画笔工具 | Shift+B |
| 铅笔工具 | N |
| Shaper工具 | Shift+N |
| 橡皮擦工具 | Shift+E |
| 剪刀工具 | C |
| 旋转工具 | R |
| 镜像工具 | O |
| 比例缩放工具 | S |
| 宽度工具 | Shift+W |
| 自由变换工具 | E |
| 形状生成器工具 | Shift+M |
| 实时上色工具 | K |
| 实时上色选择工具 | Shift+L |
| 网格工具 | U |
| 渐变工具 | G |
| 吸管工具 | I |
| 混合工具 | W |
| 画板工具 | Shift+O |
| 切换填色/描边 | X |
| 默认填色和描边 | D |
| 颜色 | < |
| 渐变 | > |
| 无 | / |
| 切换绘图模式 | Shift+D |

## 7.文字

| 操作 | 快捷键 |
|---|---|
| 创建轮廓 | Shift+Ctrl+O |